普通高等教育"十二五"规划教材配套用书

Access数据库技术及应用实验教程

主　编　吴　伶　拜战胜

副主编　刁洪祥　何　轶

　　　　陈光仪　符国庆

主　审　张林峰

北京邮电大学出版社

·北京·

内 容 简 介

本书为普通高等教育"十二五"规划教材《Access数据库技术及应用》(吴伶、谭湘键主编,北京邮电大学出版社出版)的配套用书,用于辅助读者自学和帮助教师进行实验教学。全书分为四个部分,第一部分为实验指导,结合主教材各章节的内容安排了13个实验,通过操作步骤、填空等方式引导学生快速掌握Access的基本功能及操作方法;第二部分是系统开发案例,通过两个综合性的案例说明Access数据库的开发过程;第三部分是对主教材各章编写的习题进行的解答;第四部分是两套国家二级Access考试模拟练习题及答案。附录A为全国计算机等级考试Access程序设计考试大纲(二级),附录B为辅助教学网站的使用说明。

本书适合作为高等学校文科类专业"数据库应用技术"课程教学使用,也可作为全国计算机等级考试的培训教材和办公文秘人员的自学用书。

图书在版编目(CIP)数据

Access数据库技术及应用实验教程/吴伶,拜战胜主编. --北京:北京邮电大学出版社,2011.12(2019.1重印)

ISBN 978-7-5635-2829-5

Ⅰ.①A… Ⅱ.①吴…②拜… Ⅲ.①关系数据库—数据库管理系统,Access—高等学校—教材

Ⅳ.①TP311.138

中国版本图书馆CIP数据核字(2011)第229954号

书　　名: Access数据库技术及应用实验教程

主　　编: 吴　伶　拜战胜

责任编辑: 陈岚岚

出版发行: 北京邮电大学出版社

社　　址: 北京市海淀区西土城路10号(邮编:100876)

发 行 部: 电话:010-62282185　传真:010-62283578

E-mail: publish@bupt.edu.cn

经　　销: 各地新华书店

印　　刷: 保定市中画美凯印刷有限公司

开　　本: 787 mm×1 092 mm　1/16

印　　张: 12

字　　数: 297千字

版　　次: 2011年12月第1版　2019年1月第6次印刷

ISBN 978-7-5635-2829-5　　定　价:25.00元

· 如有印装质量问题,请与北京邮电大学出版社发行部联系 ·

前 言

本书为普通高等教育“十二五”规划教材《Access 数据库技术及应用》(吴伶、谭湘键主编，北京邮电大学出版社出版)的配套用书。本书围绕非计算机专业计算机基础课程的实践教学设计教学思路，以改革计算机教学、适应新的社会需求为出发点，以教育部高等学校非计算机专业计算机基础教学指导委员会制定的《数据库技术及应用课程大纲》为主线，以培养学生应用数据库技术分析问题和解决问题的能力为目标，根据全国高等院校计算机基础教育研究会《中国高等院校计算机基础教育课程体系》课程实践教学要求进行编写。

全书分为四个部分，第一部分为实验指导，结合主教材各章节的内容精心安排了 13 个实验，通过操作步骤、填写结果等方式提高学生的学习兴趣，引导学生快速掌握 Access 的基本功能及操作方法;实验内容力求突出代表性、典型性和实用性。本书采用实践教学中“预习内容—实验目的—实验内容—实验步骤—实验思考”的结构。实验内容与理论教材同步使学生能够通过实验融会贯通理论知识。第二部分是系统开发案例，通过两个贴近大学生学习、生活的综合性案例说明 Access 数据库的开发过程，同时亦可作为学生的综合实验用例。第三部分是对主教材各章编写的习题进行的解答。第四部分主要是结合全国计算机等级考试的知识点、命题方式设计了两套国家二级 Access 考试模拟练习题及答案。附录 A 为全国计算机等级考试 Access 程序设计考试大纲(二级)，附录 B 为辅助教学网站的使用说明。

为了便于教师组织教学和学生自主学习，本书有专门的辅助教学网站 www.5ic.net.cn 供读者在网上自主学习及提供教师贯穿教学全过程的帮助。本书的配套电子资料可在出版社的网站上下载。

参加本书编写的作者都是长期从事计算机教学的一线高校教师，具有丰富的教学经验。本书可作为高等院校本、专科学生的教科书，也可作为学习数据库应用技术读者的自学用书。

本书由吴伶、拜战胜主编，刁洪祥、何轶、陈光仪、符国庆任副主编，参加编写的人员有:谭湘键、刘波、向昌盛、傅自钢、罗祥泽、罗帅、曹晓兰、聂笑一、陈垦等老师。全书由吴伶负责统稿。

张林峰教授审定了全书，并提出了许多宝贵意见，在此表示衷心感谢。

借此机会对所有关心、帮助和支持本书出版的领导、学者和各位朋友表示感谢，限于作者水平，书中难免有不足之处，敬请读者批评指正。

编　者

目　　录

第一部分

实验指导

实验一　熟悉 Access 环境

一、预习内容

Access 数据库系统的环境。

二、实验目的

1. 掌握启动和退出 Access 数据库系统的常用方法。
2. 熟悉 Access 的主窗口、数据库窗口的组成，熟悉菜单、命令按钮的使用。
3. 会用不同的方法关闭和显示任务窗格。
4. 会设置默认磁盘目录。

三、实验内容

1. 启动 Access。

方法一：选择“开始 | 所有程序 | Microsoft Office | Microsoft Office Access 2003”命令。

方法二：双击桌面上的 Microsoft Access 2003 快捷方式图标。

方法三：单击任务栏上快速启动栏中的 Microsoft Access 按钮。

说明：如果没有快捷方式图标，请在桌面上或快速启动栏中建立一个 Access 的快捷图标。

2. 熟悉主窗口。

请在图 1.1.1 上标出组成主窗口各部分的名称，如标题栏、菜单栏、工具栏、数据库窗口、状态栏、任务窗格等。

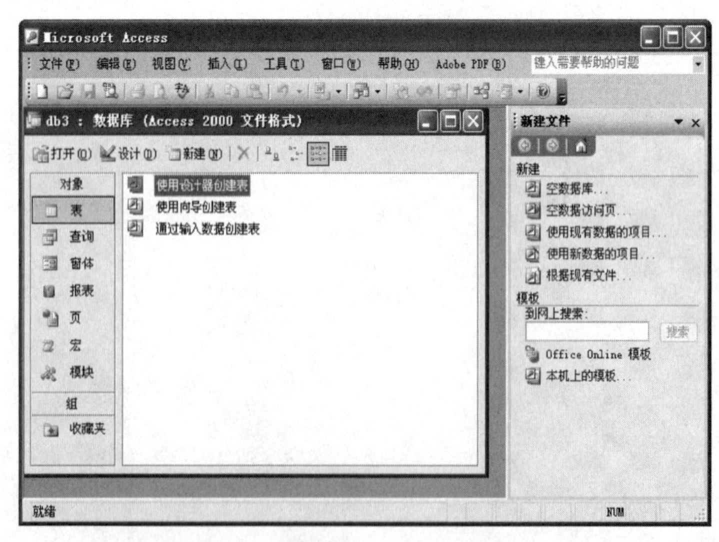

图 1.1.1　Microsoft Access 2003 主窗口

3. 关闭和显示任务窗格。

方法一:单击任务窗格的“关闭”按钮。

方法二:选择“视图 | 任务窗格”命令,可关闭或显示任务窗格。

方法三:按【Ctrl+F1】组合键,可关闭或显示任务窗格。

方法四:右击菜单栏或工具栏,打开快捷菜单,取消或选择“任务窗格”命令,可关闭或显示任务窗格。

方法五:系统默认在启动 Access 时会自动显示任务窗格。通过选择“工具 | 选项”命令,打开“选项”对话框,选择“视图”选项卡,选中或取消 “启动任务窗格”复选框,并单击“确定”按钮,如图 1.1.2 所示。然后重新启动 Access,就可以显示或不显示任务窗格。

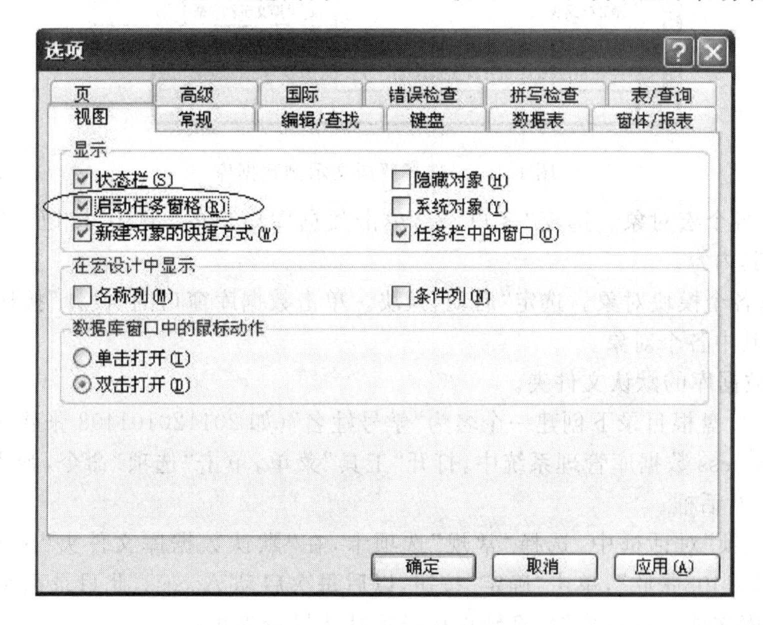

图 1.1.2 “选项”对话框

4. 查看示例数据库。

通过查看示例数据库认识数据库的各种对象。

选择“帮助 | 示例数据库 | 罗斯文示例数据库”命令,如图 1.1.3 所示。打开罗斯文示例数据库,然后做如下操作,并填写下列各题。

(1) 查看各个数据表对象。共有________个数据表,数据表的名称分别是________。公司中有________位雇员,有________位客户,有________种产品,有________个供应商。

(2) 查看各个查询对象。公司在 1997 年度饮料的销售总额是________,公司的单价最高的商品是________,年度汇总销售额最大的订单 ID 号是________,高于平均价格的产品有________种。

(3) 查看各个窗体对象。仔细查看“产品”、“订单”、“供应商”、“雇员”、“客户”、“客户电话列表”、“类别”、“主切换面版”,并与相关的表对象进行比较。

(4) 查看各个报表对象。仔细查看“按年度汇总销售额”、“发货单”、“各类产品”、“各类销售额”、“客户标签”报表。

(5) 查看各个页对象。仔细查看“雇员”页,并与“雇员”表对象进行比较。注意观察页图标特点。

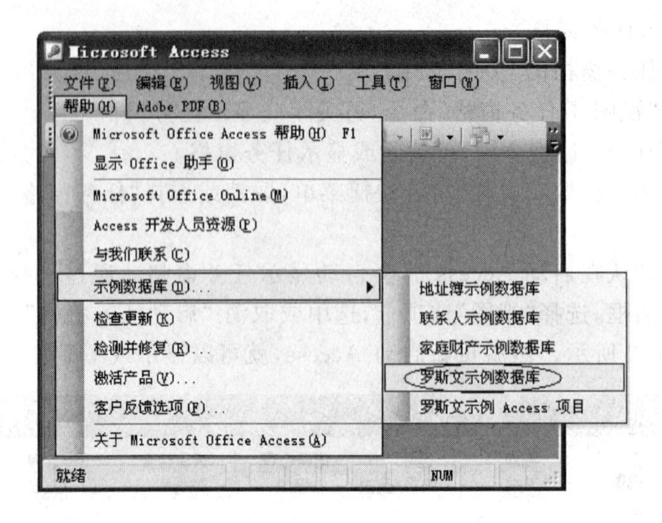

图 1.1.3　选择罗斯文示例数据库

(6) 查看各个宏对象。选定“客户”宏，单击数据库窗口的“设计”按钮，打开其设计视图，仔细查看其内容。

(7) 查看各个模块对象。选定“启动”模块。单击数据库窗口的“设计”按钮。打开其设计视图，查看其中各个对象。

5. 设置数据库的默认文件夹。

(1) 先在D盘根目录下创建一个名为“学号姓名”(如 201120101408 张欣)的文件夹。

(2) 在 Access 数据库管理系统中，打开“工具”菜单，单击“选项”命令，弹出如图 1.1.4 所示的“选项”对话框。

(3) 在“选项”对话框中，选择“常规”选项卡，在“默认数据库文件夹”文本框中，输入“D:\ 201120101408张欣”，单击“确定”按钮，以后每次启动 Access，此目录都是系统的默认目录，即数据库文件的存取位置，直到再次设置默认目录为止。

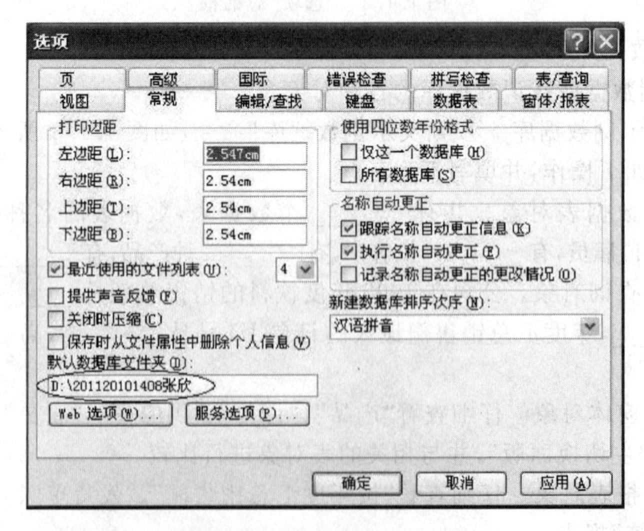

图 1.1.4　设置默认文件夹

实验二　数据库的创建

一、预习内容

1. Access 数据库系统的环境。
2. 数据库创建的方法。

二、实验目的

1. 掌握数据库的创建方法和步骤。
2. 掌握设计数据库属性和默认文件夹的方法。
3. 掌握利用向导建立数据库系统的方法。
4. 熟悉 Access 帮助的使用。

三、实验内容

1. 使用“直接创建空数据库”的方法建立“教学管理系统”数据库。

(1) 打开“Microsoft Access 2003”窗口,如图 1.2.1 所示。

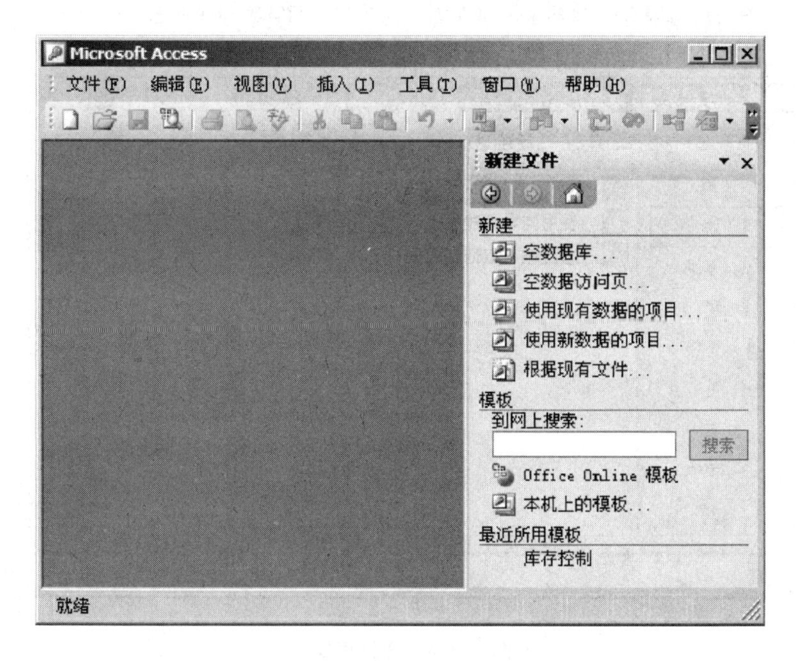

图 1.2.1　Access 数据库系统

(2) 在“Microsoft Access 2003”窗口的“任务窗格”中,单击“空数据库…”,系统弹出如图 1.2.2 所示的对话框,对话框默认保存位置是“我的文档”。在该对话框中“保存位置”下拉列表框中选择数据库文件保存位置，如“D:\教学管理”，在“文件名”下拉列表框中填写数据库文件名为“教学管理系统”，如图 1.2.2 所示，再单击“创建”按钮，打开数据库窗口，如图 1.2.3 所示。

（3）关闭系统即完成了“教学管理系统”数据库的创建。

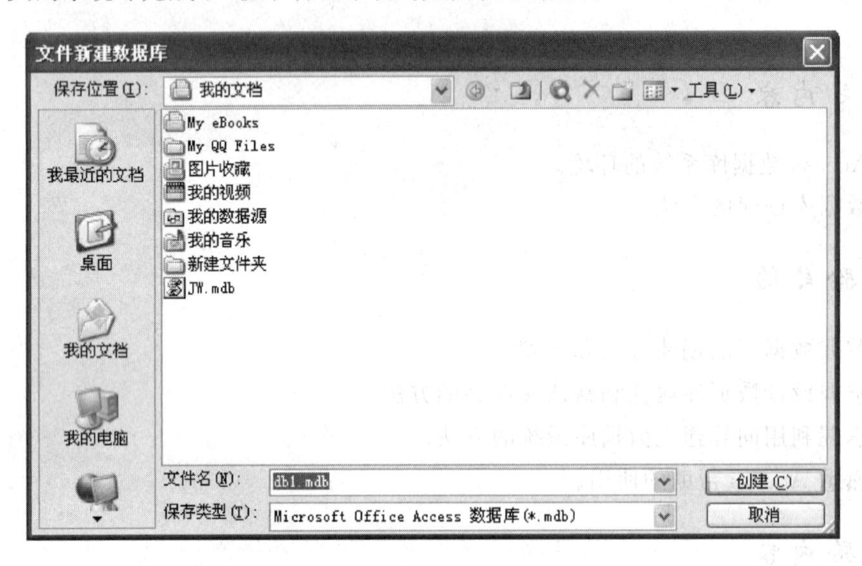

图 1.2.2 “文件新建数据库”对话框

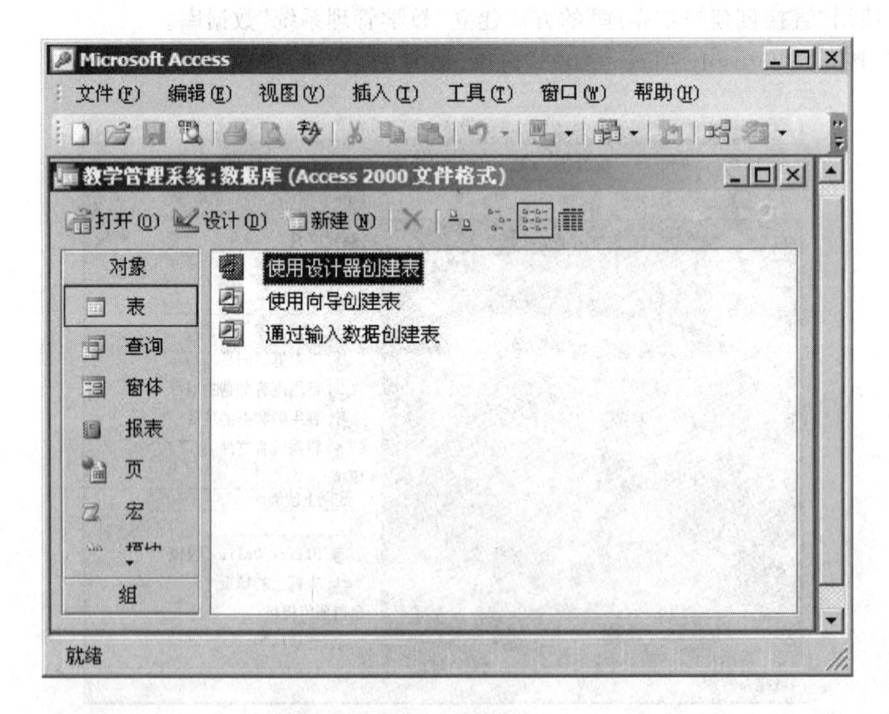

图 1.2.3 数据库窗口

2. 利用数据库的“联系人管理”模板，在上述的默认文件夹中创建一个名为“常用联系人管理”的数据库，并对生成的数据库系统进行一些简单的操作，如数据录入、查看、预

览等。

(1) 在 Access 中,选择"文件 | 新建"命令或单击按钮,打开"新建文件"任务窗,如图 1.2.4所示。选择"本机上的模板"选项。打开"模板"对话框,选择"数据库"选项卡,如图 1.2.5 所示。

图 1.2.4 "新建文件"选项

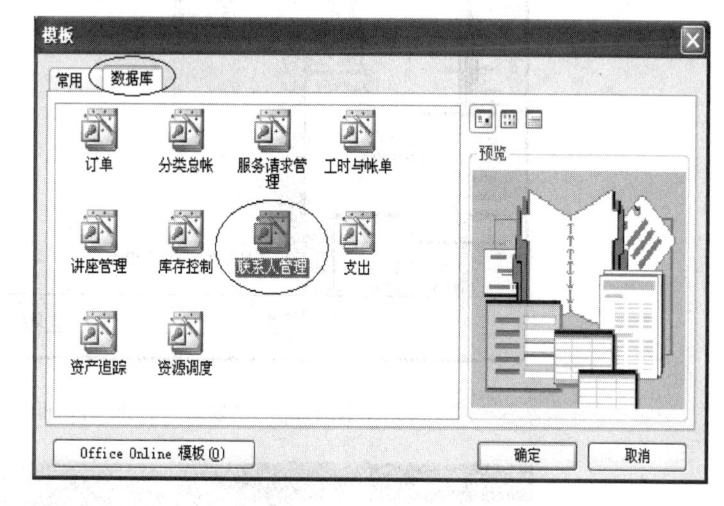

图 1.2.5 "数据库"选项卡

(2) 选择"联系人管理"选项,单击"确定"按钮,打开"文件新建数据库"对话框,如图 1.2.6 所示。

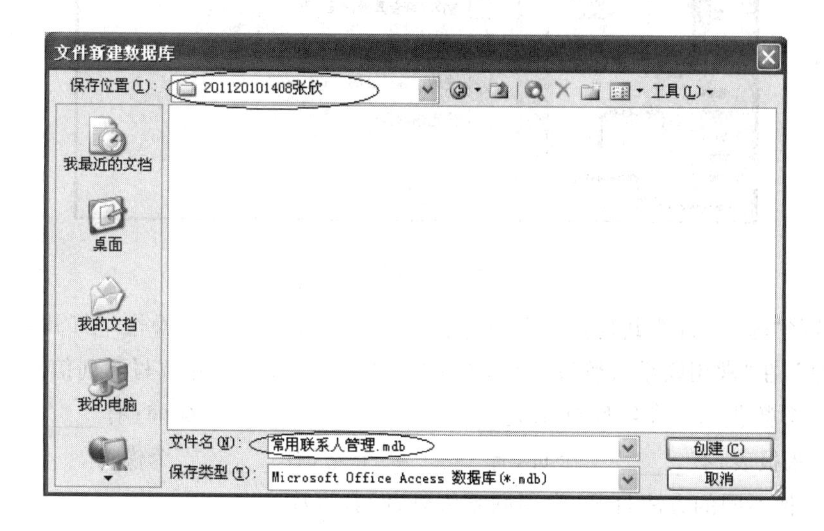

图 1.2.6 "文件新建数据库"对话框

(3) 在"文件名"栏中输入"常用联系人管理",单击"创建"按钮,打开"数据库向导"对话框,如图 1.2.7 所示。

(4) 在"数据库向导"对话框单击"完成"按钮,完成数据库管理系统的生成。显示数据库系统的主切换面板,如图 1.2.8 所示。

(5) 选择"输入/查看联系人"选项,打开"联系人"窗口,输入至少 5 位同学或朋友的信息。

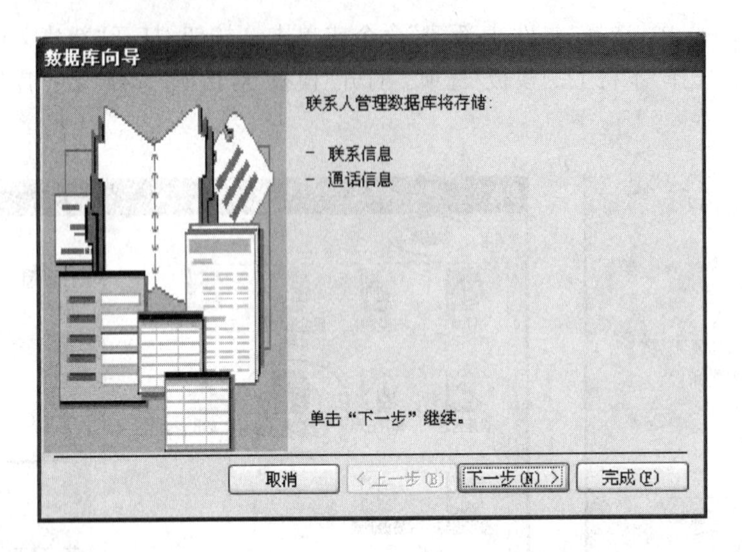

图 1.2.7 “数据库向导”对话框

图 1.2.8 “主切换面板”界面

通过选择“输入/查看其他信息”、“预览报表”等选项进行相关操作。打开数据库“常用联系人管理”,在“常用联系人管理”数据库窗口,查看各个对象,并填写下列信息。该数据库有________个数据表,其名称分别是________,有________个查询;有________个窗体,有________张报表,有________个页,有________个宏,有________个模块。

3. 用 4 种不同的方法打开“常用联系人管理”数据库。

方法一:在 Windows 操作系统中,双击“常用联系人管理”文件名即可打开。

方法二:在 Access 中,查看“开始工作”任务窗口的“打开”列表框中是否有“常用联系人管理”文件名,如有可直接单击文件名。

方法三:在 Access 中,单击工具栏“打开”按钮或选择“文件 | 打开”命令或按【Ctrl+O】组合键,弹出“打开”对话框,选择“常用联系人管理”文件名,并单击“打开”按钮,如图 1.2.9 所示。

图 1.2.9　“打开”对话框

注意：单击“打开”按钮的下拉列表按钮，可选择打开方式。

- 打开：在网络环境下，允许多个用户同时打开并修改数据库。
- 以只读方式打开：只能查看数据库，不允许编辑、修改数据库。
- 以独占方式打开：在网络环境下，不允许多个用户同时打开数据库，只允许使用者独自打开、修改数据库。
- 以独占只读方式打开：在网络环境下，不允许多个用户同时打开数据库，只允许使用者查看数据库，不允许编辑、修改数据库。

方法四：在 Access 中，查看“文件”菜单中是否有“常用联系人管理”文件名，如有可直接单击文件名。

4. 用 4 种不同的方法关闭“常用联系人管理”数据库。

方法一：单击数据库窗口的“关闭”按钮。

方法二：选择“文件｜关闭”命令。

方法三：按【Ctrl＋W】或【Ctrl＋F4】组合键。

方法四：单击数据库窗口的标题栏的图标，弹出下拉菜单，选择“关闭”命令，如图 1.2.10 所示。

5. 通过帮助功能，为前面创建的数据库“常用联系人管理”加上密码。

(1) 在 Access 中，选择菜单栏的“帮助｜Microsoft Office Access”，打开帮助文档，在文本框中输入“密码”，然后按回车键，打开“搜索结果”任务窗，如图 1.2.11、图 1.2.12 所示。

(2) 从结果中选择“创建、更改或删除密码 (MDB)”，打开帮助窗口，如图 1.2.13 所示。选择“在 Access 数据库(.mdb)中设置密码”选项，打开帮助文档，如图 1.2.14 所示。

(3) 仔细阅读打开的帮助文档，按其操作步骤为数据库“常用联系人管理”设置密码。

(4) 关闭数据库。

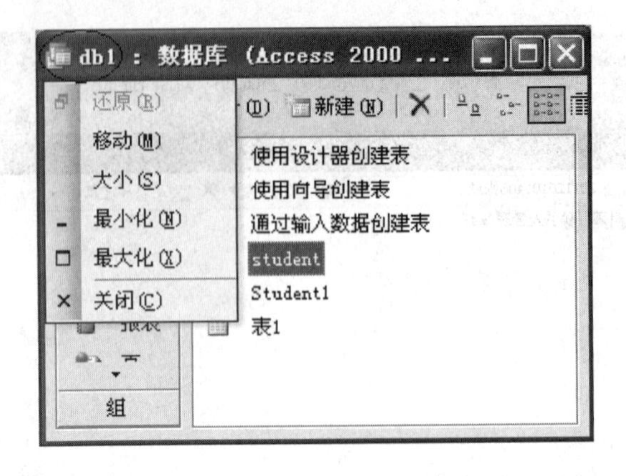

图 1.2.10　选择“关闭”命令

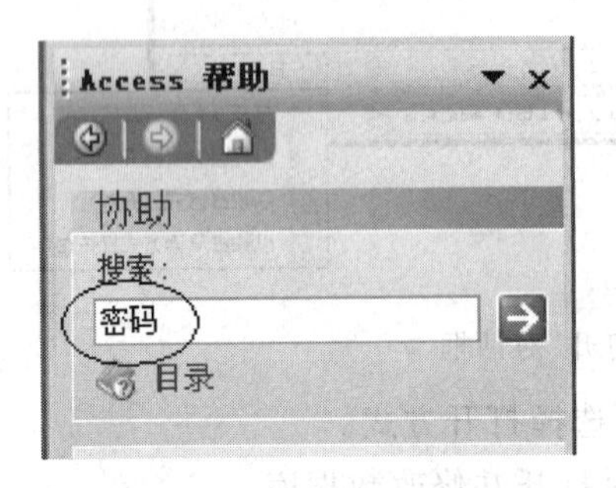

图 1.2.11　在文本框中输入“密码”

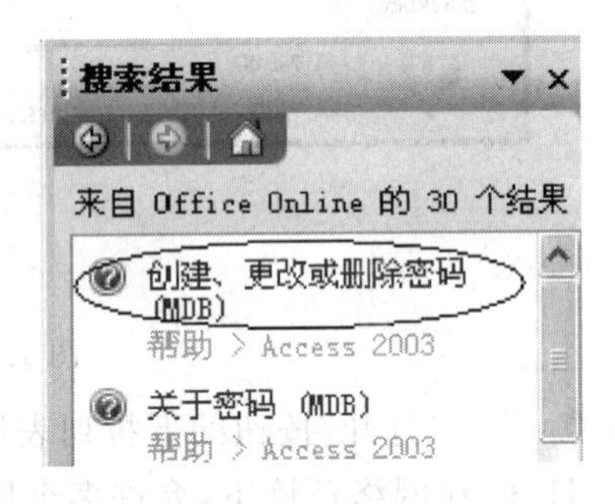

图 1.2.12　搜索结果

图 1.2.13　选择在数据库(.mdb)中设置密码

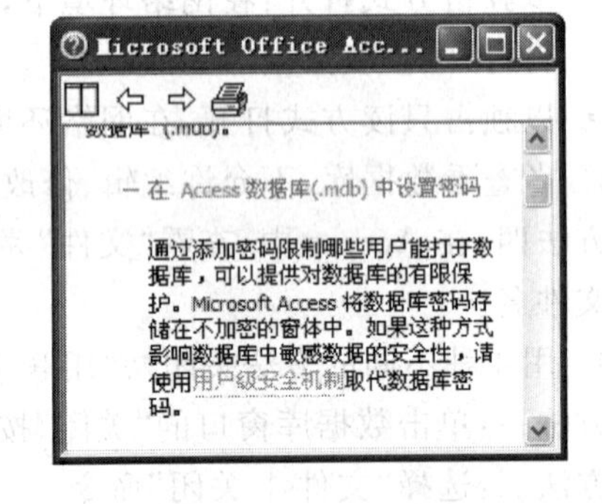

图 1.2.14　打开的帮助文档

6. 将创建的文件夹及数据库复制到 U 盘或打包发送到邮箱中，供今后使用。

7. 用 4 种不同的方法退出 Access 系统。

操作步骤：(略)

四、思考题

1. 总结数据库中各个对象的功能，其中最基本的对象是什么？
2. 设置默认文件夹有什么意义？
3. 熟悉 Access 帮助的用法，请查找关键字为“设计”的帮助信息。

实验三　表的创建

一、预习内容

1. 表结构的组成。
2. 字段的数据类型。
3. 创建表的几种方法。

二、实验目的

1. 掌握表结构的组成及字段数据类型。
2. 了解表的几种创建方法。
3. 掌握使用表设计视图创建表的方法。

三、实验内容

1. 使用“表设计视图”创建数据库“教学管理系统”中的“StudentCourse”数据表。

(1) 设计出如图 1.3.1 所示表的结构。

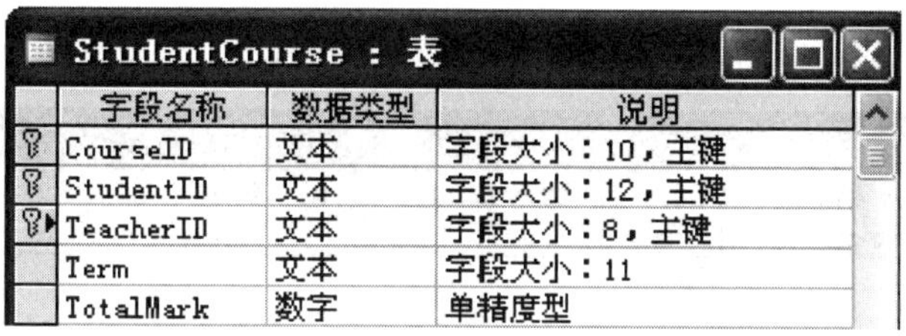

StudentCourse ： 表

字段名称	数据类型	说明
CourseID	文本	字段大小：10，主键
StudentID	文本	字段大小：12，主键
TeacherID	文本	字段大小：8，主键
Term	文本	字段大小：11
TotalMark	数字	单精度型

图 1.3.1　“StudentCourse”表的结构

(2) 打开“教学管理系统”数据库。在“数据库”窗口中，选择“表”对象，单击“新建”按钮，打开“新建表”对话框，如图 1.3.2 所示。

(3) 在“新建表”对话框中，选择“设计视图”，打开“表设计视图”窗口，如图 1.3.3 所示。

在“表设计视图”中，定义表的结构(分别定义每个字段的字段名称、数据类型及字段属性)，如图 1.3.4 所示。

(4) 定义完成后，单击“表设计视图”的关闭按钮，弹出如图 1.3.5 所示的信息框，单击“是”命令按钮，打开“另存为”对话框。在“另存为”对话框中，输入表名“StudentCourse”，再单击“确定”按钮，结束表的创建过程，同时表“StudentCourse”被自动加入到“教学管理系统”数据库中。

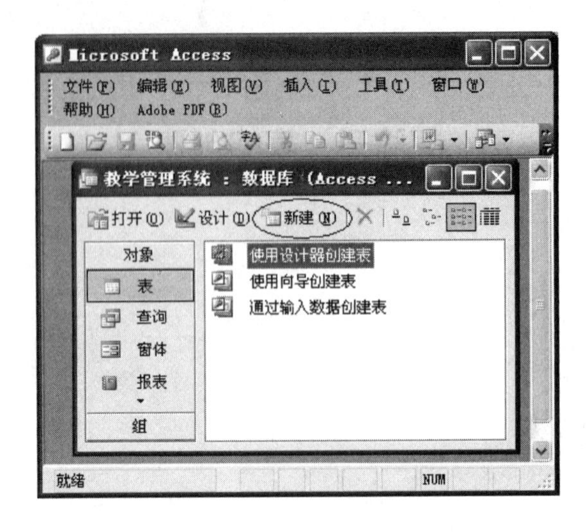

图 1.3.2 “教学管理系统”数据库

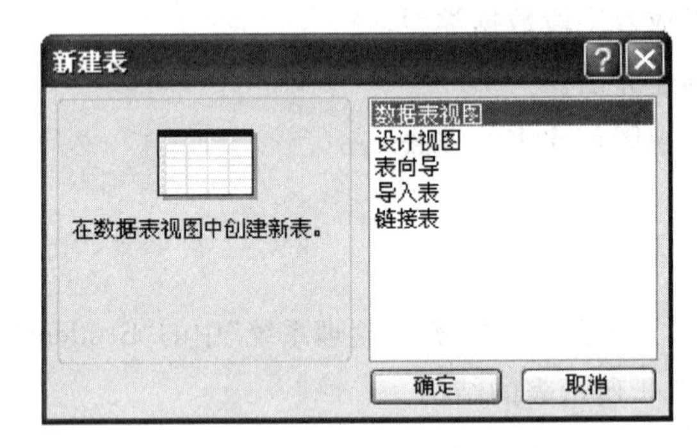

图 1.3.3 “新建表”窗口

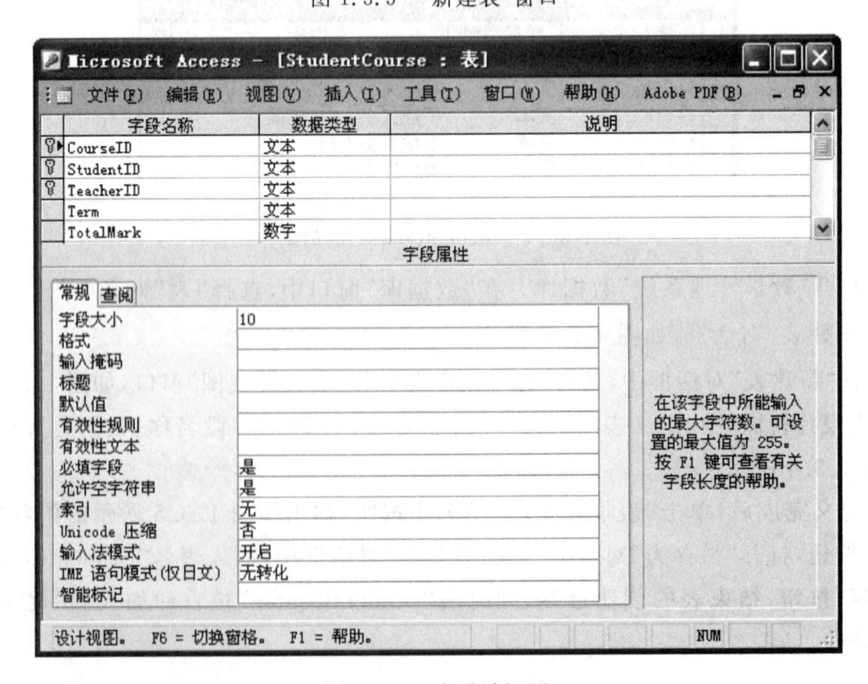

图 1.3.4 表设计视图

图 1.3.5　"保存"对话框

2. 掌握修改表结构的方法。

(1) 在"StudentCourse"表的设计视图中，单击"StudentID"字段的数据类型"文本"选项，在下拉列表中选择"自动编号"，字段大小修改为"10"，如图 1.3.6 所示。

(2) 用同样方法把"CourseID"字段的数据类型"文本"改为"数字"，字段大小设置为"8"；把"TotalMark"字段的字段大小由"单精度型"改为"整型"，如图 1.3.7 所示。

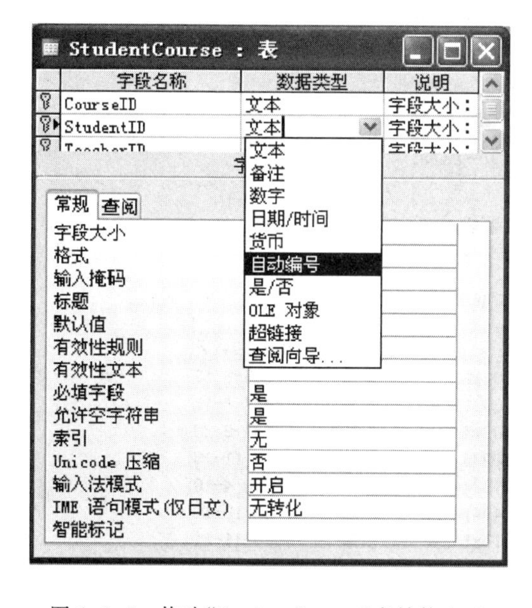

图 1.3.6　修改"StudentCourse"表结构(一)

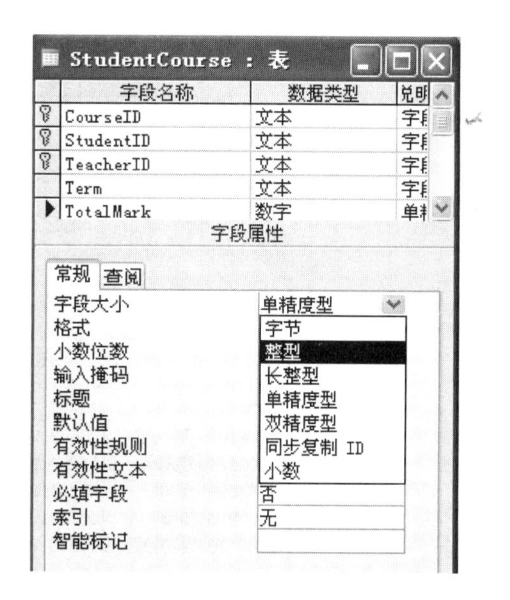

图 1.3.7　修改"StudentCourse"表结构(二)

3. 设置"CourseID"、"StudentID"和"TeacherID"字段组合为主键。

(1) 单击"CourseID"左端行选定器按钮，选择"CourseID"行，按下【Ctrl】键同时单击"StudentID"和"TeacherID"左端行选定器按钮，同时选定"StudentID"和"TeacherID"两行。

(2) 鼠标右击，从弹出的快捷菜单中选择"主键"命令，或直接单击工具栏上的图标或选择"编辑 | 主键"命令，即可设置"CourseID"、"StudentID" 和"TeacherID"字段组合为主键，如图 1.3.8 所示。

4. 请使用表设计视图，根据图 1.3.9、图 1.3.10 的表结构，建立"Student"和"Teacher"两个数据表。

5. 参照图 1.3.11、图 1.3.12 中的数据给表"Student"和表"Teacher"分别输入 5 条记录。

StudentCourse : 表

	字段名称	数据类型	说明
🔑	CourseID	文本	
🔑	StudentID	文本	
🔑	TeacherID	文本	
	Term	文本	
	TotalMark	数字	
	ExamGrade	数字	

字段属性

图 1.3.8 设置字段组合为主键

	字段名称	数据类型	说明
🔑	StudentID	文本	主键，字段大小：12
	Sname	文本	字段大小：20
	IDcard	文本	字段大小：18
	Sex	文本	字段大小：2
	Nation	文本	字段大小：20
	BirthDate	日期/时	

图 1.3.9 “Student”表结构

	字段名称	数据类型	说明
🔑	TeacherID	文本	主键，字段大小：8
	College	文本	字段大小：5
	Tname	文本	字段大小：20
	Sex	文本	字段大小：2
	State	文本	字段大小：4
	Specialty	文本	字段大小：20

图 1.3.10 “Teacher”表结构

StudentID	Sname	IDcard	Sex	Nation	BirthDate
200540701105	杨洁	500101198608170141	女	汉族	1986-8-17
200640204111	邓丹	430122198701110631	男	汉族	1987-1-11
200641201103	何小雯	43050219870928094X	女	汉族	1987-9-28
200641202121	唐校军	431382198711130935	男	汉族	1987-11-13
200641301303	唐嘉	430121198804107634	男	汉族	1988-4-10
200642302218	龙语	430702198810194941	女	汉族	1988-10-19
200642303120	梁丽芳	431028198811211741	女	汉族	1988-11-21

图 1.3.11 “Student”表的记录

TeacherII	College	Tname	Sex	State	Specialty
050032	05	贾雒	男	在职	动物科学
060033	06	石峰	男	在职	机械设计与制造
060111	06	陈宝国	男	在职	土木工程
070056	07	黄阳	男	在职	食品科学
070060	07	唐培丽	女	在职	食品质量管理
080012	08	潘惠阳	女	在职	经济学
080030	08	何运程	男	出国进修	国际金融

图 1.3.12 “Teacher”表的记录

四、思考题

1. 设计表的结构时主要需注意哪几点？
2. 创建表有哪些方法？各有什么特点？

实验四　表中字段的属性设置

一、预习内容

1. 字段常用属性的含义。
2. 字段属性的设置方法。

二、实验目的

1. 了解字段属性的设置方法。
2. 掌握字段格式属性的设置。
3. 掌握有效性规则属性的设置。
4. 掌握输入掩码属性的设置。
5. 掌握字段标题属性的设置。

三、实验内容

1. 将“Student”表中“Sname”字段的索引属性设置为“有(有重复)”。

(1) 打开“教学管理系统”数据库。

(2) 在“数据库”窗口中，选择“Student”表，单击“设计”按钮，打开“Student 表设计视图”窗口。

(3) 在“表设计视图”窗口中选择“Sname”字段，单击“索引”右侧下拉列表按钮，在下拉列表中选择“有(有重复)”选项，如图 1.4.1 所示。关闭表设计视图。

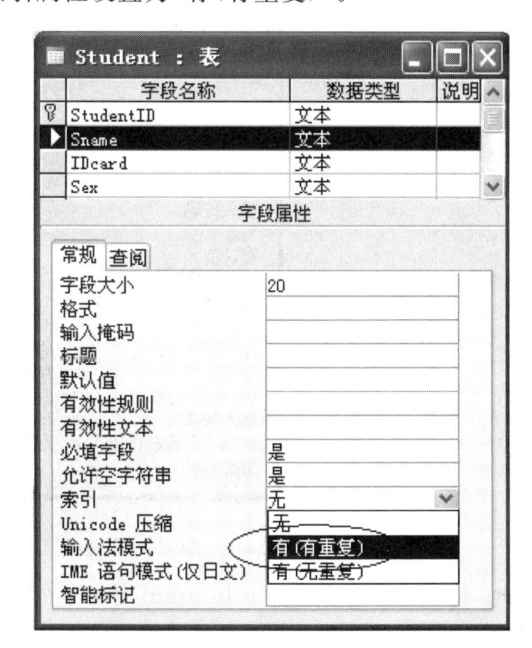

图 1.4.1　“Student”表中“Sname”字段索引属性设置

2. 将“Student”表中“Sex”字段的格式属性设置为右对齐，默认值为“男”。

(1) 打开“教学管理系统”数据库。

(2) 在“数据库”窗口中，选择“Student”表，单击“设计”按钮，进入“表设计视图”窗口。

(3) 在“表设计视图”窗口中，选定“Sex”字段，将其格式属性设置为右对齐，默认值为“男”，如图 1.4.2 所示。关闭“表设计视图”。

3. 将“Course”表中“课程代码”的格式属性设置为大写字母。

(1) 打开“教学管理系统”数据库。

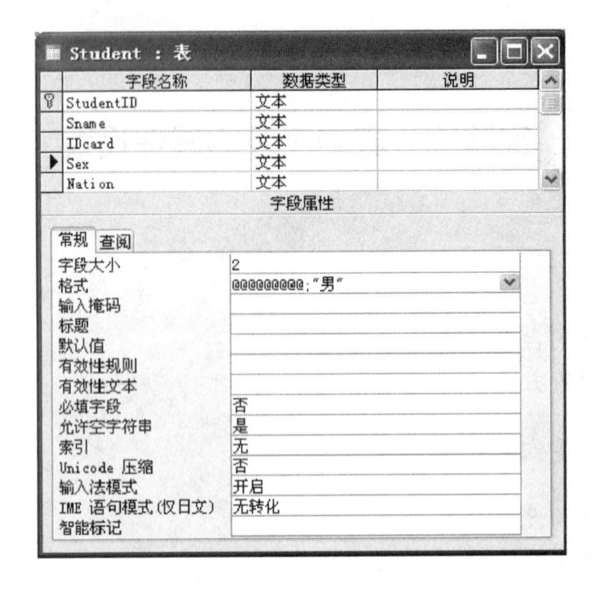

图 1.4.2 "Student"表中"Sex"字段格式属性设置

(2) 在"数据库"窗口中选择"Course"表，单击"设计"按钮，进入"表设计视图"窗口。

(3) 在"表设计视图"窗口中，选择"CourseID"字段，将其格式属性设置为字符大写，如图 1.4.3 所示。关闭"表设计视图"。

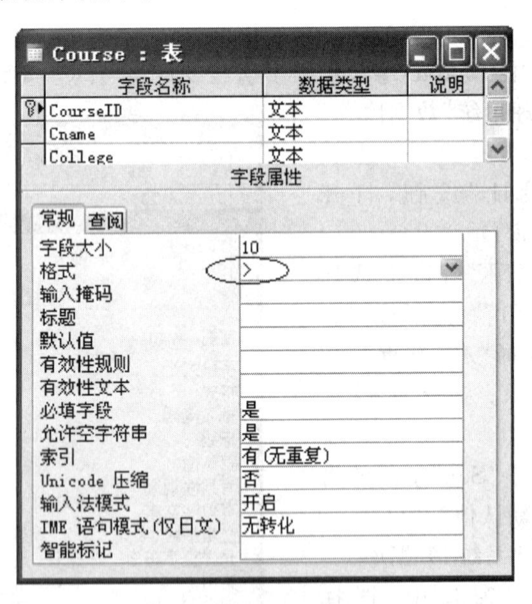

图 1.4.3 "Course"表中"CourseID"字段格式属性设置

4. 将"Teacher"表中"Education"字段的"有效性规则"属性设置为"博士研究生"、"硕士研究生"或"学士"的 3 个值之一，在有效性文本框中输入"输入的值无效，只能输入：博士研究生、硕士研究生、学士，请重新输入！"。

(1) 打开"教学管理系统"数据库。

(2) 在"数据库"窗口中，选择"Teacher"表，单击"设计"按钮，进入"表设计视图"窗口。

(3) 在"表设计视图"窗口中，选定"Education"字段，将其"有效性规则"属性设置为：=

"博士研究生"or"硕士研究生"or"学士"，在有效性文本属性设置为"输入的值无效，只能输入：博士研究生、硕士研究生、学士，请重新输入！"，如图 1.4.4 所示。关闭"表设计视图"。

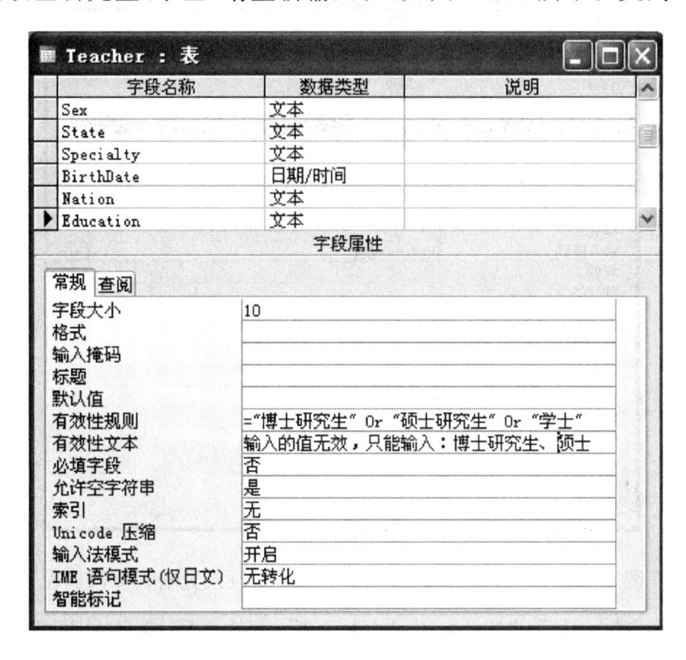

图 1.4.4　"Teacher"表中"Education"字段"有效性规则"属性设置

（4）在"Teacher"数据表视图下，如果输入的数据不是"博士研究生"、"硕士研究生"或"学士"的 3 个值之一，当插入点离开该字段时，系统会弹出如图 1.4.5 所示的对话框，提醒重新输入数据。

图 1.4.5　输入有误时的提示框

5. 将"Student"表中，"BirthDate"字段的输入掩码属性设置为 0000-00-00。

（1）打开"教学管理系统"数据库。

（2）在"数据库"窗口中，选择"Student"表，再单击"设计"按钮，进入"表设计视图"窗口。

（3）在"表设计视图"窗口中，选定"BirthDate"字段，在下面的输入掩码文本框内输入"0000-00-00"掩码，如图 1.4.6 所示，关闭"表设计视图"。

（4）打开"Student"表，在输入学生"BirthDate"字段的值时，观察设置输入掩码的作用。

6. 将"Student"表的"StudentID"、"Sname"、"IDcard"、"Sex"字段名分别改为"XH"、"XM"、"SFZ"、"XB"，并在数据表视图中查看显示结果。

（1）打开"教学管理系统"数据库。

（2）选择"Student"表对象，单击"设计"按钮，打开学生表视图。

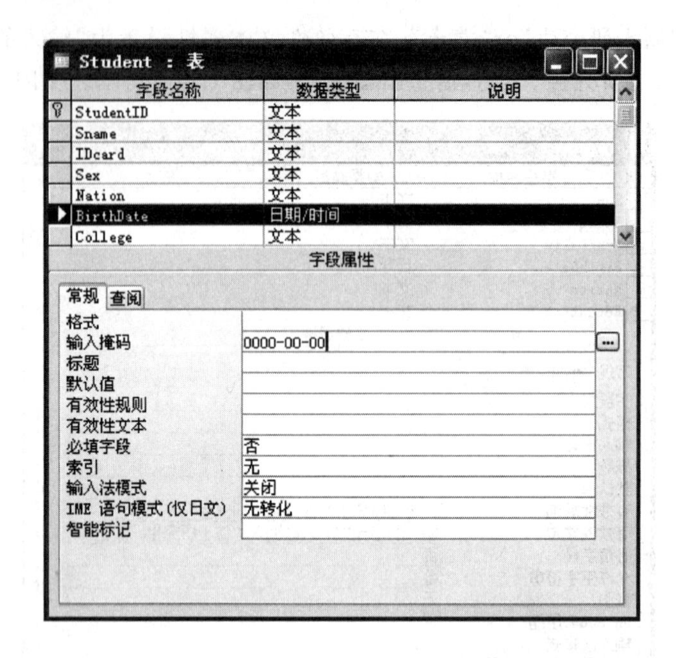

图 1.4.6 “Student”表中“BirthDate”字段设置输入掩码属性

(3) 把表的“StudentID”、“Sname”、“IDcard”、“Sex”字段名分别改为“XH”、“XM”、“SFZ”、“XB”,如图 1.4.7 所示。

(4) 在“数据库”窗口中,单击“打开”按钮,确认保存,查看修改结果,如图 1.4.8 所示。

注意:可以通过工具栏中的“设计视图”按钮选择数据表视图,也可用数据库窗口的“打开”和“设计”按钮来进行视图切换。

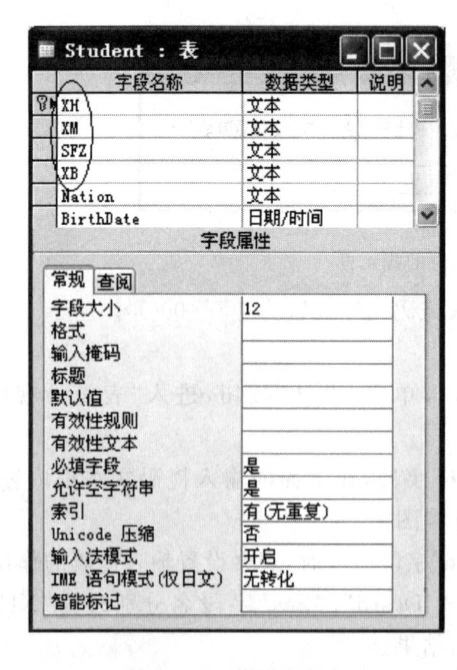

图 1.4.7 修改字段名

图 1.4.8 修改字段名后的“Student”表视图

7. 将“XH”、“XM”、“SFZ”、“XB” 字段的标题属性分别设为“StudentID”、“Sname”、“IDcard”、“Sex”，并在数据表视图中查看显示结果，如图 1.4.9 所示。

(1) 打开“Student”表设计视图。

(2) 选择“XH”字段，在“标题”属性框中输入“StudentID”，其他字段也按此设置。图 1.4.9是设置 XB 字段的标题属性。

(3) 单击数据库窗口的“打开”按钮，按提示确认保存，查看修改结果，如图 1.4.10 所示。

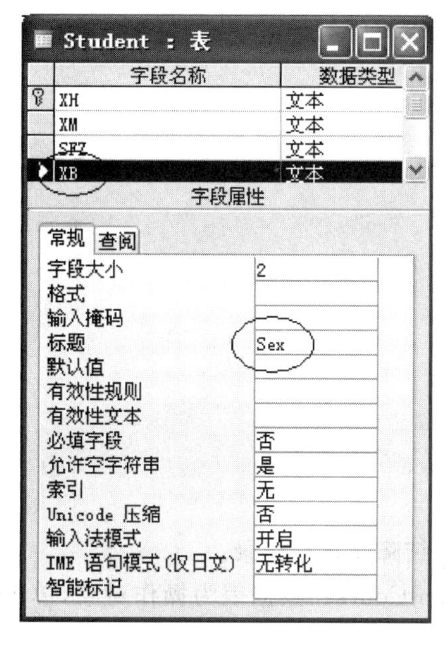

图 1.4.9　设置“XB”字段的标题属性

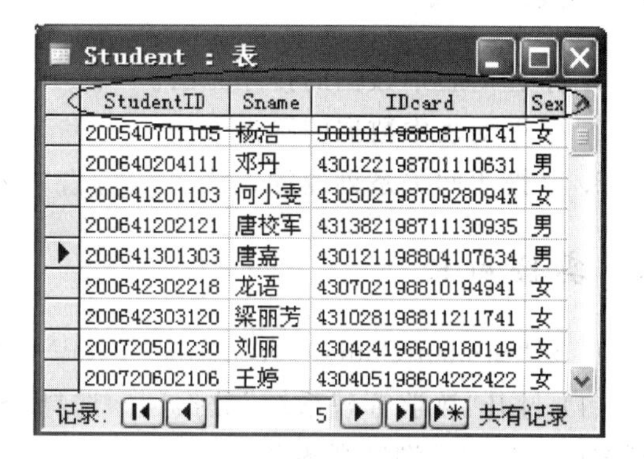

Student : 表

StudentID	Sname	IDcard	Sex
200540701105	杨洁	500101198808170141	女
200640204111	邓丹	430122198701110631	男
200641201103	何小雯	43050219870928094X	女
200641202121	唐校军	431382198711130935	男
200641301303	唐嘉	430121198804107634	男
200642302218	龙语	430702198810194941	女
200642303120	梁丽芳	431028198811211741	女
200720501230	刘丽	430424198609180149	女
200720602106	王婷	430405198604222422	女

记录: 5 共有记录

图 1.4.10　设置标题属性后的数据表视图

四、思考题

1. 字段有效性的规则属性的作用是什么?
2. 字段格式属性的作用是什么?
3. 设置字段输入掩码属性有什么好处?
4. 标题属性的作用是什么?

实验五　表中数据的排序、筛选和建立表间关系

一、预习内容

1. 表中记录的排序方法。
2. 对表中记录筛选的几种方法。
3. 表间关系的建立方法。

二、实验目的

1. 掌握对表中数据的排序方法。
2. 掌握对表中数据的筛选方法。
3. 掌握表间关系创建的方法。

三、实验内容

1. 对“StudentCourse”数据表按“TotalMark”成绩降序排列记录。

(1) 打开“教学管理系统”数据库。选择“StudentCourse”数据表为操作对象，单击“打开”按钮，进入“表浏览视图”窗口。

(2) 在“表浏览视图”窗口中，选定要排序的字段“TotalMark”，依次选择菜单栏上的“记录|排序|降序”选项，即可得到如图 1.5.1 所示的排序结果。

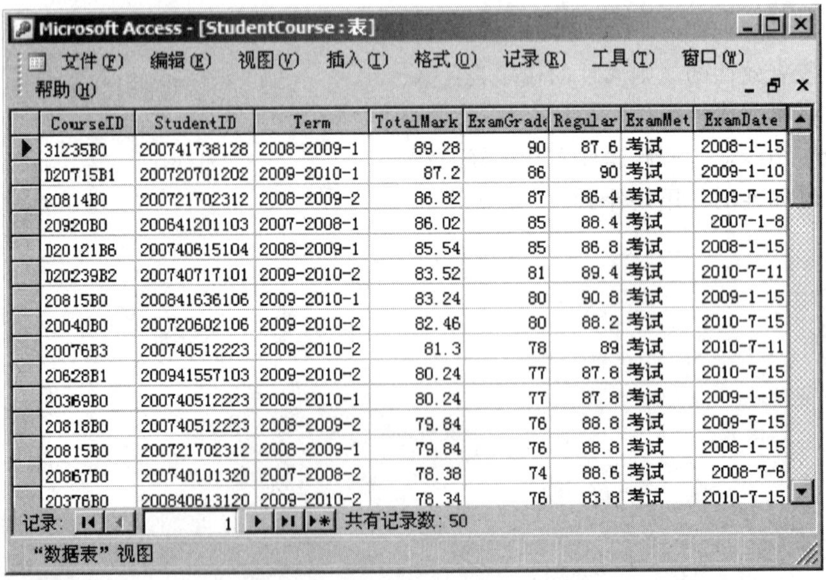

Microsoft Access - [StudentCourse : 表]

文件(F)　编辑(E)　视图(V)　插入(I)　格式(O)　记录(R)　工具(T)　窗口(W)　帮助(H)

CourseID	StudentID	Term	TotalMark	ExamGrade	Regular	ExamMet	ExamDate
31235B0	200741738128	2008-2009-1	89.28	90	87.6	考试	2008-1-15
D20715B1	200720701202	2009-2010-1	87.2	86	90	考试	2009-1-10
20814B0	200721702312	2008-2009-2	86.82	87	86.4	考试	2009-7-15
20920B0	200641201103	2007-2008-1	86.02	85	88.4	考试	2007-1-8
D20121B6	200740615104	2008-2009-1	85.54	85	86.8	考试	2008-1-15
D20239B2	200740717101	2009-2010-2	83.52	81	89.4	考试	2010-7-11
20815B0	200841636106	2009-2010-1	83.24	80	90.8	考试	2009-1-15
20040B0	200720602106	2009-2010-2	82.46	80	88.2	考试	2010-7-15
20076B3	200740512223	2009-2010-2	81.3	78	89	考试	2010-7-11
20628B1	200941557103	2009-2010-2	80.24	77	87.8	考试	2010-7-15
20369B0	200740512223	2009-2010-1	80.24	77	87.8	考试	2009-1-15
20818B0	200740512223	2008-2009-2	79.84	76	88.8	考试	2009-7-15
20815B0	200721702312	2008-2009-1	79.84	76	88.8	考试	2008-1-15
20867B0	200740101320	2007-2008-2	78.38	74	88.6	考试	2008-7-6
20376B0	200840613120	2009-2010-2	78.34	76	83.8	考试	2010-7-15

记录: 1　共有记录数: 50

“数据表”视图

图 1.5.1　“StudentCourse”数据表视图

2. 从"Teacher"表中筛选出"Education"字段为"博士研究生"的记录。

(1) 打开"教学管理系统"数据库。选择"Teacher"表为操作对象,单击"打开"按钮,进入"表浏览视图"窗口。

(2) 依次选择菜单栏上"记录|筛选|高级筛选/排序"选项,打开"筛选"窗口。

(3) 在"筛选"窗口中,选择字段名"Education",在"条件"单元格中输入"='博士研究生'",如图 1.5.2 所示。

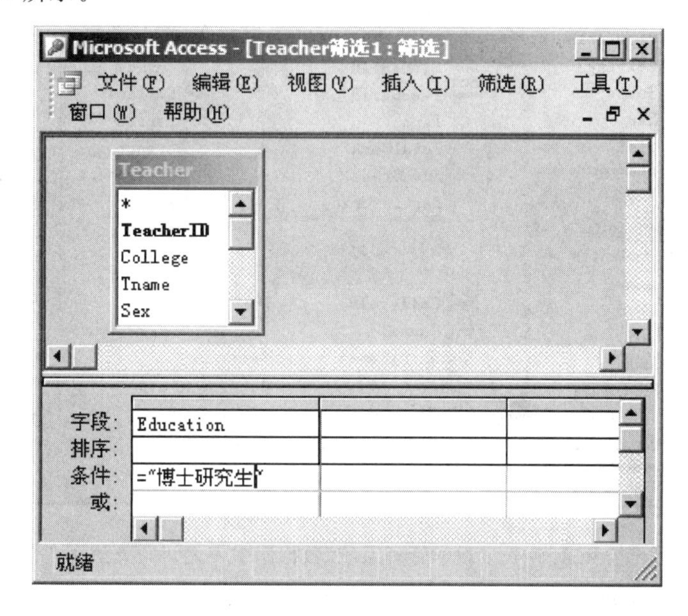

图 1.5.2　"筛选"设计窗口

(4) 关闭"筛选"窗口后,再选择"筛选"菜单中的"应用筛选/排序"命令,即可得到如图 1.5.3 所示的筛选结果。

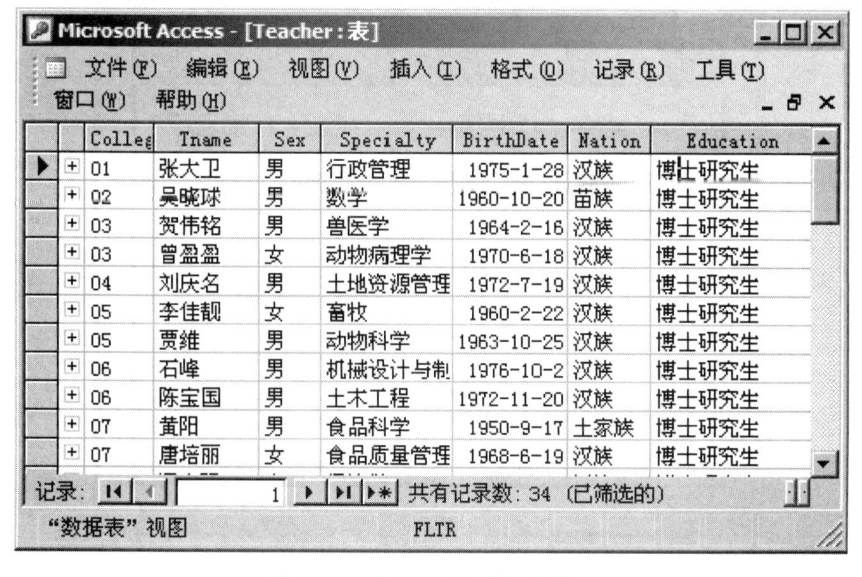

Colleg	Tname	Sex	Specialty	BirthDate	Nation	Education
01	张大卫	男	行政管理	1975-1-28	汉族	博士研究生
02	吴晓球	男	数学	1960-10-20	苗族	博士研究生
03	贺伟铭	男	兽医学	1964-2-16	汉族	博士研究生
03	曾盈盈	女	动物病理学	1970-6-18	汉族	博士研究生
04	刘庆名	男	土地资源管理	1972-7-19	汉族	博士研究生
05	李佳靓	女	畜牧	1960-2-22	汉族	博士研究生
05	贾维	男	动物科学	1963-10-25	汉族	博士研究生
06	石峰	男	机械设计与制	1976-10-2	汉族	博士研究生
06	陈宝国	男	土木工程	1972-11-20	汉族	博士研究生
07	黄阳	男	食品科学	1950-9-17	土家族	博士研究生
07	唐培丽	女	食品质量管理	1968-6-19	汉族	博士研究生

图 1.5.3　"Teacher"表筛选结果

3. 设置表间关系，结果如图 1.5.4 所示。设置“Student”表与“StudentCourse”表通过“StudentID”字段建立一对多的关系，并能实现“级联更新相关字段”和“级联删除相关记录”的操作。

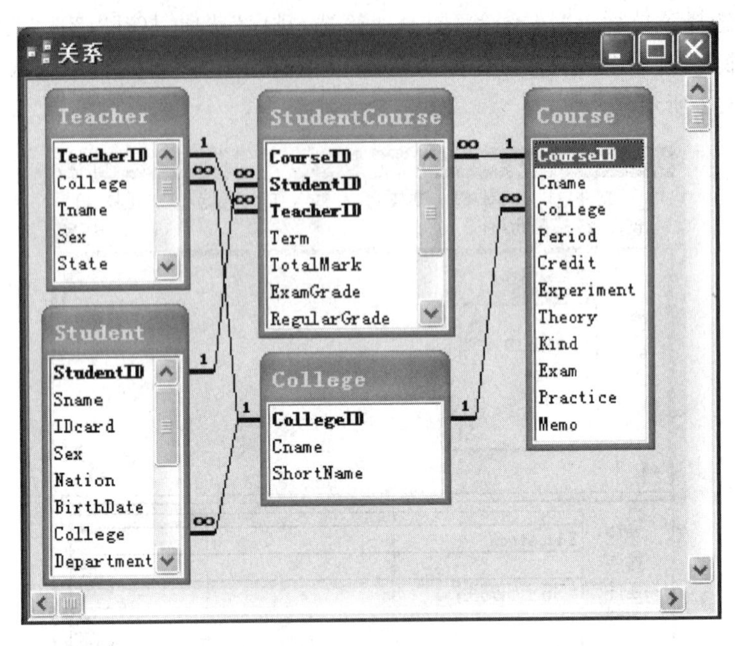

图 1.5.4 “教学管理系统”数据库中表之间的关系

(1) 打开“教学管理系统”数据库窗口，选择“表”对象。

(2) 单击工具栏中的图标按钮或选择“工具 | 关系”命令，打开“关系”窗口，如图 1.5.5 所示。

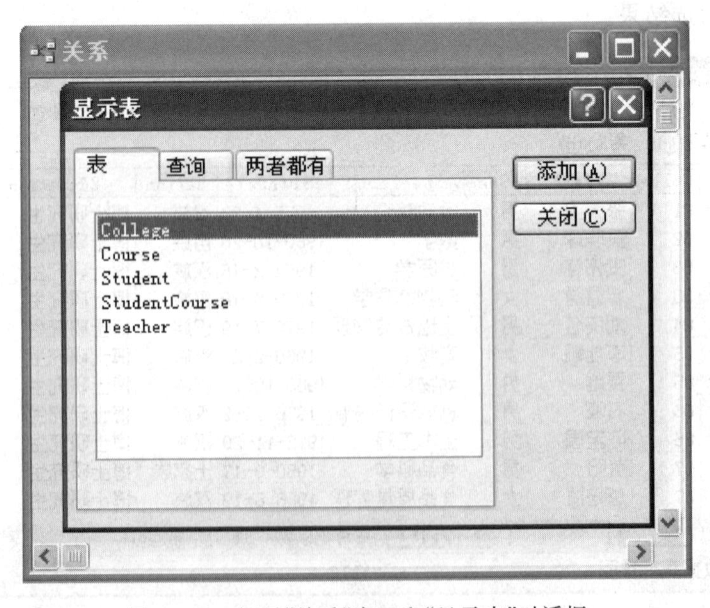

图 1.5.5 打开“关系”窗口和“显示表”对话框

(3) 在“显示表”对话框中,分别选择“College”、“Student”、“Course”、“Teacher”、“StudentCourse”选项,通过单击“添加”按钮,将其添加到“关系”窗口中,也可以通过按住【Shift】键选择所有的表添加到“关系”窗口,如图 1.5.6 所示。

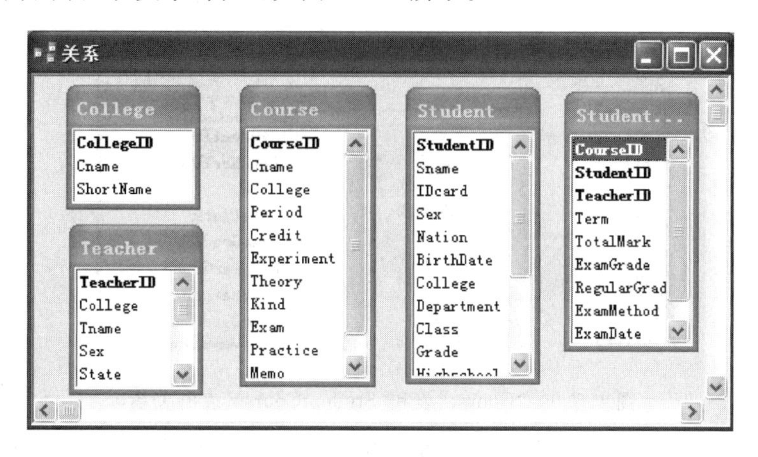

图 1.5.6 “关系”窗口

(4) 用鼠标拖拽“Student”表的“StudnetID”字段到“StudentCourse”表的“StudentID”字段,释放鼠标可打开“编辑关系”对话框,如图 1.5.7 所示,最后单击“创建”按钮即可创建“Student”表和“StudentCourse”表的一对多的关系,如图 1.5.8 所示。

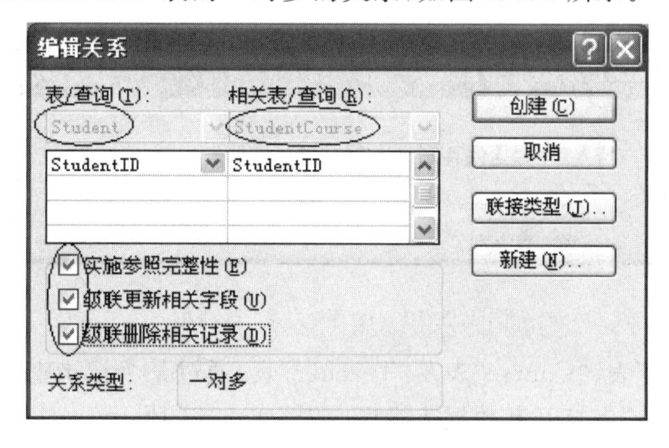

图 1.5.7 “编辑关系”对话框

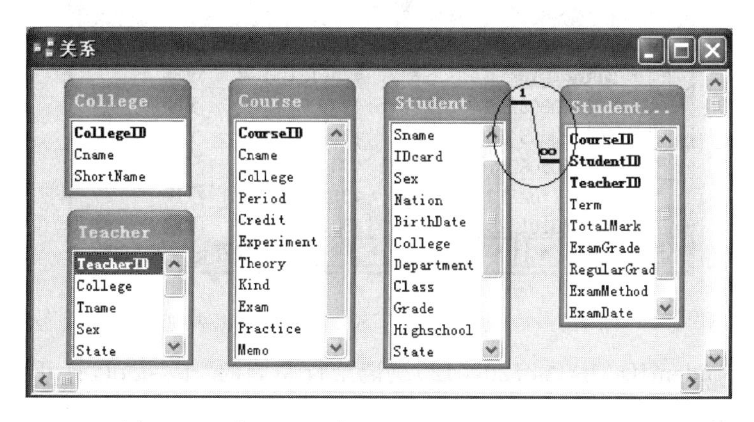

图 1.5.8 “Student”表和“StudentCourse”表的关系

4. 设置“Course”表与“StudentCourse”表通过“CourseID”字段建立一对多的关系，并能实现“级联更新相关字段”和“级联删除相关记录”的操作。

操作步骤参照上述实验进行，结果如图 1.5.9 所示。

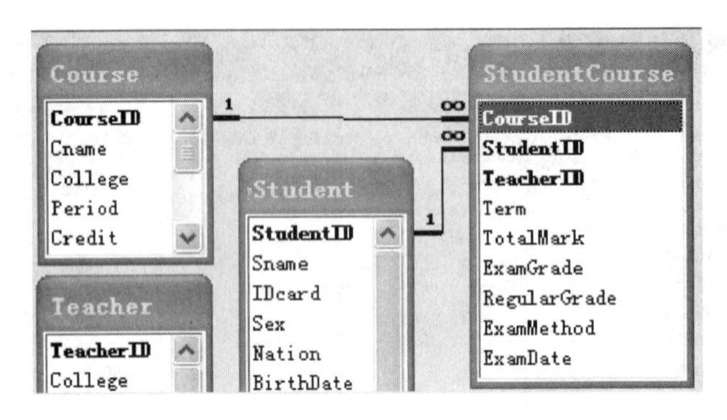

图 1.5.9 “Course”表和“StudentCourse”表的关系

5. 设置“Teacher”表与“College”表通过“CollegeID”字段建立一对多的关系，并选择“实施参照完整性”的操作。

操作步骤参照上述实验进行，结果如图 1.5.4 所示。

选择菜单“文件 | 关闭”，关闭“关系”窗口，弹出保存提示对话框，如图 1.5.10 所示，单击“是”保存退出。

图 1.5.10 保存“关系”对话框

6. 打开“Student”表、“Course”表及“Teacher”表，通过某个记录查看相关记录。

(1) 双击“Student”表打开其数据表视图，如图 1.5.11 所示。

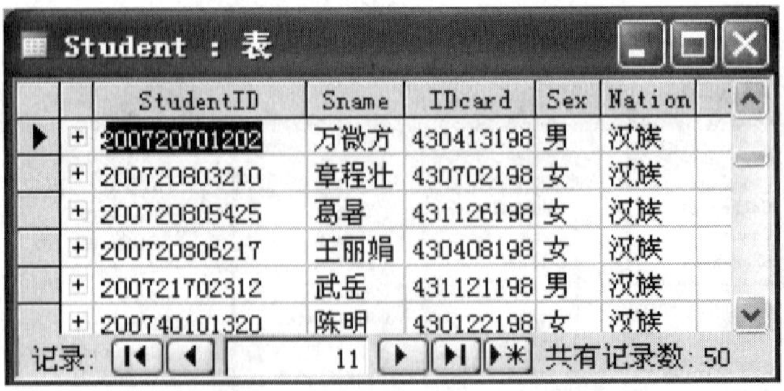

Student : 表

StudentID	Sname	IDcard	Sex	Nation
200720701202	万微方	430413198	男	汉族
200720803210	章程壮	430702198	女	汉族
200720805425	葛晷	431126198	女	汉族
200720806217	王丽娟	430408198	女	汉族
200721702312	武岳	431121198	男	汉族
200740101320	陈明	430122198	女	汉族

记录: 11 共有记录数: 50

图 1.5.11 创建关系后“Student”表数据表视图

(2) 单击“StudentID”为“200720701202”记录行左侧的“+”按钮，打开其相关的记录，如图 1.5.12 所示。

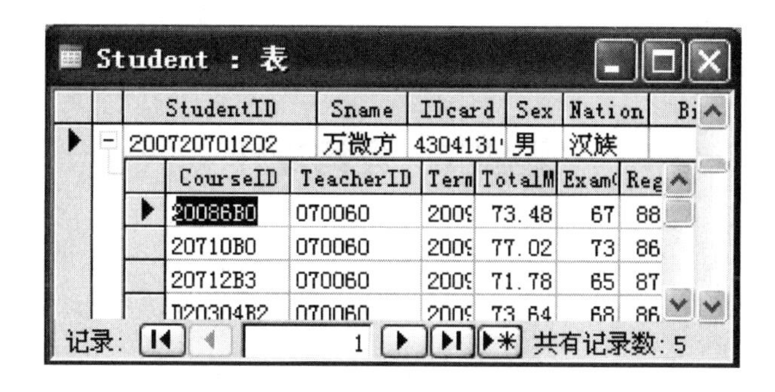

图 1.5.12 StudentID 为“200720701202”的相关记录

7. 删除“Student”表和“StudentCourse”表的联系，然后查看“Student”表的记录，最后再建立两表之间的联系。

(1) 单击工具栏中的图标按钮，打开“关系”窗口。

(2) 用鼠标右击两表之间的连线，在弹出的快捷菜单中选择“删除”命令。或单击两表之间的折线变粗后，再选择“编辑 | 删除”命令删除表间关系。

(3) 参照设置表间关系操作步骤创建两表之间的联系。

四、思考题

1. 在数据表中汉字排序时的依据是什么？
2. 数据表筛选结果保存之后，再次打开该数据表时，如何查看筛选结果？
3. 简述“实施参照完整性”、“级联更新相关字段”以及“级联删除相关记录”的意义。

实验六　查询操作

一、实验目的

1. 熟悉 Access 中查询的基本概念、查询设计以及运行过程。
2. 掌握使用“向导”和使用“设计器”创建选择查询、交叉表查询的方法。
3. 掌握使用“设计器”创建参数查询、更新查询的方法。

二、实验内容

1. 利用简单查询向导建立查询对象。

(1) 实验任务:建立查询学生学号、姓名、专业、课程号和成绩的查询对象,查询对象名为“学生及选课信息查询”。

(2) 具体操作方法如下。

① 在数据库窗口中,选择“查询”对象,然后单击“新建”按钮,打开如图 1.6.1 所示的“新建查询”对话框。

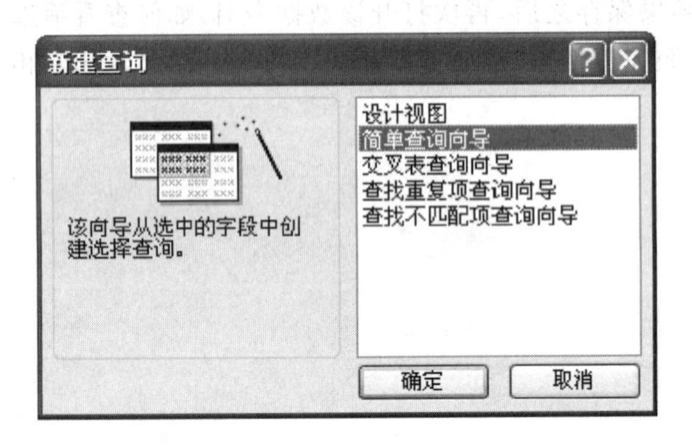

图 1.6.1　“新建查询”对话框

② 在图 1.6.1 所示的对话框中选择“简单查询向导”,单击“确定”按钮,打开如图 1.6.2 所示的“简单查询向导”对话框。

③ 打开“表/查询”下拉列表框,选择“Student”数据表,此时“可用字段”列表框中显示了该数据表中的全部字段。

④ 单击“StudentID”字段,然后单击添加按钮,将“StudentID”字段添加到“选定的字段”列表框中。然后顺序将“Sname”、“Class”字段添加到“选定的字段”列表框中。

⑤ 再次打开“表/查询”下拉列表框,选择“StudentCourse”数据表,将“CourseID”和“TotalMark”字段添加到“选定的字段”列表框中。添加好字段后的情形如图 1.6.3 所示。

⑥ 单击“下一步”按钮,进入如图 1.6.4 所示的对话框。

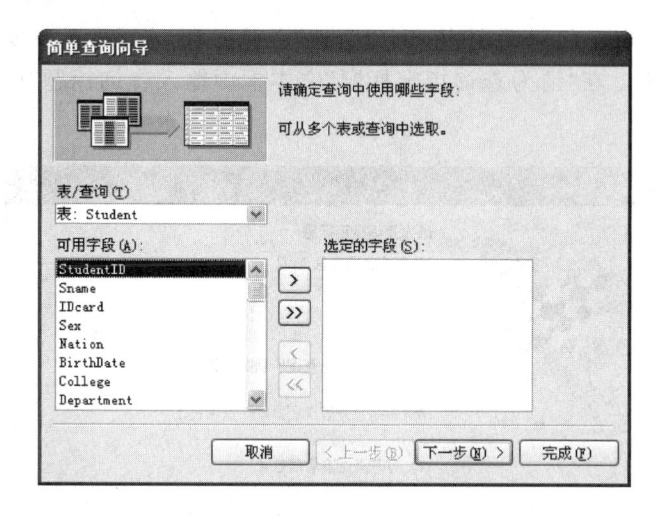

图 1.6.2　“简单查询向导”对话框

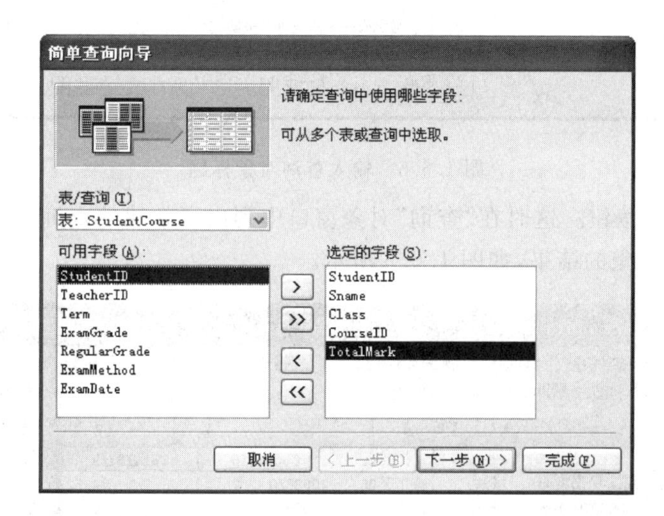

图 1.6.3　选择好查询字段后的情形

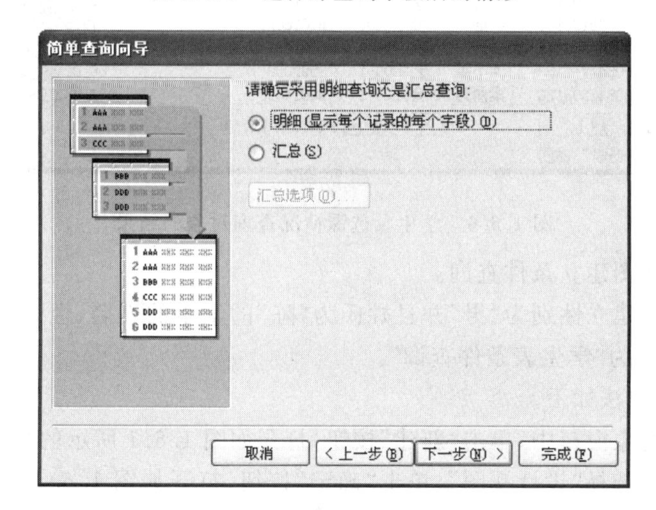

图 1.6.4　选择查询方式

⑦ 在图 1.6.4 所示的对话框中选中“明细”单选按钮，单击“下一步”按钮，进入如图 1.6.5所示的对话框。在“请为查询指定标题”文本框中输入查询标题“学生及选课信息查询”。

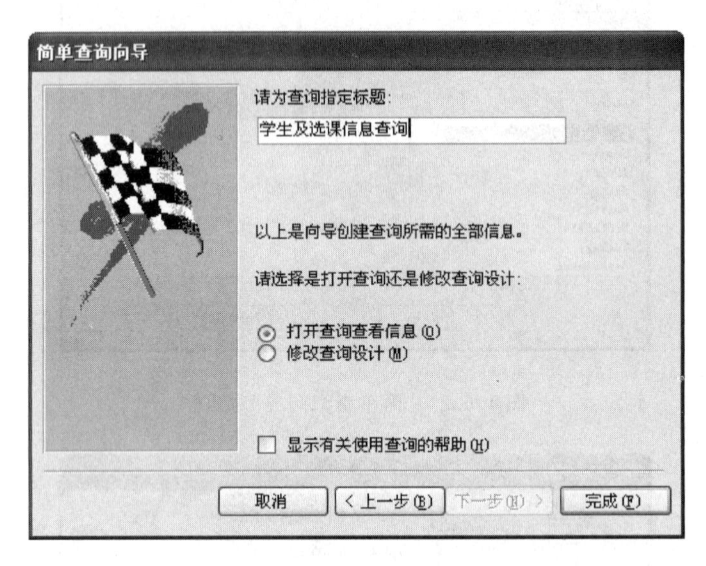

图 1.6.5　输入查询对象标题

⑧ 单击“完成”按钮。这时在“查询”对象窗口中列出了新建的查询对象，双击此查询对象，可以浏览查询对象的结果，如图 1.6.6 所示。

Microsoft Access - [学生及选课信息查询 : 选择查询]

文件(F) 编辑(E) 视图(V) 插入(I) 格式(O) 记录(R) 工具(T) 窗口(W) 帮助(H) Adobe PDF(B)

StudentID	Sname	Class	CourseID	TotalMark
200540701105	杨洁	食工艺06	2003820	74.82
200540701105	杨洁	食工艺06	20086B0	75.92
200540701105	杨洁	食工艺06	20710B0	58
200540701105	杨洁	食工艺06	20712B3	68.98
200540701105	杨洁	食工艺06	D20160B1	72.5
200640204111	邓丹	信科06-1	10019B1	63.26
200641201103	何小雯	艺术06-1	20920B0	86.02
200642303120	梁丽芳	会计06-1	D20148B0	71.76

记录: 1 共有记录数: 50

“数据表”视图 NUM

图 1.6.6　学生及选课情况查询对象的结果

2. 利用设计视图建立条件查询。

(1) 实验任务:建立性别为“男”并且姓氏为“陈”的学生的姓名、性别、出生日期及专业的查询对象，对象名为“学生表条件查询”。

(2) 具体操作方法如下。

① 在“查询”对象窗口中，单击“新建”按钮，打开如图 1.6.1 所示的“新建查询”对话框。

② 在列表框中选择“设计视图”，单击“确定”按钮，打开如图 1.6.7 所示的“显示表”对话框。

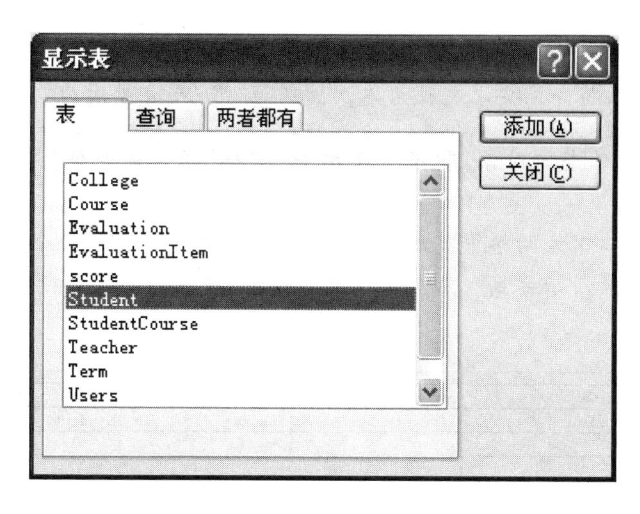

图 1.6.7　“显示表”对话框

③ 在“显示表”窗口中，双击“Student”，将该表添加到查询设计窗口中，单击“关闭”按钮，使“查询设计器”成为当前窗口。

④ 单击“查询设计器”窗口下方网格中第一行(“字段”行)第一列的下拉菜单按钮；从列表中选择要添加到查询中的字段“Sname”(也可直接双击窗口上方“Student”表的对应字段名，使该字段添加到网格的字段单元格中)；相同操作添加其他字段。在“条件”行上输入条件，其中引号可以不用输入，系统会自动添加。完成后如图 1.6.8 所示。

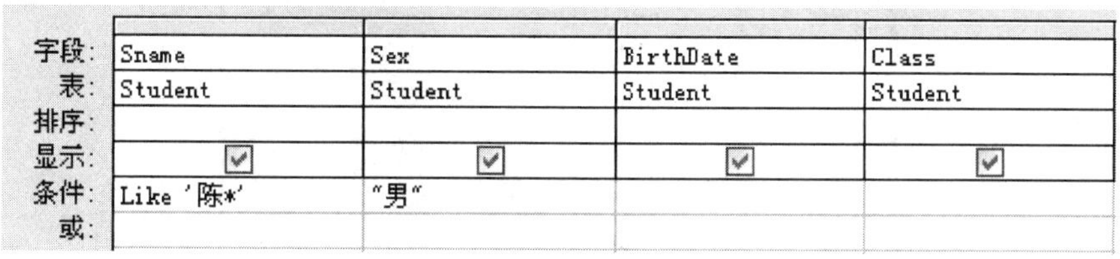

字段:	Sname	Sex	BirthDate	Class
表:	Student	Student	Student	Student
排序:				
显示:	☑	☑	☑	☑
条件:	Like '陈*'	"男"		
或:				

图 1.6.8　设置好后的情形

⑤ 单击工具栏上的“执行”按钮，观察显示的查询结果，如图 1.6.9 所示。

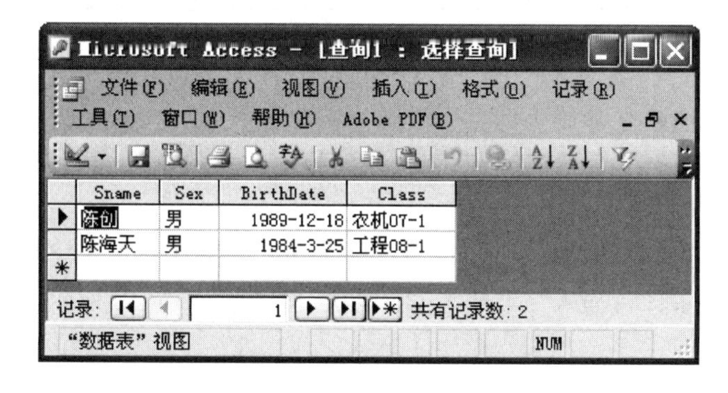

图 1.6.9　查询结果

⑥ 单击工具栏上的“保存”按钮，在“另存为”对话框的“查询名称”文本框中输入“学生表条件查询”。单击“确定”按钮保存此查询。

⑦ 关闭查询。

思考：如果将查询要求更改为建立性别为“男”或者姓氏为“陈”的学生的姓名、性别、出生日期及专业的查询对象，即将原来的条件“与”修改成条件“或”，该如何设计条件选项？

提示：在查询窗口下方网格中可以看到一行“或”字段，即表示两个条件的或连接，将条件修改成如图 1.6.10 所示方式。然后单击工具栏上的“执行”按钮，观察显示的查询结果如图 1.6.11 所示。

字段:	Sname	Sex	BirthDate	Class
表:	Student	Student	Student	Student
排序:				
显示:	☑	☑	☑	☑
条件:	Like '陈*'			
或:		"男"		

图 1.6.10　修改条件后的情形

Microsoft Access - [查询1 : 选择查询]

文件(F)　编辑(E)　视图(V)　插入(I)　格式(O)　记录(R)　工具(T)　窗口(W)　帮助(H)　Adobe PDF(B)

Sname	Sex	BirthDate	Class
尹培立	男	1988-3-19	宠物医疗07
尹彬彬	男	1988-7-26	农机08-1
陈创	男	1989-12-18	农机07-1
姜欣	男	1988-4-16	种子07-1
邓力	男	1987-7-22	果树07
解天舒	男	1988-10-27	中药07-1
陈海天	男	1984-3-25	工程08-1
蒋军	男	1990-7-19	汽车08-1
唐东	男	1990-3-25	经济08-1
黄石	男	1989-5-17	艺生08-1
陈萍	女	1989-2-20	公事09-1
陈茵	女	1991-8-11	烟草09-1
肖大鹏	男	1989-9-13	信工09-2
朱小池	男	1991-12-17	应化09-2

记录: 1 共有记录数: 21

“数据表”视图　NUM

图 1.6.11　修改条件后的查询结果

3. 利用设计视图建立参数查询。

(1) 实验任务：根据学生的“学号”，查找任意指定学生的个人详细信息。

(2) 具体操作方法如下。

① 在查询设计窗口中添加“Student”表，将“Student”表中的所有字段添加到网格中，在“StudentID”字段的条件行输入“[请输入学生学号]”，如图 1.6.12 所示。

字段:	StudentID	Sname	Sex	BirthDate	College
表:	Student	Student	Student	Student	Student
排序:					
显示:	☑	☑	☑	☑	☑
条件:	[请输入学生学号]				
或:					

图 1.6.12　参数查询设计窗口

② 保存查询设计，单击工具栏的“运行”按钮运行查询，系统会显示一个输入参数值的对话框，如图 1.6.13 所示。

③ 输入一个学生学号（如 200540701105），则显示对应学生的详细个人记录，如图 1.6.14 所示。

图 1.6.13　输入参数值窗口

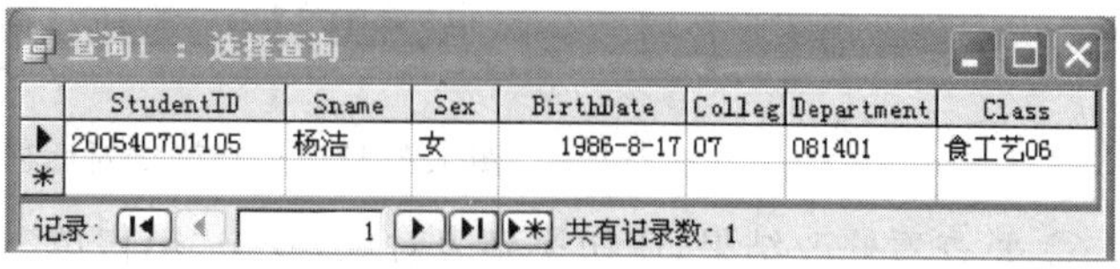

查询1 : 选择查询

	StudentID	Sname	Sex	BirthDate	Colleg	Department	Class
▶	200540701105	杨洁	女	1986-8-17	07	081401	食工艺06
*							

记录: 1 共有记录数: 1

图 1.6.14　运行查询结果

4. 利用设计视图建立更新查询。

(1) 实验任务：计算“学生成绩”表中的“总分”字段值。

(2) 具体操作方法如下。

① 在查询设计器的“设计视图”中添加表“学生成绩”。

② 将“总分”字段拖到查询设计下方网格中。

③ 打开窗口的“查询”菜单，执行“更新查询”命令。

④ 在“更新到”栏输入表达式“[数据结构]+[计算机基础]+[科学社会主义]+[数据库原理]”，如图 1.6.15 所示。计算公式的输入也可以借助于表达式生成器完成，方法是：鼠标右击“更新到”栏，打开“生成器”对话框；在对话框中双击“score”表的“数据结构”字段，单击“+”号，双击“score”表的“计算机基础”字段；然后依次相加“科学社会主义”和“数据库原理”，单击“确定”按钮，如图 1.6.16 所示。

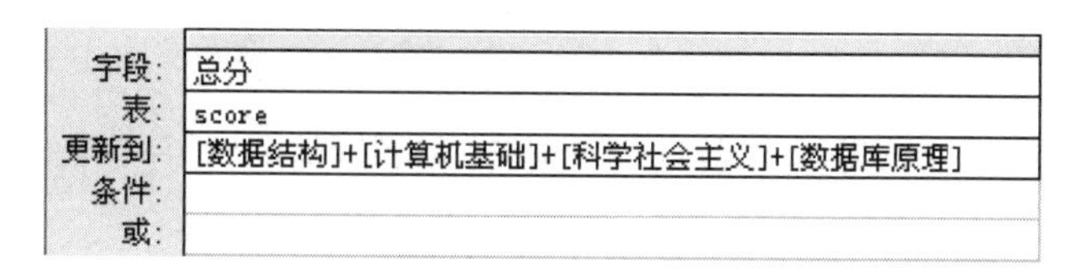

图 1.6.15　更新查询窗口

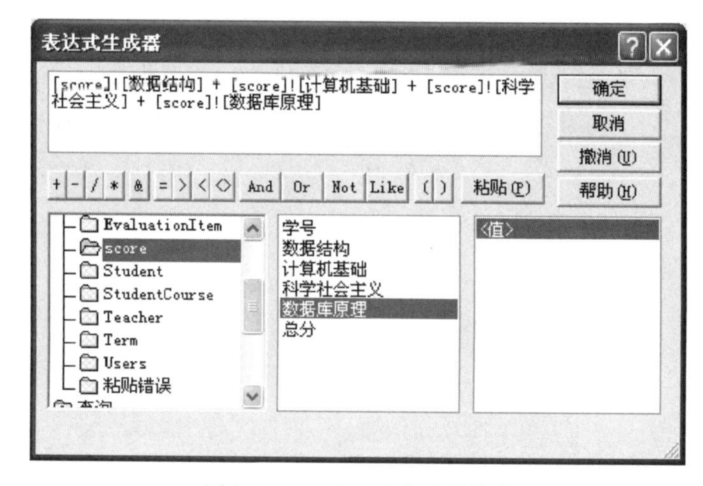

图 1.6.16　表达式生成器设计

⑤ 单击工具栏的“运行”按钮。在出现的对话框中单击“是”,如图 1.6.17 所示。

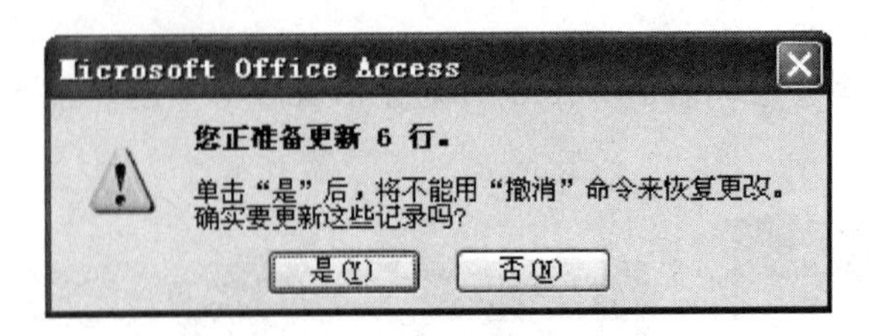

图 1.6.17　运行确定对话框

⑥ 要查看修改结果,应切换到表对象,双击“销售单”,显示结果如图 1.6.18 所示。

score : 表

学号	数据结构	计算机基础	科学社会主义	数据库原理	总分
1001	78	86	99	67	330
1002	65	96	56	78	295
1003	90	87	94	73	344
1004	67	92	88	63	310
1005	78	88	90	76	332
1006	75	68	64	83	290
0	0	0	0	0	0

记录: 1 共有记录数: 6

图 1.6.18　更新查询后显示结果

实验七　SQL 查询

一、实验目的

1. 掌握 SQL 查询语句的创建方法。
2. 理解 SQL 查询语句的含义，掌握常用 SQL 语句的使用。

二、实验内容

前面设计的查询是通过向导或设计视图等图形界面方式创建的，我们还不知道其真正的 SQL 语句是什么。其实，可以通过鼠标单击设计视图的空白区域，在弹出菜单中选择“SQL 视图”或直接单击工具栏左上角的 中的“SQL 视图”，即可查看查询背后的 SQL 语句。另外还可以修改已经创建好的查询，甚至在空白的设计视图中直接编写 SQL 语句创建查询。不过，这需要对 SQL 比较熟悉才行，而且要注意的是 Access 是一个具体的软件环境，并不一定支持所有 SQL 语句，使用教材上的示例 SQL 语句时要结合 Access 的在线帮助。

1. SQL 查询步骤。

使用 SQL 查询有 3 个通用步骤，然后根据不同的查询要求，分别书写 SQL 语句。

① 步骤 1：进入 SQL 设计视图。

首先在数据库窗口中，选择“查询”对象，选择“在设计视图中创建查询”，如图 1.7.1 所示，单击“设计”按钮，关闭弹出的“显示表”对话框，然后选择“查询”菜单中的“SQL 特定查询”→“联合”子菜单，如图 1.7.2 所示，进入“联合查询”视图（也可以从“视图”菜单中的“SQL 视图”菜单项进入 SQL 设计视图）。

图 1.7.1　“SQL 查询”入口

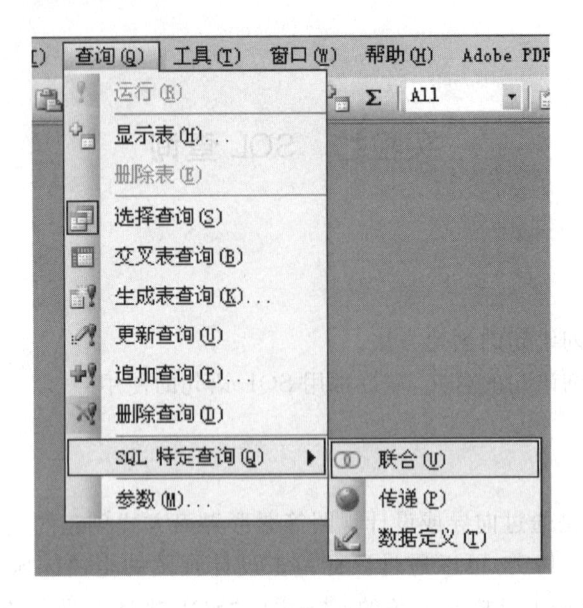

图 1.7.2 选择联合查询

② 步骤 2:输入并编辑 SQL 语句。

输入相应的 SQL 语句(如“SELECT * FROM Student WHERE SEX='男' ORDER BY StudentID DESC”,如图 1.7.3 所示。

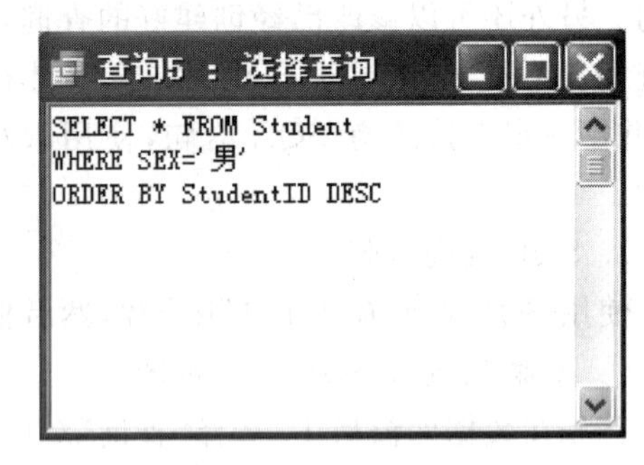

图 1.7.3 联合查询视图

③ 步骤 3:执行 SQL 查询。

单击“查询”菜单中的“运行”菜单项,即可得到查询结果,如图 1.7.4 所示,可以看出,结果是按“学号”由高到低排序所有性别为“男”的学生信息。

查询4 : 选择查询

StudentID	Sname	IDcard	Sex	Nation	BirthDate	Colleg	Department
200942347228	朱小池	43090319911217253X	男	汉族	1991-12-17	02	070302
200941843219	肖大鹏	372321198909130934	男	汉族	1989-9-13	18	080609
200841224103	黄石	430602198905177553	男	汉族	1989-5-17	12	050408
200840820109	唐东	430724199003250431	男	汉族	1990-3-25	08	020101
200840654127	蒋军	152321199007197754	男	蒙古族	1990-7-19	06	080308W
200840613120	陈海天	431125198403254319	男	瑶族	1984-3-25	06	110104
200741740122	解天舒	142601198810279333	男	汉族	1988-10-27	17	100806W
200741738125	邓力	511302198707223539	男	汉族	1987-7-22	17	090102
200741531109	姜欣	430621198804168231	男	汉族	1988-4-16	15	090107W
200740615104	陈创	43072519891218173X	男	汉族	1989-12-18	06	081901
200740615102	尹彬彬	431028198807262539	男	汉族	1988-7-26	06	081901
200740307210	尹培立	141181198803190911	男	汉族	1988-3-19	03	090601
200740102134	温斌	431121198701170454	男	汉族	1987-1-17	01	110302
200721702312	武岳	431121198511174539	男	汉族	1985-11-17	17	090401
200720701202	万微方	430413198506292456	男	汉族	1985-6-29	07	081401
200641301303	唐嘉	430121198804107634	男	汉族	1988-4-10	13	050201
200641202121	唐校军	431382198711130935	男	汉族	1987-11-13	12	040203

记录: 1 共有记录数: 18

图 1.7.4 查询结果

④ 步骤 4:保存 SQL 查询。

选择文件菜单下的“保存”按钮，为查询命名以备后用。

2. 实验任务 1——单表查询。

单表查询是指仅设计一个表的查询。很多情况下，用户只对表中的一部分属性列感兴趣。可以通过在 Select 子句的<目标列表达式>中指定要查询的属性。

(1)选择某个表中的若干属性列(投影)。

即从数据库的一个表中挑选出某几个特定的属性列值。

示例 1-7-1 查询所有学生信息表中的学生学号、姓名、出生日期以及籍贯信息。

```
Select StudentID,Sname,BirthDate,Address
From Student
```

注意：Select 子句后面的<目标列表达式>中各个属性列的先后顺序可以和其在表中的顺序不一致。

示例 1-7-2 查询所有课程的详细记录。

```
Select CourseID,Cname,College,Period,Credit,Experiment,Theroy,Kind,Exam
From Course
```

本查询列出了产品表的所有属性列值，而且属性列的顺序与其在表中的顺序完全一致，因此在 Select 子句中可以简单地用“ * ”代替全部的属性列名。

```
Select * From Course
```

注意：如果列的顺序与其在表中的顺序不完全一致，就不可以用这种方法。

示例 1-7-3 查询所有学生的专业。

```
Select Class
From Student
```

注意：在上面的查询结果中包含了许多重复的行。这是因为有许多学生是同一个专业的，而 Select 子句的缺省含义是 Select all，即保留重复行，这样就出现了上面的查询结果。如希望去掉重复的行，需要在 Select 子句中使用 Distinct 短语，修改后的语句为：

```
Select Distinct Class
From Student
```

(2) 选择某个表中符合适当条件的记录(选择)。

在实际的查询过程中，有时我们不是简单地从数据库的某个表中挑选一些列，而是需要挑选出符合自己规定的某个(或某些)条件的部分记录，这时就需要在 Select 语句中加入条件子句(Where 子句)。

示例 1-7-4 查询所有“长沙”或“湘潭”的学生姓名、性别和专业。

```
Select Sname,Sex,Class
From Student
Where City = ′长沙′ or City = ′湘潭′
```

本例中使用了两个查询条件：City＝ ′长沙′ or City＝′湘潭′，并用“or”运算符将其连接，表示希望查询长沙或湘潭的学生信息。

示例 1-7-5 查询学生考试成绩介于 80 到 90 之间的课程号、学号以及成绩。

```
Select CourseID,StudentID,TotalMark
From StudentCourse
```

```
Where TotalMark between 80 and 90
```

运算符“between…and…”和“not between…and…”可以用来限定某个值的范围，其中between后面是范围的下限，而and后面是范围的上限。

示例1-7-6 查询所有“不”位于长沙、湘潭和株洲的学生姓名、性别和专业等数据。

```
Select Sname,Sex,Class
From Studnet
Where City not in ('长沙','湘潭','株洲')
```

有时候我们希望在表中查找字符型属性列值具有某种规律的记录，这时就需要用谓词LIKE进行字符匹配。

示例1-7-7 查询学生表中所有不以“林”开头的学生姓名。

```
Select Sname
From Student
Where Sname not like '林*'
```

示例1-7-8 查询所有没有填写邮编的学生记录。

```
Select *
From Student
Where PostalCode is null
```

3. 实验任务2——多表查询。

(1) 简单条件连接查询。

简单条件连接查询是指仅涉及一个连接条件的连接查询。

示例1-7-9 查询学生的选课信息，并显示学生学号、姓名、课程号以及成绩。

```
Select Student.StudentID,Sname,CourseID,TotalMark
From Student,StudentCourse
Where Student.StudentID = StudentCourse.StudentID
```

在本例的Select子句和Where子句中属性StudentID用到了<表名>.<列名>这种格式来表示某一列属于哪个表，以消除属性列的二义性。但是如果某一列名(如商品名称)在参加连接的各表中是唯一的话，该列名前的表名是可以省略的。在此例中，Sname、CourseID和TotalMark三个字段都只在一个表中唯一存在，所以在Select语句中，这几个字段前的表名都可以省略掉。

还要注意的是，在进行表的连接时必须在Where子句中指明条件，否则就是广义笛卡儿积，其连接结果一般是无意义的。

(2) 复合条件连接查询。

复合条件连接查询是指具有多个条件的连接查询。

示例1-7-10 查询所有成绩介于70和80之间的学生学号、姓名、课程号以及成绩等数据。

```
Select Student.StudentID,Sname,CourseID,TotalMark
From Student,StudentCourse
Where Student. StudentID = StudentCourse. StudentID and TotalMark between 20
and 50
```

实验八　窗体设计

一、实验目的

1. 掌握利用“窗体向导”创建窗体的方法。
2. 掌握利用“自动创建窗体”创建各种窗体类型的方法。
3. 掌握窗体设计的方法。
4. 能够根据具体要求设计窗体，并使用窗体完成相关操作。

二、实验内容

1. 使用“窗体向导”创建课程信息窗体。

使用“窗体向导”，利用学生信息管理数据库中的课程表，为课程信息建立一个“课程信息窗体”，如图 1.8.1 所示。

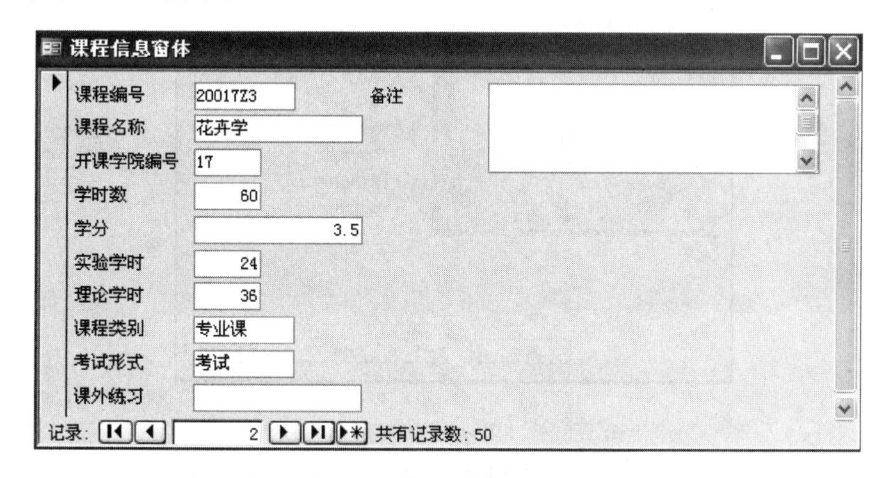

图 1.8.1　课程信息窗体

(1) 打开学生信息数据库，在数据库窗口中，单击“对象”列表中的“窗体”对象，然后单击“新建”按钮，打开“新建窗体”对话框，如图 1.8.2 所示。

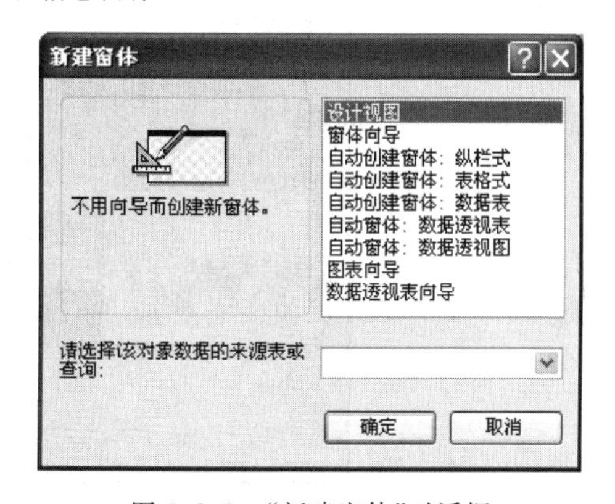

图 1.8.2　“新建窗体”对话框

(2) 在对话框中选择“窗体向导”，选择课程表作为数据源。单击“确定”按钮，打开“窗体向导”对话框，如图 1.8.3 所示。

(3) 在“可用字段”列表中选择全部的字段添加到“选定的字段”列表中，单击“下一步”按钮，如图 1.8.4 所示，在向导的第二

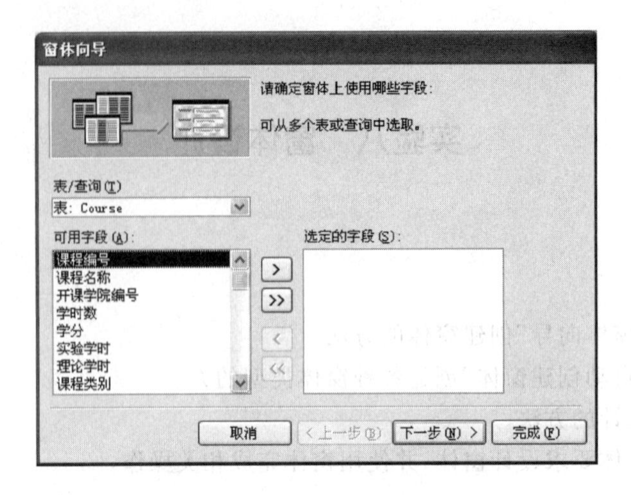

图 1.8.3 “窗体向导”对话框(一)

步,选择“请确定窗体使用的布局”为“纵览表”,单击“下一步”,如图 1.8.5 所示,选择“请确定所用样式”为“标准”。

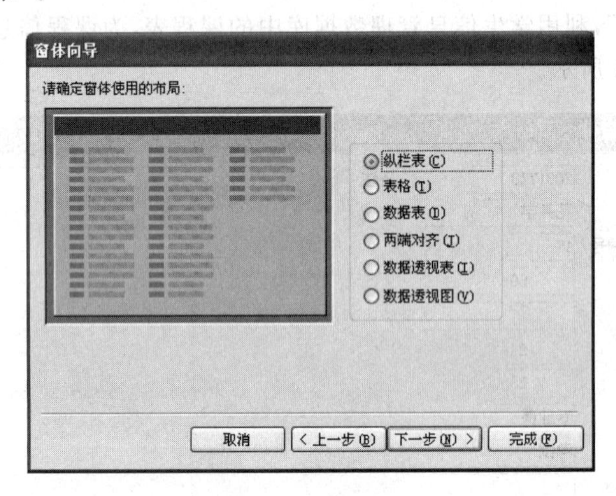

图 1.8.4 “窗体向导”对话框(二)

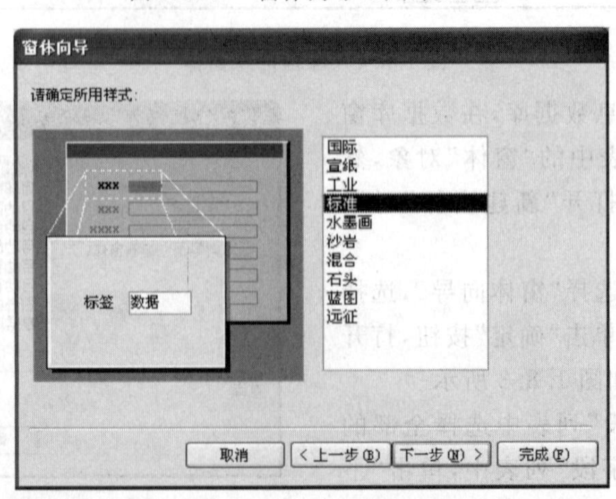

图 1.8.5 “窗体向导”对话框(三)

(4) 单击"下一步",在弹出的对话框中,为窗体指定标题为"课程信息窗体",如图 1.8.6 所示。

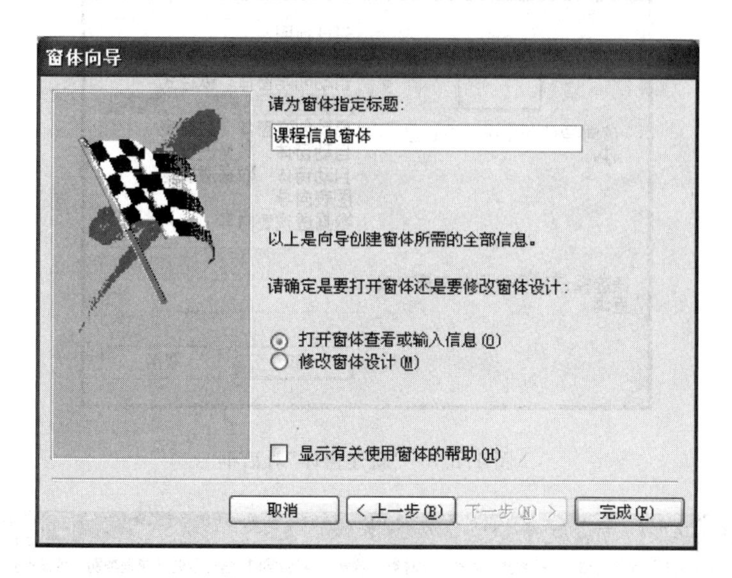

图 1.8.6 "窗体向导"对话框(四)

(5) 单击完成,得到最终效果,如图 1.8.1 所示。

2. 使用"自动创建窗体"创建表格式的课程信息窗体。

使用"自动创建窗体",利用学生信息管理数据库中的课程表,为课程信息创建一个表格式窗体,如图 1.8.7 所示。

表格式课程信息窗体

课程编号	课程名称	开课学院编号	学时数	学分	实验学时	理论学时	课程类别
10019B1	工科物理	02	100	5	30	70	公共基础
20017Z3	花卉学	17	60	3.5	24	36	专业课
20022Z0	家畜解剖学	03	50	2.5	20	30	专业基础
20038Z0	食品机械设	07	80	4	30	50	专业基础
20040B0	茶叶机械与	06	50	2.5	8	42	专业基础
20076B3	宠物繁殖学	05	60	3.5	20	40	专业课
20086B0	动物食品加	07	80	4	30	50	专业基础

记录: 1 共有记录数: 50

图 1.8.7 表格式的课程信息窗体

(1) 打开学生信息数据库,在数据库窗口中,单击"对象"列表中的"窗体"对象,然后单击"新建"按钮,打开"新建窗体"对话框,选择"自动创建窗体:表格式",如图 1.8.8 所示。

(2) 在对话框中选择"窗体向导",选择课程表作为数据源。单击"确定"按钮,打开"窗体向导"对话框,效果如图 1.8.9 所示。

(3) 在菜单栏选择"视图"下的"设计视图",在设计视图中右击选择"属性",打开窗体的属性对话框,如图 1.8.10 所示。

新建窗体
设计视图
窗体向导
自动创建窗体：纵栏式
自动创建窗体：表格式
自动创建窗体：数据表
自动窗体：数据透视表
自动窗体：数据透视图
图表向导
数据透视表向导
该向导自动创建表格式窗体。
请选择该对象数据的来源表或查询：
确定
取消

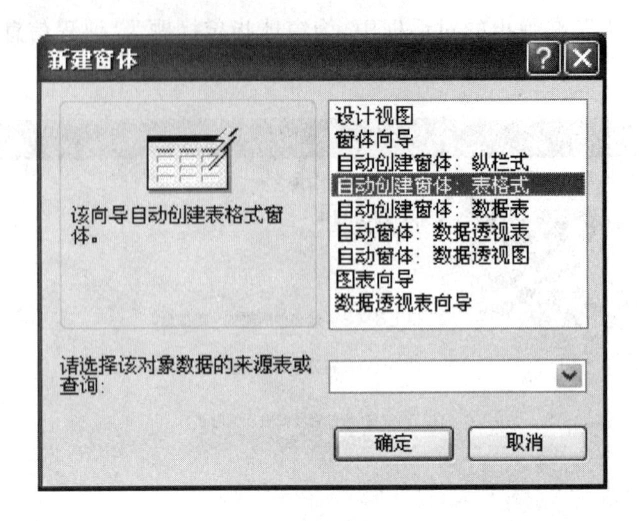

图 1.8.8 “新建窗体”对话框

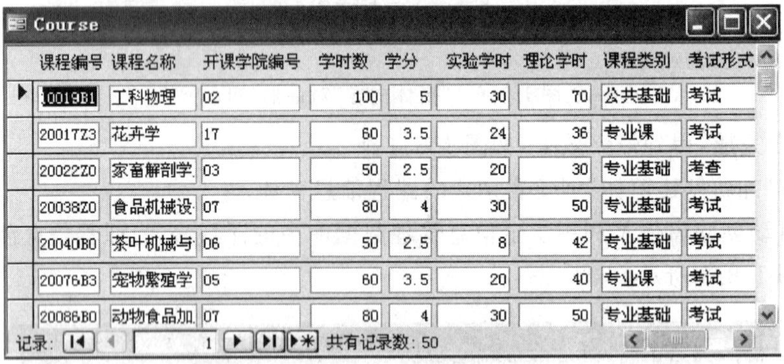

Course
课程编号 课程名称 开课学院编号 学时数 学分 实验学时 理论学时 课程类别 考试形式
10019B1 工科物理 02 100 5 30 70 公共基础 考试
20017Z3 花卉学 17 60 3.5 24 36 专业课 考试
20022Z0 家畜解剖学 03 50 2.5 20 30 专业基础 考查
20038Z0 食品机械设 07 80 4 30 50 专业基础 考试
20040B0 茶叶机械与 06 50 2.5 8 42 专业基础 考试
20076B3 宠物繁殖学 05 60 3.5 20 40 专业课 考试
20086B0 动物食品加 07 80 4 30 50 专业基础 考试
记录： 1 共有记录数：50

图 1.8.9 课程信息窗体

窗体
窗体
格式 数据 事件 其他 全部
标题 Course
默认视图 连续窗体
允许“窗体”视图 是
允许“数据表”视图 是
允许“数据透视表”视图 是
允许“数据透视图”视图 是
滚动条 两者都有
记录选择器 是
导航按钮 是
分隔线 是
自动调整 是

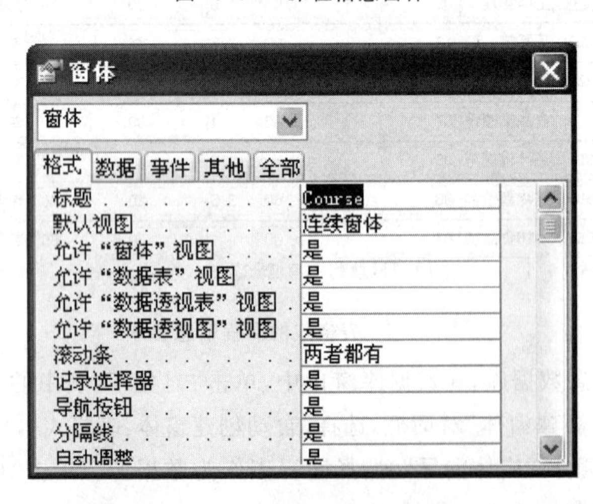

图 1.8.10 窗体属性对话框

(4) 把标题修改为“表格式课程信息窗体”，如图 1.8.11 所示。切换到窗体视图，最终效果如图 1.8.12 所示。

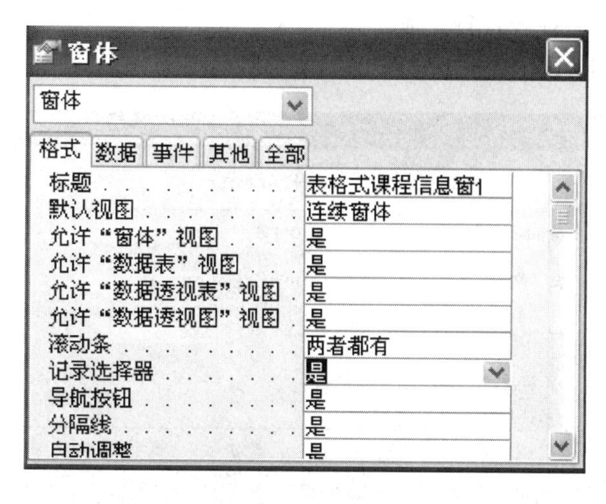

图 1.8.11　窗体属性对话框

表格式课程信息窗体

课程编号	课程名称	开课学院编号	学时数	学分	实验学时	理论学时	课程类别
10019B1	工科物理	02	100	5	30	70	公共基础
20017Z3	花卉学	17	60	3.5	24	36	专业课
20022Z0	家畜解剖学	03	50	2.5	20	30	专业基础
20038Z0	食品机械设	07	80	4	30	50	专业基础
20040B0	茶叶机械与	06	50	2.5	8	42	专业基础
20076B3	宠物繁殖学	05	60	3.5	20	40	专业课
20086B0	动物食品加	07	80	4	30	50	专业基础

记录: 1 共有记录数: 50

图 1.8.12　最终效果

3. 使用向导创建学生信息的表格式窗体，要求窗体中显示学生的学生编号、姓名、性别、民族、出生日期、年级和所在班级，窗体样式为混合，如图 1.8.13 所示。

学生信息

学生编号　200841636106
学生姓名　汪铭
性别　女
民族　土家族
出生日期　1990-10-17
所在班级　茶学08-1
年级　2008

记录: 40 共有记录数: 50

图 1.8.13　学生信息窗体(一)

参考实验内容1，由读者自行完成。

4. 使用设计视图，按图1.8.14设计窗体。

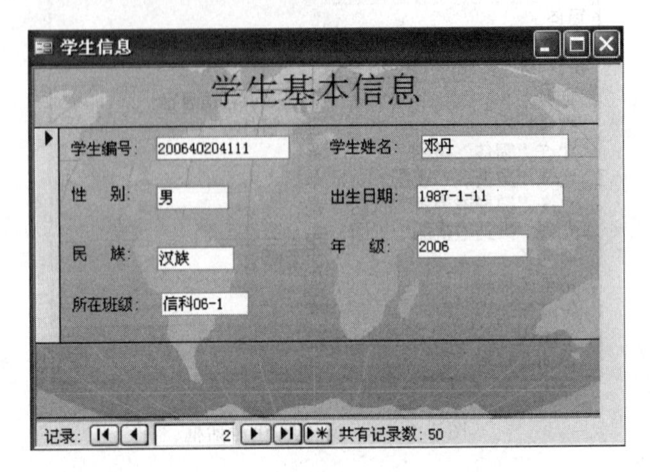

图1.8.14　学生信息窗体(二)

由读者自行完成。

三、思考题

1. 使用向导创建窗体的基本步骤是什么？
2. 窗体设计工具箱中有哪些主要工具控件？各有什么功能？
3. 如何设置和修改窗体的属性？

实验九 报表设计

一、实验目的

1. 了解报表的基本结构及作用。
2. 掌握利用“报表向导”创建报表的基本方法。
3. 掌握在“设计视图”中，设计报表的基本方法。
4. 掌握报表中设置分组和排序的方法。

二、实验内容

1. 利用“报表向导”创建“学习课程”报表。创建的“学习课程报表”效果如图 1.9.1 所示。

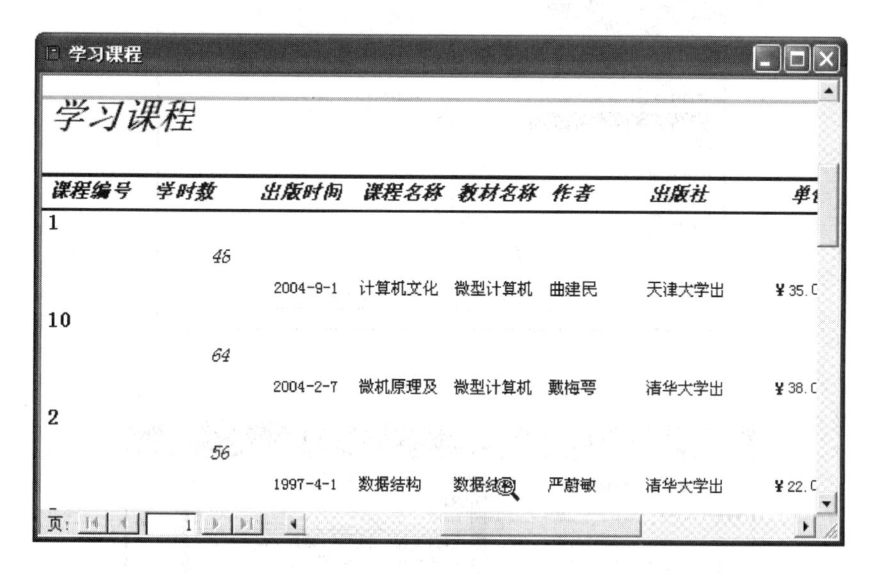

图 1.9.1 学习课程报表

(1) 打开“学生信息管理数据库”，并使数据库窗口成为当前活动窗口，然后单击数据库窗口中的“报表”选项卡。

(2) 双击“使用向导创建报表”列表项，或单击“新建”，在如图 1.9.2 所示的对话框中选择“报表向导”。系统弹出如图 1.9.3 所示的“报表向导”对话框(一)。

(3) 通过单击“表/查询”选择“学习课程表”为数据的来源，在“可用字段”列表框中选择所需要的字段，将其加入到“选定的字段”列表框中。单击“下一步”按钮，系统将弹出如图 1.9.4 所示的“报表向导”对话框(二)。

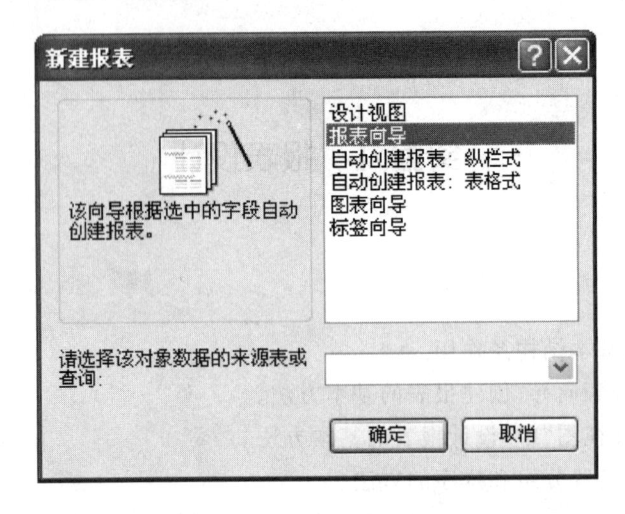

图 1.9.2 “新建报表”对话框

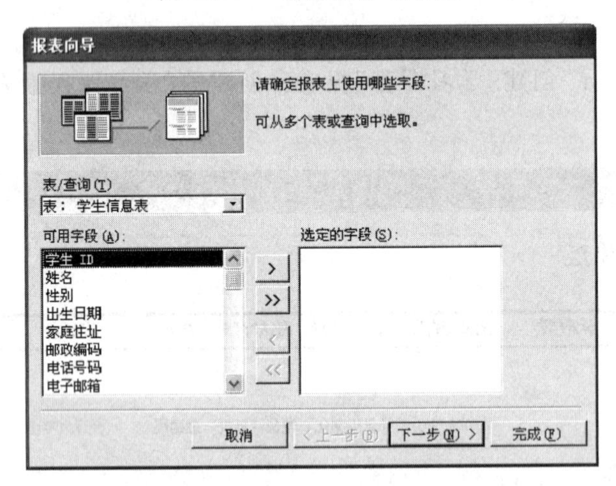

图 1.9.3 “报表向导”对话框(一)

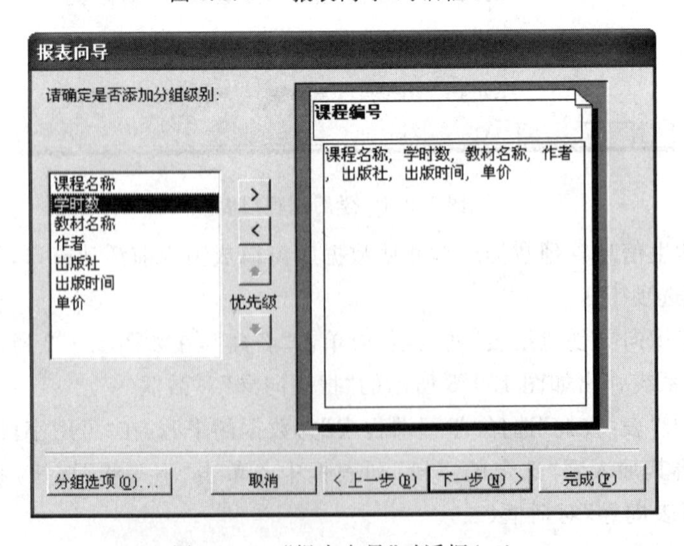

图 1.9.4 “报表向导”对话框(二)

(4) 通过选择不同的字段,如"学时数",然后单击按钮,添加为一个不同的分组级别,系统将弹出如图 1.9.5 所示的"报表向导"对话框(三)。

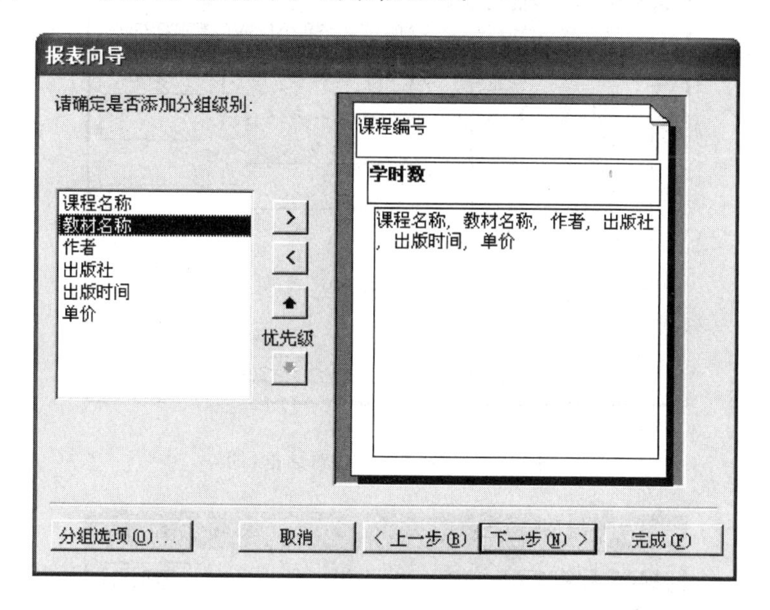

图 1.9.5 "报表向导"对话框(三)

(5) 当报表有多组分组级别时,利用两个优先级按钮,可以调整各个分组级别直接的优先关系,排在最上面的级别最优先。单击"分组选项"按钮,出现如图 1.9.6 所示的"分组间隔"对话框,为组级字段选定分组间隔后,单击"确定"按钮,系统返回"报表向导"对话框(三)。

图 1.9.6 设定分组间隔

(6) 单击"下一步"按钮,系统弹出如图 1.9.7 所示的"报表向导"对话框(四)。

(7) 单击"汇总选项"按钮,出现如图 1.9.8 所示的对话框。可以选择需要计算的汇总值,然后单击"确定"按钮,系统返回到"报表向导"对话框(四)。

(8) 设置排序字段的次序,最多可按 4 个字段对记录进行排序。如对"出版时间"进行"降升序"排序。单击"下一步"按钮,出现如图 1.9.9 所示的"报表向导"对话框(五)。

(9) 选择报表的布局和方向,单击"下一步"按钮,系统弹出如图 1.9.10 所示的"报表向导"对话框(六)。

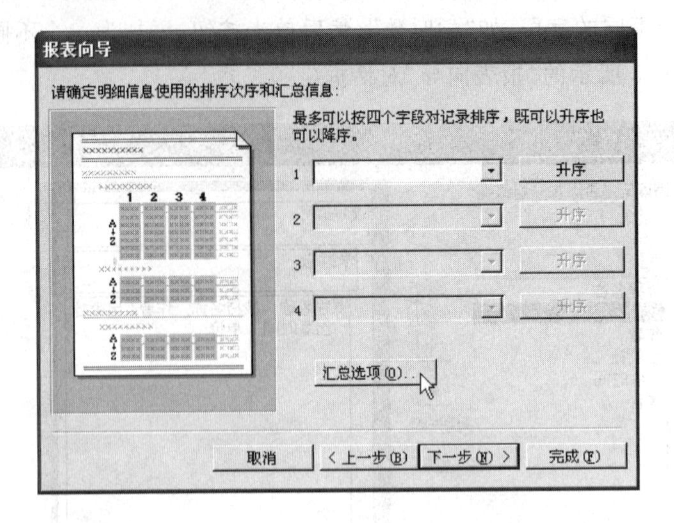

图 1.9.7 “报表向导”对话框(四)

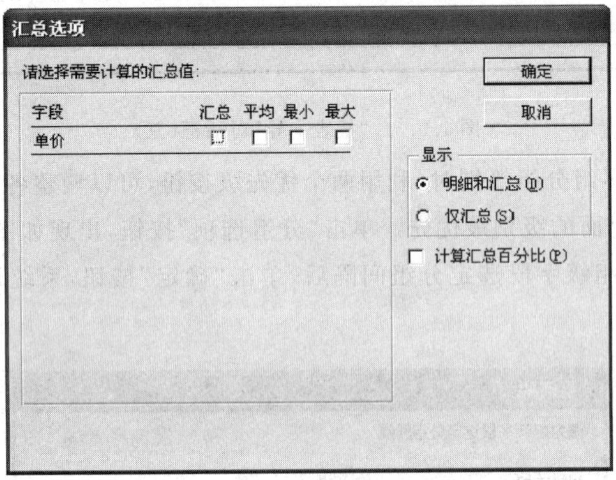

图 1.9.8 “汇总选项”对话框

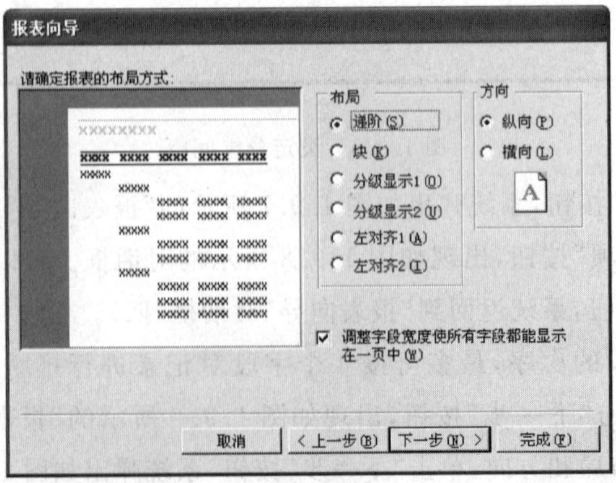

图 1.9.9 “报表向导”对话框(五)

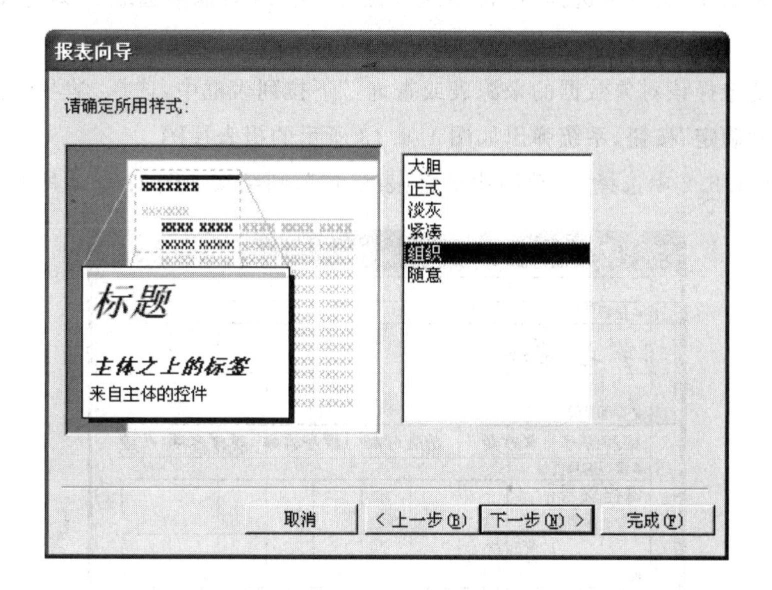

图 1.9.10 “报表向导”对话框(六)

(10) 选择报表的样式,单击“下一步”按钮,系统弹出如图 1.9.11 所示的“报表向导”对话框(七)。

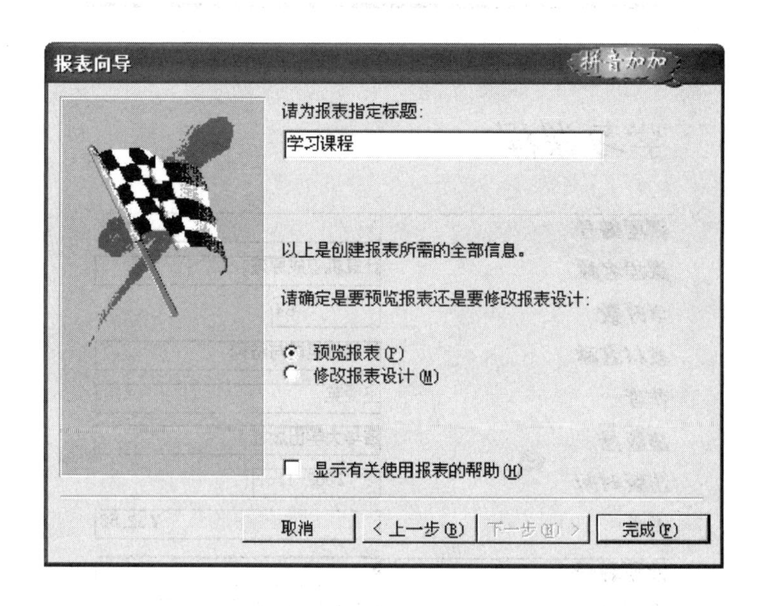

图 1.9.11 “报表向导”对话框(七)

(11) 输入标题“学习课程”,如果选择“修改报表设计”,然后单击“完成”按钮,系统进入到如图 1.9.12 所示的设计视图,可以调整各个控件的位置。切换到版面视图或预览视图得到如图 1.9.1 所示的报表。

2. 用自动创建报表的方法创建“纵栏式学习课程”和“表格式学习课程”,效果如图 1.9.13 和图 1.9.14 所示。

(1) 在“数据库”窗口中选择“报表”对象，在“新建”对话框中选取“自动创建报表:纵栏式”。

(2) 在“请选择该对象数据的来源表或查询:”下拉列表框中，选择“学习课程表”。

(3) 单击“确定”按钮，系统弹出如图 1.9.13 所示的报表视图。

如果在图 1.9.2 中选择“自动创建报表:表格式”，则结果如图 1.9.14 所示。

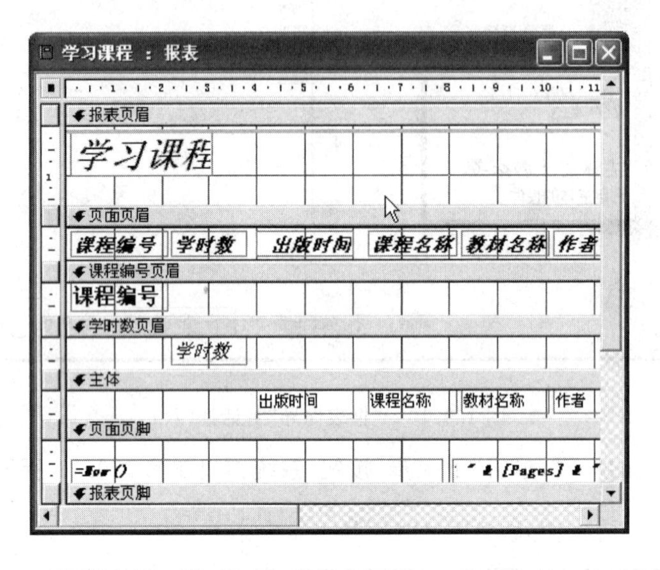

图 1.9.12 在设计视图中调整控件

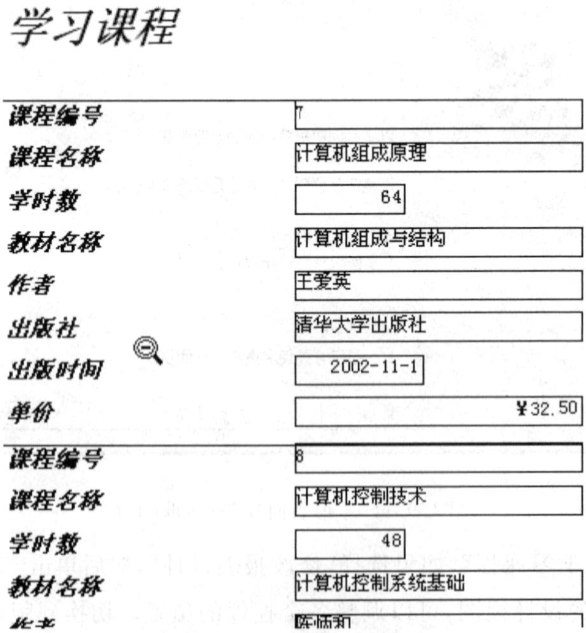

学习课程

课程编号	7
课程名称	计算机组成原理
学时数	64
教材名称	计算机组成与结构
作者	王爱英
出版社	清华大学出版社
出版时间	2002-11-1
单价	¥32.50
课程编号	8
课程名称	计算机控制技术
学时数	48
教材名称	计算机控制系统基础
作者	陈幅和

图 1.9.13 学习课程纵栏式报表

学习课程

课程编号	课程名称	学时数	教材名称	作者	出版社
7	计算机組成原理	64	计算机組成与结构	王爱英	清华大
8	计算机控制技术	48	计算机控制系统基础	陈炳和	北航出
9	单片机原理及应用	48	单片机中级教程	张俊谟	北航出
10	微机原理及接口	64	微型计算机技术及应用	戴梅萼	清华大
1	计算机文化基础	48	微型计算机应用基础教	曲建民	天津大
2	数据结构	56	数据结构	严蔚敏	清华大
3	数字电子技术	64	数字电子技术基础	阎石	高等教
4	专业英语	32	计算机英语	刘兆毓	清华大
5	VB6程序设计	70	VB6程序设计	齐锋	中国铁
6	电路与电子技术	96	计算机电子电路技术	江晓安	西安电

图 1.9.14　学习课程表格式报表

3. 使用设计视图自行设计报表，效果如图 1.9.15 所示。

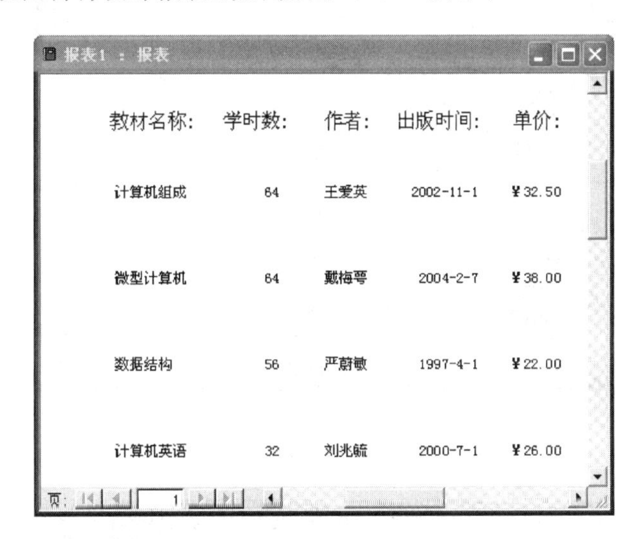

教材名称:	学时数:	作者:	出版时间:	单价:
计算机組成	64	王爱英	2002-11-1	¥32.50
微型计算机	64	戴梅萼	2004-2-7	¥38.00
数据结构	56	严蔚敏	1997-4-1	¥22.00
计算机英语	32	刘兆毓	2000-7-1	¥26.00

图 1.9.15　使用设计视图自行设计报表

(1) 在"数据库"窗口中，双击"在设计视图中创建报表"。系统将弹出空白的报表设计视图，如图 1.9.16 所示。

(2) 单击工具栏中的"属性"按钮，在弹出的"报表"属性对话框的"记录源"下拉列表框中，选择记录来源，如图 1.9.17 所示。

(3) 在"字段"列表中，选择所需的字段，将其拖动到报表的设计视图的主体中，如图 1.9.18 所示。

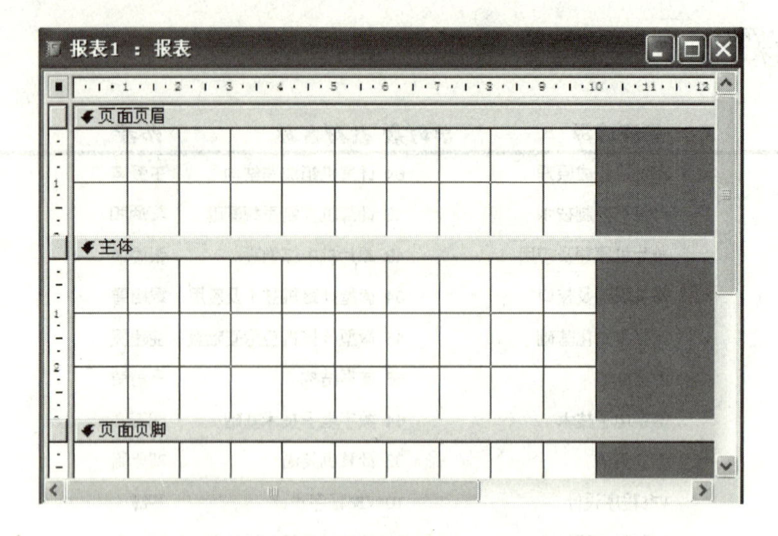

图 1.9.16　报表设计视图

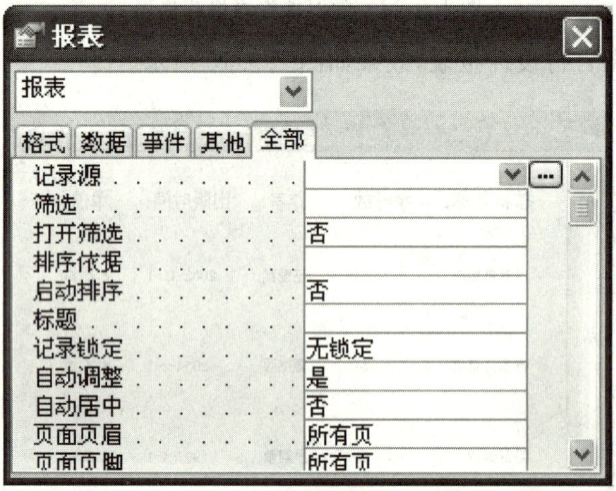

图 1.9.17　在“报表”属性对话框中选择记录源

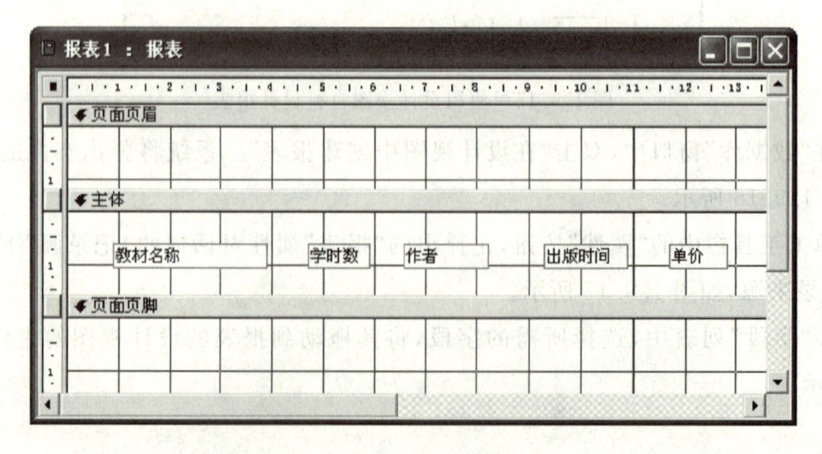

图 1.9.18　选择所需字段

(4) 在报表"页面页眉"中加入字段标题,并设置字体,如图 1.9.19 所示。

图 1.9.19　在"页面页眉"中加字段标题

(5) 在页脚中插入页码,选中"页面页脚",如图 1.9.20 所示,在菜单栏中选择"插入"中的"页码"选项。

(6) 系统弹出"页码"对话框,选择页码的显示格式,如图 1.9.21 所示,单击"确定"按钮保存选项。

(7) 切换到预览视图,得到报表的显示结果如图 1.9.15 所示。

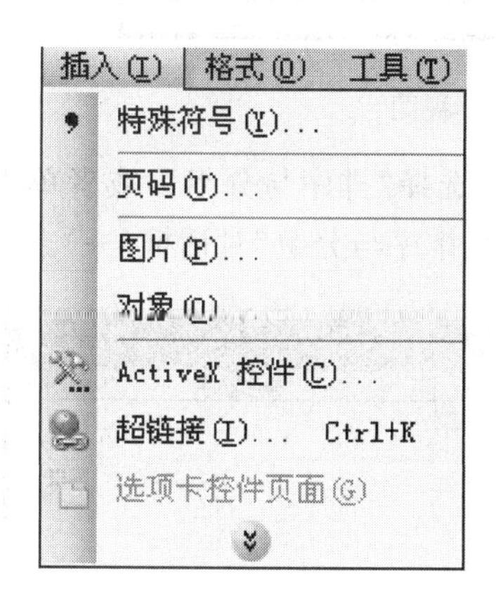

图 1.9.20　插入"页码"

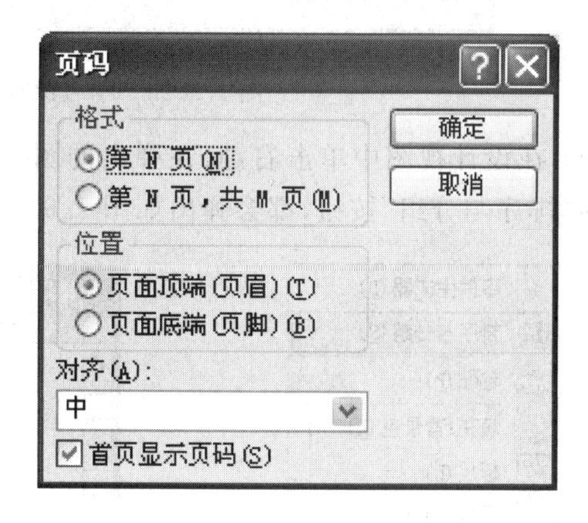

图 1.9.21　"页码"对话框

4. 用向导建立"学习课程表"报表,包括所有字段。按照"出版社"进行分组,并对报表中的"出版日期"按照降序进行排序,效果如图 1.9.22 所示。

(1) 利用报表向导创建一个"学习课程表"报表,并在设计视图中打开,如图 1.9.23 所示。

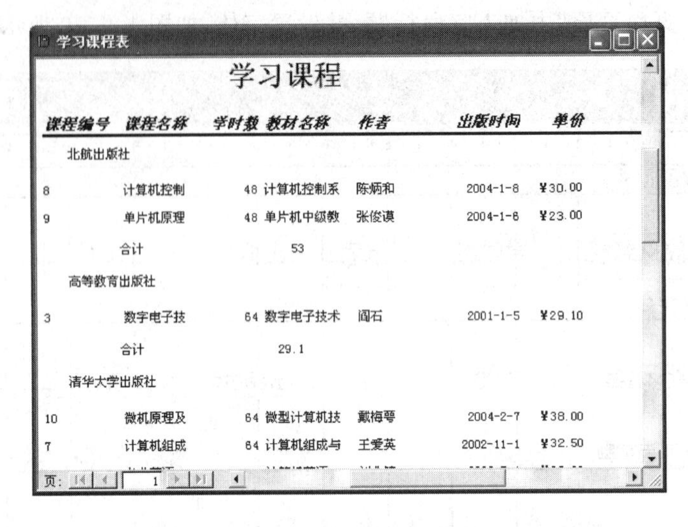

图 1.9.22　分组排序后报表的数据视图

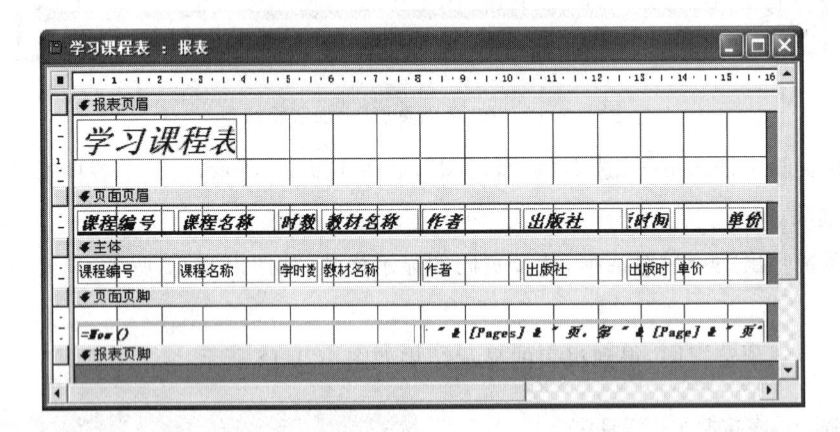

图 1.9.23　学习课程报表的设计视图

(2) 在设计视图中单击右键,在弹出的图 1.9.24 中选择"排序与分组",或者单击工具栏上的"排序与分组"按钮,都会弹出如图 1.9.25 所示的"排序与分组"对话框(一)。

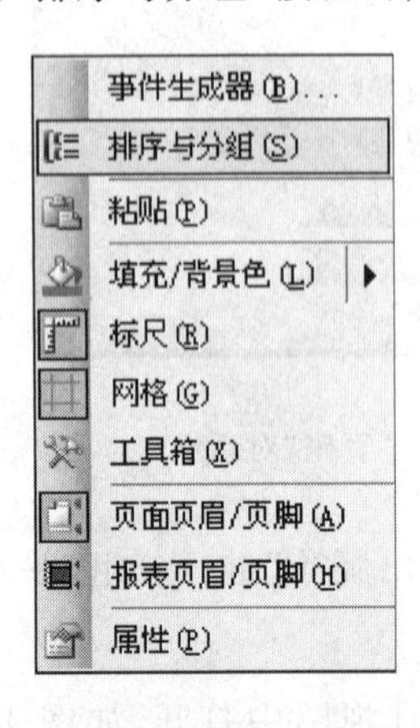

图 1.9.24　设计视图中右键弹出对话框

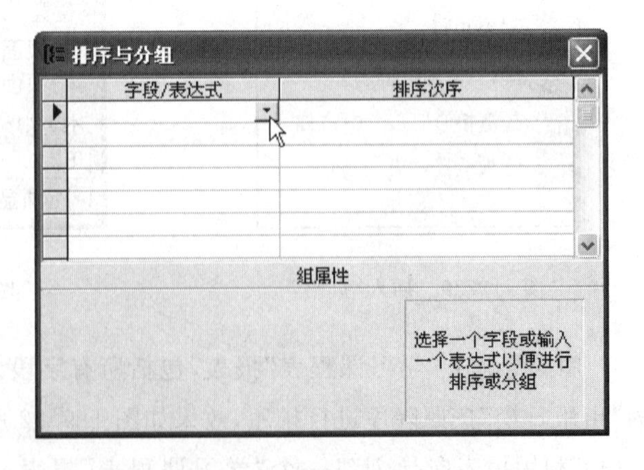

图 1.9.25　"排序与分组"对话框(一)

(3) 单击“字段/表达式”列中的第一行单元格下三角箭头，从列表中选择“出版社”作为分组字段，并使用升序排列。在“组属性”中单击“组页眉”右侧下三角箭头，从列表中选择“是”。在“组页脚”列表中选择“是”，表示要显示分组的首尾区域，如图 1.9.26 所示。

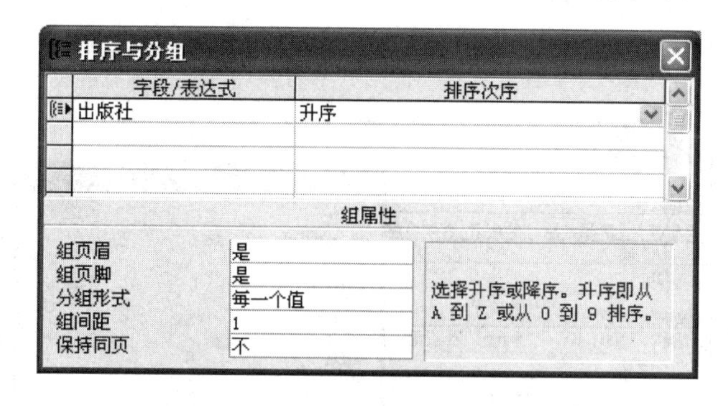

图 1.9.26　“排序与分组”对话框(二)

(4) 当分组属性的“组页眉”、“组页脚”设为“是”时，报表的布局多出了分组页眉和页脚的部分。组页眉在每一组的开头出现；组页脚在每一组的最后出现，如图 1.9.27 所示。

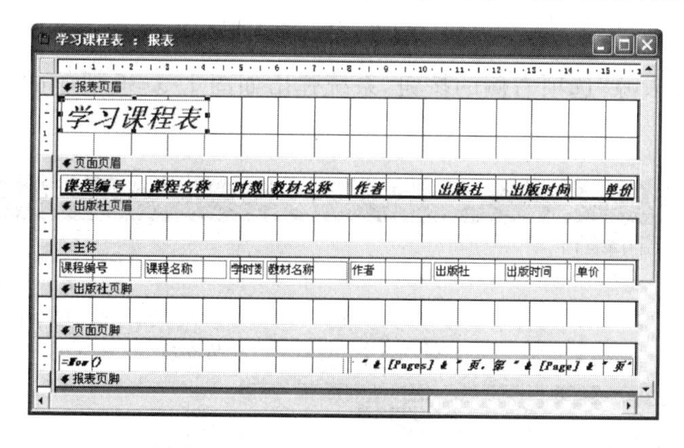

图 1.9.27　选择分组后的设计视图

(5) 将“主体”中“出版社”字段移动到组页眉“出版社页眉”处，即按出版社名称进行分组后的教材数据都会放在一起，如图 1.9.28 所示。

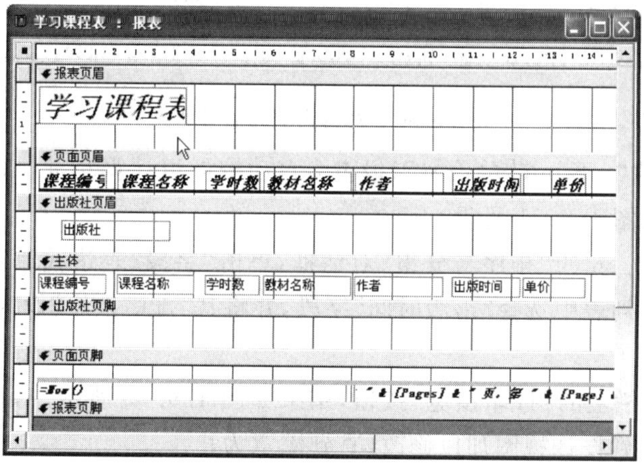

图 1.9.28　按出版社名称进行分组

(6) 在"组页脚"的"出版社页脚"中,从工具栏中选择文本框,将其添加到"组页脚",分别输入"合计"和其表达式,单击右键选择"属性",弹出如图 1.9.29 所示的"属性"对话框。

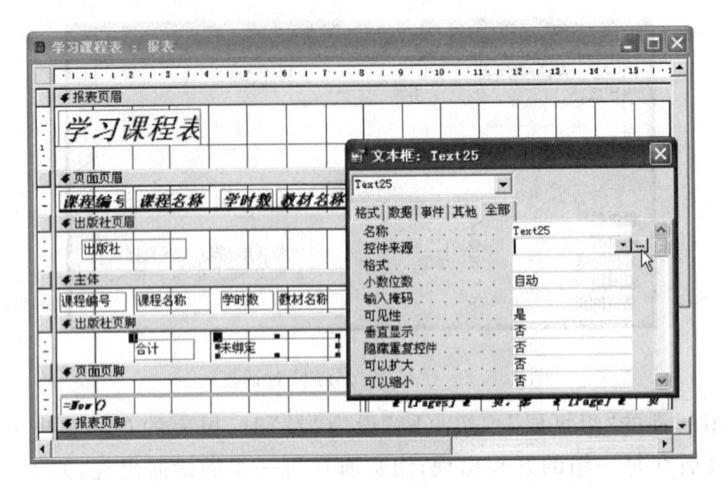

图 1.9.29 添加文本框

(7) 单击"控件来源"选项右侧的按钮,系统弹出如图 1.9.30 所示的"表达式生成器"对话框。

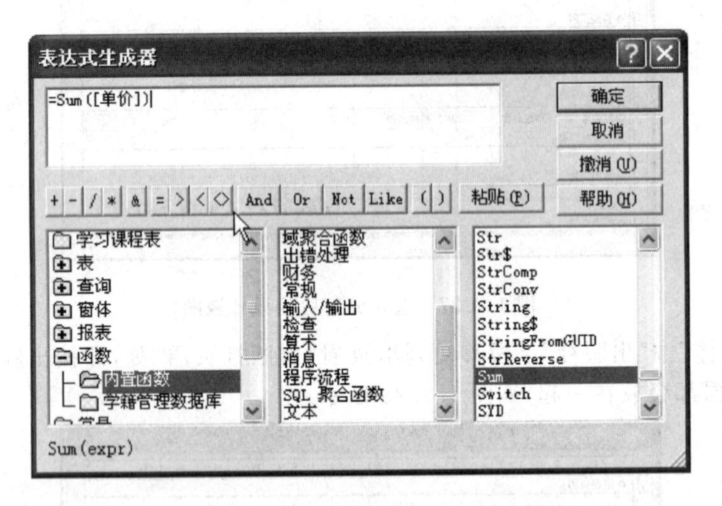

图 1.9.30 表达式生成器对话框

(8) 输入表达式"=Sum([单价])",报表会自动按群组计算小计。切换到预览视图,得到分组后的报表,如图 1.9.31 所示。

(9) 返回图 1.9.26 的"排序与分组"对话框,单击"字段/表达式"列中的第二行单元格右侧下三角箭头,从列表中选择"出版时间"字段,并将其"排序次序"设为"降序",再关闭"排序与分组"对话框。

(10) 单击工具栏上的"打印预览"按钮,结果如图 1.9.22 所示。如果对各个控件的排列不满意,可以返回到设计视图加以修改,直到满意为止。

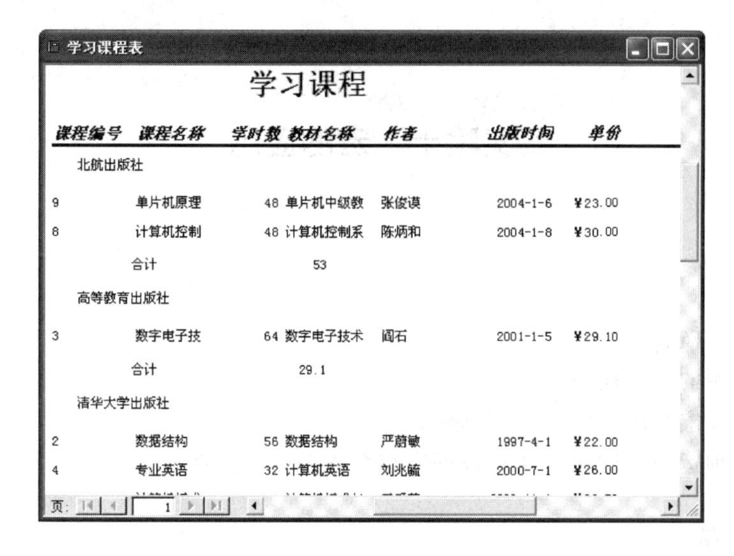

学习课程表

学习课程

课程编号	课程名称	学时数	教材名称	作者	出版时间	单价
北航出版社						
9	单片机原理	48	单片机中级教	张俊谟	2004-1-6	¥23.00
8	计算机控制	48	计算机控制系	陈炳和	2004-1-8	¥30.00
	合计	53				
高等教育出版社						
3	数字电子技	64	数字电子技术	阎石	2001-1-5	¥29.10
	合计	29.1				
清华大学出版社						
2	数据结构	56	数据结构	严蔚敏	1997-4-1	¥22.00
4	专业英语	32	计算机英语	刘兆毓	2000-7-1	¥26.00

页: 1

图 1.9.31 分组后的报表

三、思考题

1. 报表的基本功能是什么?
2. Access 报表分为哪几类?
3. 如何才能设计出一个漂亮的报表?

实验十　宏的应用

一、实验目的

1. 掌握宏的概念、功能。
2. 熟悉常用的宏的使用。
3. 精通宏及宏组的创建、运行和删除。
4. 能够合理运用窗体和宏建立数据库综合管理的应用系统。

二、实验内容

1. 宏建立实验。

建立一个名为"宏 9-01"的宏，用于以只读的方式打开"学生情况表"数据表，并在宏设计器中通过运行命令直接运行该宏，打开数据表后修改表中的内容，观察系统的反应。

(1) 打开"D:\Access\学生选课系统.mdb"数据库，在数据库窗口"对象"栏中选择"宏"对象。

(2) 单击"新建"按钮，打开一个空白的"宏"窗口。

(3) 在"宏"窗口的上半部分设置宏操作，下半部分设置操作参数，参照表 1.10.1 设置宏操作及操作参数，设置完毕后"宏"窗口如图 1.10.1 所示，以名称"宏 9-01"保存宏。

表 1.10.1　实验参数设置

宏操作	操作参数		说　明
	参数名称	参数值	
OpenTable	表名称	Student	打开名称为"学生情况表"的数据表，OpenTable 宏操作的功能是打开表，系统默认以"数据表"、"编辑"模式打开表，在此选择"只读"模式

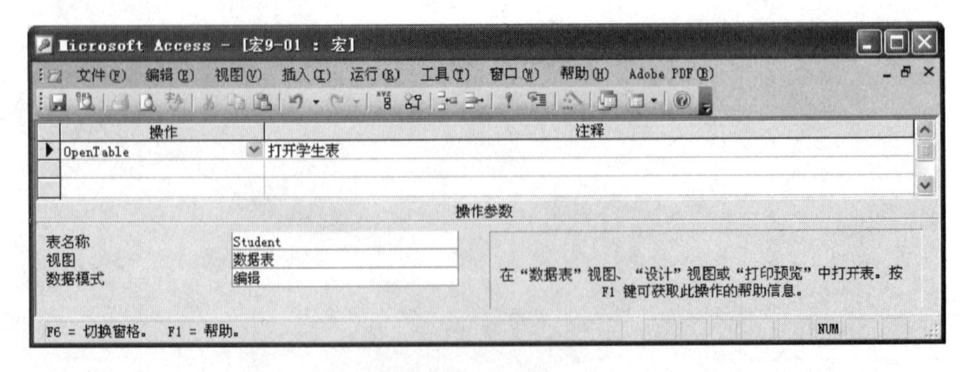

图 1.10.1　宏 9-01

（4）双击“宏 9-01”运行该宏，然后修改“Student”中的内容，观察能否保存修改后的表。

2. 宏组建立实验。

实验要求如下。

① 建立宏组，名为“宏 9-02”，其中包含 3 个宏，其功能依次是打开教师简介窗体、打开学生情况窗体、打开学生选课表窗体(假设这些窗体已经创建好)。

② 建立名为“9-2”的窗体，窗体中包含 3 个命令按钮，从左至右的功能依次是执行“宏 9-02”中的 3 个宏：打开教师简介窗体、打开学生情况窗体和打开学生选课表窗体。

操作步骤如下。

（1）打开“D:\Access\学生选课系统.mdb”数据库。

（2）在数据库窗口“对象”栏中选择“宏”对象，单击“新建”按钮，打开一个空白的“宏”窗口。

（3）选择“视图|宏名”菜单命令，在“宏”窗口中依次建立 3 个宏，按照表 1.10.2 所示设置每个宏的名称、宏操作及操作参数，设置结果如图 1.10.2 所示，设置完毕，以“宏 9-02”为名保存。

表 1.10.2　实验参数设置

宏名	宏操作	操作参数		说　明
		参数名称	参数值	
打开教师简介窗体	OpenForm	窗体名称	教师简介窗体	打开名为“教师简介窗体”的窗体，OpenForm 宏操作的功能是打开窗体，系统默认以“窗体视图”打开窗体
打开学生情况窗体	OpenForm	窗体名称	学生情况窗体	打开名为“学生情况窗体”的窗体，OpenForm 宏操作的功能是打开窗体，系统默认以“窗体视图”打开窗体
打开学生选课窗体	OpenForm	窗体名称	学生选课窗体	打开名为“学生选课窗体”的窗体，OpenForm 宏操作的功能是打开窗体，系统默认以“窗体视图”打开窗体

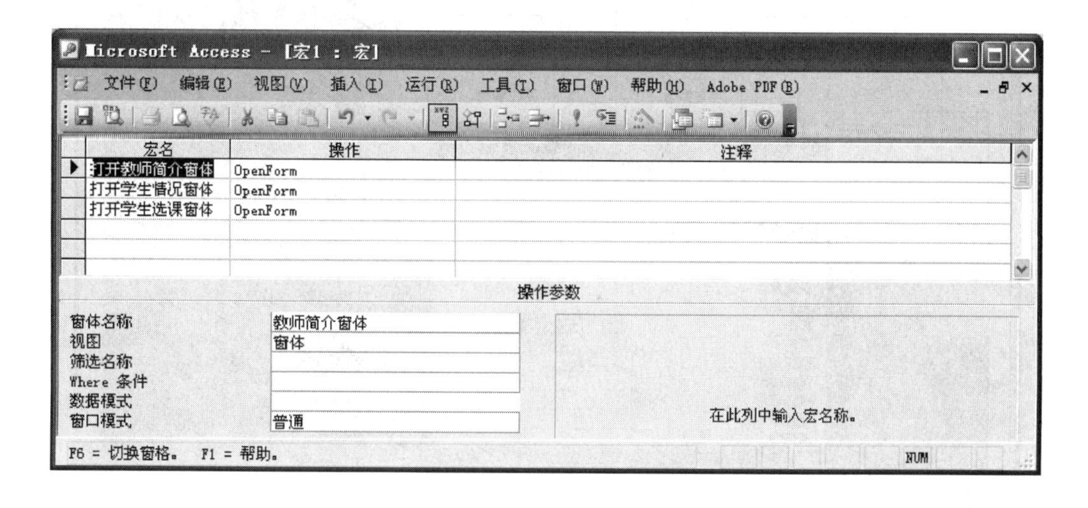

图 1.10.2　宏 9-02

(4) 按照图 1.10.3 建立名为"9-2"的窗体,窗体中包含 3 个命令按钮,从左至右的功能依次是"宏 9-02"宏组中的 3 个宏,即打开教师简介表窗体、打开课程表窗体、打开教室名称表窗体。

图 1.10.3 "9-2"窗体的设计视图

(5) 将已经建好的宏组附加到对应的 3 个命令按钮的"单击"事件属性处,由事件触发宏的执行,如图 1.10.4 所示。

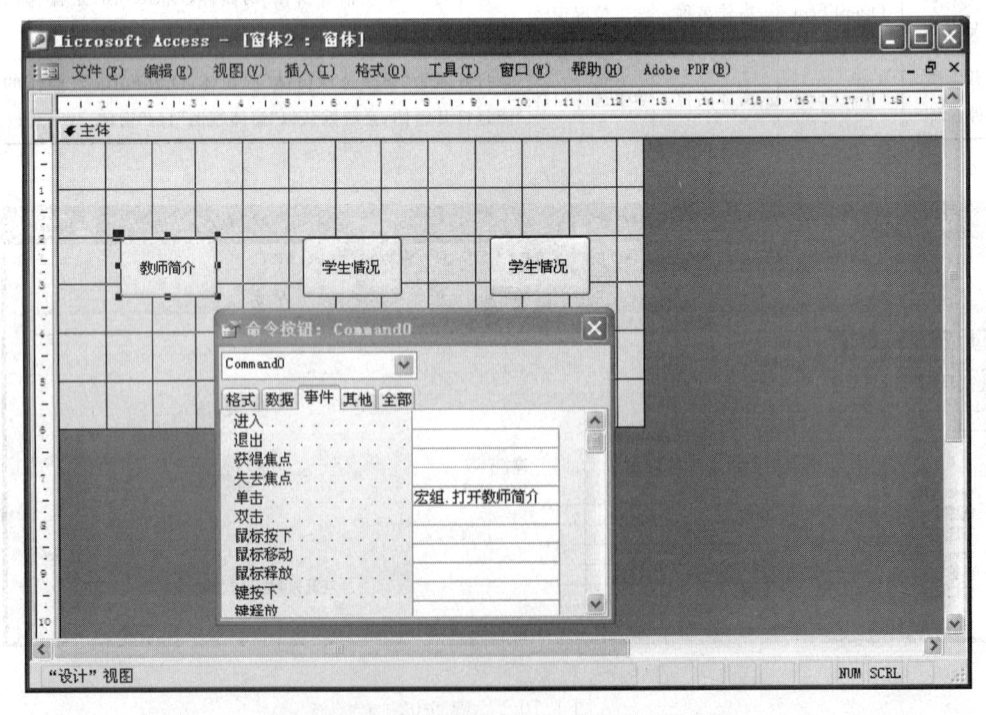

图 1.10.4 设置"9-2"窗体命令按钮的单击事件

(6) 运行“9-2”窗体，分别单击 3 个命令按钮，观察结果。

3. 创建条件宏实验。

创建一个窗体文件，用于验证用户名和密码的正确性，窗体的名称为“密码验证”，然后建立一个名为“password”的条件宏。

(1) 打开“D:\Access\学生选课系统.mdb”数据库。

(2) 按照图 1.10.5 建立名为“密码验证”的窗体，窗体中包含 2 个标签、2 个文本框及 1 个命令按钮。2 个文本框的名称分别为“username”及“password”。

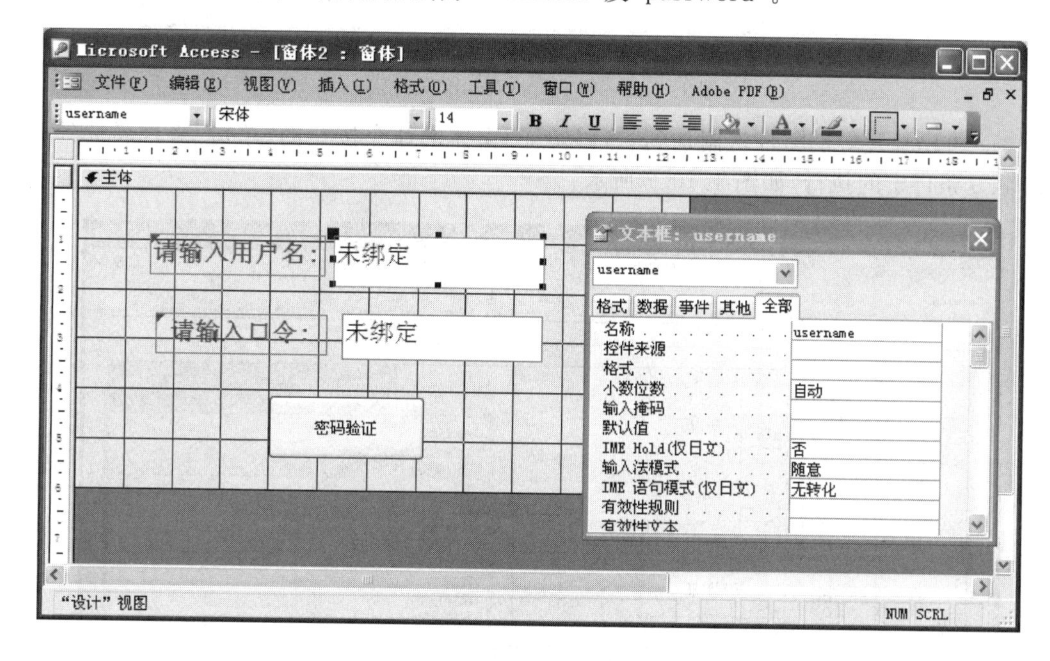

图 1.10.5　更改“密码验证”窗体文本框名称

(3) 在数据库窗口“对象”栏中选择“宏”对象，单击“新建”按钮，打开一个空白的“宏”窗口。

(4) 选择“视图｜条件”菜单命令，在“宏”窗口按照表 1.10.3 依次输入条件、宏操作及操作参数，设置结果如图 1.10.6 所示，设置完毕，以“password”为名保存宏。

表 1.10.3　实验参数设置

条　件	宏操作	操作参数		说　明
		参数名称	参数值	
[username]<>'baiyan' Or[Password]<>'aaa'	MsgBox			如果在[username]文本框中输入的用户名不是“baiyan”或在[password]文本框中的输入的密码不是“aaa”，则弹出一消息框
[username]='balyan' and[Password]<>'aaa'	OpenForm	窗体名称	切换面板	如果在[username]文本框中输入的用户名是“baiyan”，并且在[password]文本框中的输入的密码是“aaa”，则打开一个已经存在的窗体“切换面板”

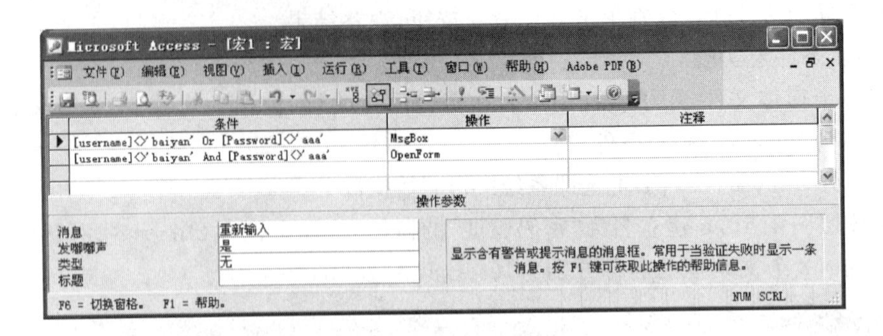

图 1.10.6　设置“password”条件宏

(5) 将已经建好的条件宏附加到“密码验证”窗体的命令按钮的“单击”事件属性处，由事件触发条件宏的执行，如图 1.10.7 所示。

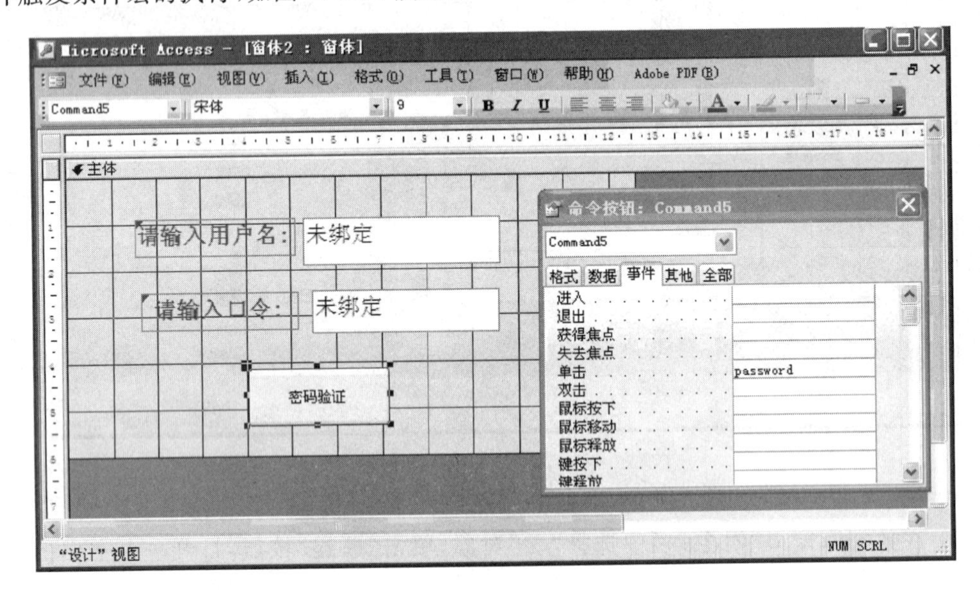

图 1.10.7　设置“密码验证”窗体命令按钮的单击事件

(6) 运行“密码验证”窗体，观察运行结果。

4. 宏与窗体的综合应用实验。

建立一个窗体，窗体中有一个子窗体和“恢复全部记录”命令按钮，子窗体中显示学生的学号、姓名、课程名称、课时及成绩，在子窗体中双击学号或姓名就可将所选定学号或姓名的记录筛选出来，显示在子窗体中。

(1) 打开“D:\Access\学生选课系统.mdb”数据库。

(2) 使用“学生表”、“课程表”和“教师表”建立一个“学生选课表”窗体，窗体显示学生的学号、姓名、课程名称、教师姓名字段。

(3) 建立名为“9-4”的主窗体，在主窗体中插入子窗体“学生表”子窗体，在子窗体下方建立名为“命令 1”的命令按钮，命令按钮的“标题”是“恢复全部记录”。

(4) 建立名为“9-4”的宏组，宏组中有 2 个宏，每个宏的名称、所包含的宏操作及操作参数如表 1.10.4 所示。

表 1.10.4　实验参数设置 1

宏组中的宏名	宏操作	操作参数		说　明
		参数名称	参数值	
筛选	RunCommand	命令	FilterBySelection	将与所选的字段值相同的记录筛选出来
全部	showAllRecord			恢复显示全部记录，ShowAllRecord 宏操作可删除窗体中应用过的筛选，显示窗体记录源中的所有记录

（5）按照表 1.10.5 将宏组中的宏分别附加到子窗体中学号和姓名文本框控件的“双击”事件属性和主窗体中命令按钮的“单击”事件属性处。

表 1.10.5　实验参数设置 2

宏组中的宏名	宏所附属的控件名称	宏所附属控件的事件属性名称
筛选	学号、姓名文本框	双击
全部	命令 1	单击

（6）切换到窗体视图，子窗体中显示出全体学生的学号、姓名、课程名称、教师姓名，如果希望筛选出所有学号为“200420101407”的学生记录，在学号“200420101407”处双击鼠标，子窗体中立即显示出所有学号是“200420101407”的学生记录，单击“恢复显示全部”命令按钮，则恢复显示子窗体中所有学号的学生记录。

实验十一　VBA编程基础

一、预习内容

1. 预习对象、属性、事件和方法的基本概念。
2. 预习常量、变量与表达式。
3. 预习常用内部函数的使用方法。

二、实验目的

1. 熟悉VBA集成开发环境。
2. 掌握VBA基本的数据类型、变量、常量和表达式的使用方法。
3. 掌握基本的数据输入和输出方法。
4. 了解常用标准函数的使用方法。
5. 了解面向对象程序设计。
6. 了解事件过程的处理方法。

三、实验内容

1. 编写第一个VBA程序：显示"Hello VBA!"。
(1) 建立一个数据库。
(2) 在对象列表里，选择"模块"对象。
(3) 选择"新建"，建立一个VBA模块，这时系统会进入到VBA开发环境(VBE)。
(4) 在模块1中建立一个MyFirstVBA()子过程。
(5) 输入MsgBox "Hello VBA!"语句，如图1.11.1所示。

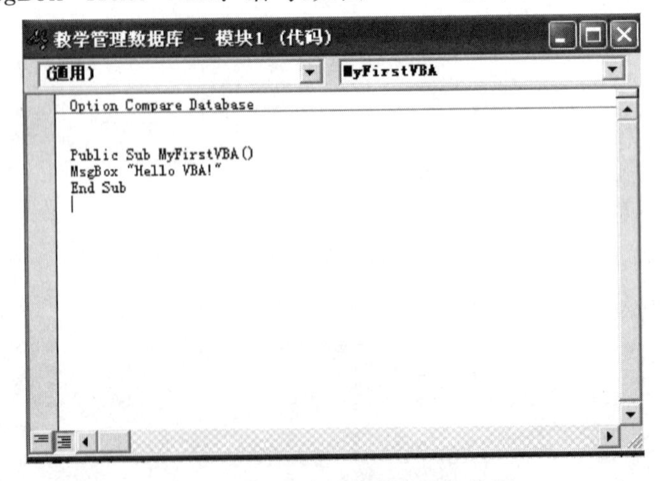

图1.11.1　在代码编辑中输入代码

（6）单击“运行”按钮运行此程序。

（7）此时，会弹出加载宏对话框，单击“运行”按钮，如图 1.11.2 所示。

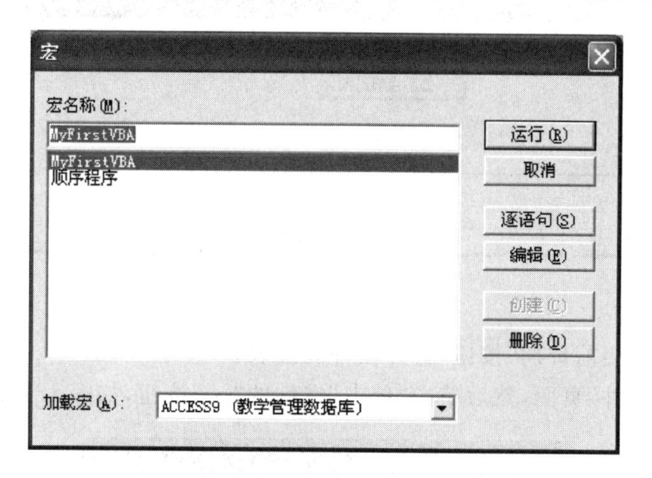

图 1.11.2 加载宏对话框

（8）弹出输出对话框，显示运行结果，如图 1.11.3 所示。

图 1.11.3 运行结果

2. 扩展实验内容 1 的程序。要求在实验内容 1 的基础上修改代码，如图 1.11.4 所示。

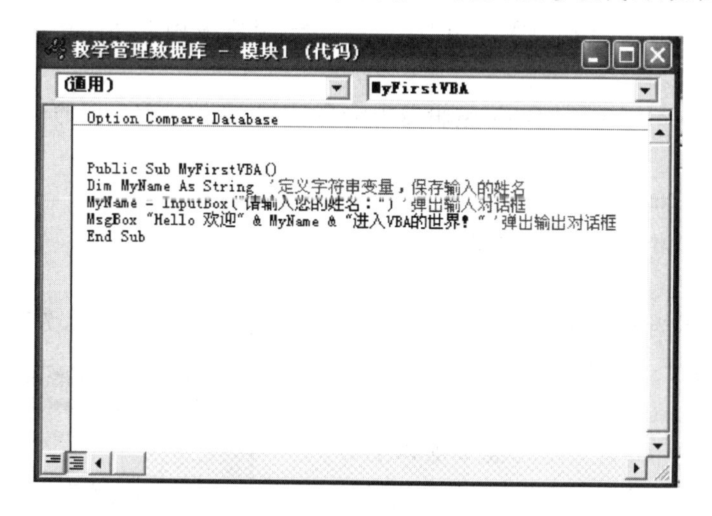

图 1.11.4 程序代码样例

3. 编写程序，在窗体上建立一个“获得当前时间”按钮，按下按钮便能执行 VBA 程序代码显示当前日期。

(1) 建立一个窗体,并在其上放一个按钮,如图 1.11.5 所示。

图 1.11.5 窗体界面

(2) 双击“显示当前日期”按钮,打开控件属性表。

(3) 切换至“事件”页面,然后单击“单击”属性的“…”按钮,如图 1.11.6 所示。

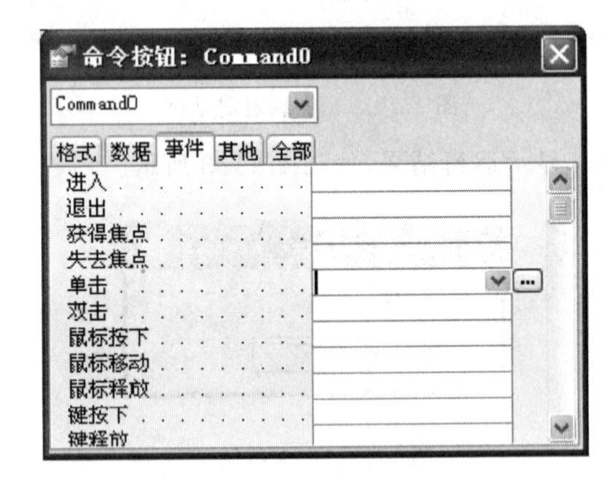

图 1.11.6 设置按钮事件

(4) 直接会弹出 Microsoft Visual Basic 编辑器,并在其中自动建立了按钮的鼠标单击事件过程。

(5) 在 Microsoft Visual Basic 编辑器中编写 Click 事件过程对应的程序代码。

代码如下:

```
Private Sub Command0_Click()
    MsgBox “当前日期为”& Date()
End Sub
```

(6) 单击显示当前日期按钮,弹出输出对话框,输出结果如图 1.11.7 所示。

4. 编辑并运行一个判断读者借书是否超量的程序。

判断准则为:0～5 册为不超量;6 册以上为超量;当输入小于 0 册时弹出错误提示信息。运行窗体如图 1.11.8 所示。

图 1.11.7 运行结果

(1) 打开数据库,新建一个窗体,切换至“设计视图”。

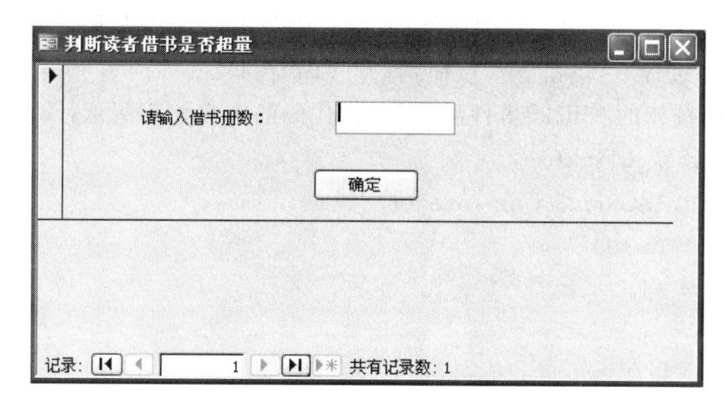

图 1.11.8　运行窗体

(2) 在窗体中添加一个“标签”控件，设置其标题属性为“请输入借书册数：”；再添加一个“文本框”控件，将“名称”属性设置为“册数”；再添加一个命令按钮控件，将“名称”与“标题”属性均设置为“确定”。

(3) 选定窗体对象，将其“标题”属性修改为“判断读者借书是否超量”。单击“工具栏”上的“保存”按钮保存该窗体，在“窗体名称”对话框内输入“判断读者借书是否超量”。

(4) 选定“确定”命令按钮，在其“属性”对话框中单击“事件”选项卡，在“单击”事件后的列表中选择“[事件过程]”，单击“…”按钮，打开 VBE 窗口。

(5) 为“确定”按钮的“Click”事件编写代码，代码的内容如下所示：

```
Private Sub 确定_Click()
Dim num as integer
num = Me.册数
If num<0 then
MsgBox “借书册数不能为负数！”,vbExclamation,“错误”
Exit Sub
End If
If num> = 0 and Ceshu < = 5 then
    MsgBox “没有超量,还可以再借书！”
Else
    MsgBox “超量,不可以再借书！”
End If
End Sub
```

(6) 单击工具栏上的保存按钮。

(7) 打开“判断读者借书是否超量”窗体，切换至窗体视图。在文本框中输入册数后，单击“确定”按钮，查看程序的运行结果。

5. 编辑并运行一个显示从 1 加到 100 的结果的程序。

(1) 打开数据库，新建一个窗体，切换至设计视图。

(2) 在窗体中添加一个“命令按钮”控件，将其“标题”属性设置为“计算”，将窗体的“标题”属性设置为“显示累加结果”。保存该窗体对象为“显示累加结果”。

(3) 选定“计算”命令按钮，在其“属性”对话框中单击“事件”选项卡，在“单击”事件后的列表中选择“[事件过程]”，单击“…”按钮，打开 VBE 窗口。

(4) 为“计算”按钮的“Click”事件编写代码，代码的内容如下所示：

```
Private Sub 计算_Click()
    Dim Sum As Integer, i as Integer
    For i = 1 To 100
        Sum = Sum + i
    Next
    MsgBox "求和结果为：" & Sum
    End Sub
```

(5) 单击工具栏上的保存按钮。

(6) 将“显示累加结果”窗体切换至“窗体视图”，运行该窗体。单击“计算”按钮，查看程序的运行结果如图 1.11.9 所示。

思考：如何实现计算 $1+2+\cdots+N$，其中 N 由文本框输入。

图 1.11.9 程序运行结果

6. 编写程序，输入半径 r，求球的体积。

(1) 打开数据库，新建一个窗体，切换至设计视图。

(2) 在窗体中添加一个命令按钮，将其标题属性设置为“计算”；添加两个文本框，并设置文本框的名称属性为 radius、area。保存该窗体对象为“计算圆面积”。

(3) 选定“计算”命令按钮，在其属性对话框中单击“事件”选项卡，在“单击”事件后的列表中选择“[事件过程]”，单击“…”按钮，打开 VBE 窗口。

(4) 编写计算面积函数：

```
Function area(radius)
Const Pi = 3.1415926
area = Pi * radius^2
End Function
```

(5) 为“计算”按钮的“Click”事件编写代码，调用 area 函数计算面积。代码的内容如下：

```
Private Sub 计算_Click()
Dim si_ radius, si_areaAs Single
si_ radius = radius.value
si_area = area(si_ radius)
area.value = si_area
End Sub
```

(6) 运行程序，在 radius 文本框中输入半径值，单击命令按钮，观察程序结果。

实验十二　小型应用系统开发(一)
——学生教学管理系统

一、实验目的

1. 掌握使用 Access 设计并实现数据库应用系统的步骤和方法。
2. 掌握 Access 数据库中各类数据对象的创建和管理方法。
3. 掌握使用切换面板和菜单系统集成数据对象的方法。

二、实验内容

本实验的主要内容是实现一个小型的数据库应用系统——“学生教学管理系统”，包括创建 Access 数据库，在 Access 数据库中创建数据表、数据查询、窗体、数据报表和数据访问页，然后利用切换面板和菜单系统将各数据对象统一集成到系统中，最后编码实现用户登录功能，完成整个系统的开发。

1. 创建数据库和数据表。

(1) 打开“资源管理器”，在某个磁盘分区中建立一个名为“学生教学管理系统”的新文件夹，用以保存后续开发中创建的各类文件和需要用到的各种资源。

(2) 启动 Access 2003，新建一个空数据库，以“学生教学管理系统”为名，保存在刚才创建的文件夹中。然后选择数据库窗口，打开“工具|选项”菜单项，出现如图 1.12.1 所示的对话框。根据需要，在对话框的各个选项卡中，设置数据库的工作环境。

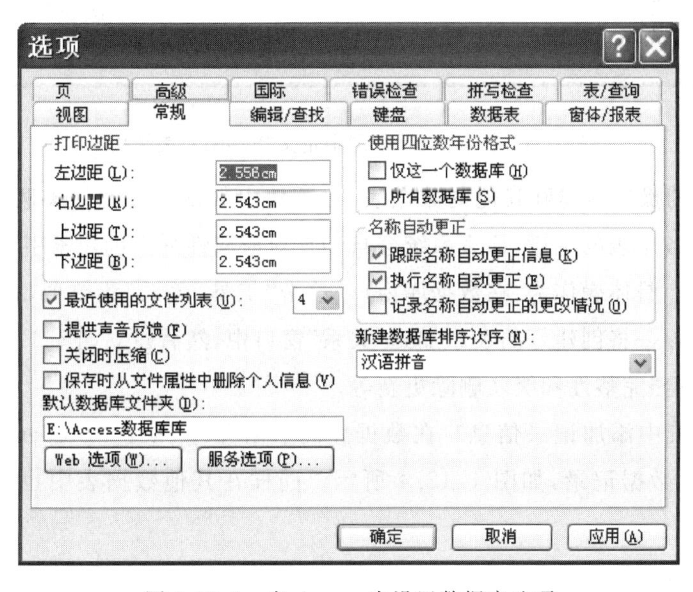

图 1.12.1　在 Access 中设置数据库选项

(3) 根据教材第 11 章第 1 节的数据库设计方案，在“学生教学管理系统”数据库中创建各个数据表。具体操作为：在数据库窗口中选择“表”对象，然后双击“使用设计器创建表”，打开表设计视图；按设计方案建立数据表结构，设置各字段的名称、数据类型、字段大小、格式、输入掩码、默认值、有效性规则等；最后定义主键约束、外键约束和其他完整性约束，保存设计结果。例如，教学管理数据库中“Student”表的设计结果如图 1.12.2 所示。

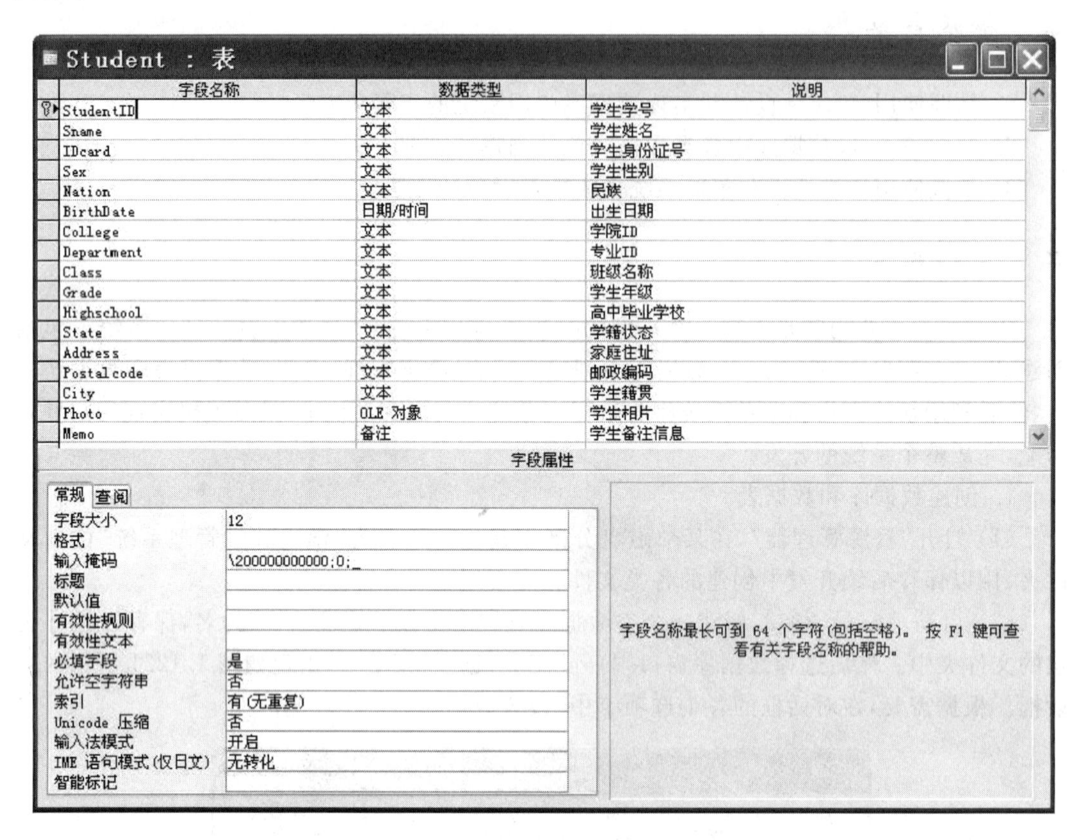

图 1.12.2　在设计视图中定义“Student”表结构

(4) 以同样的操作创建好其他的数据表，然后建立数据表之间的关联关系。如果创建数据表时定义了各个表的主键，那么系统会自动在对应属性列上创建索引，可以直接建立表与表之间的关联。具体操作为：在数据库窗口，单击“工具|关系”菜单项，在随后出现的“显示表”对话框中，逐一将创建好的表添加到“关系”窗口中，然后建立如图 1.12.3 所示的关联关系，定义实施参照完整性和级联删除更新等。

(5) 在数据表中添加记录信息。在数据库的表对象中，双击“Student”打开表浏览窗口，然后输入学生数据记录，如图 1.12.4 所示。同样在其他数据表中也添加相应的数据信息。

2. 创建数据查询。

此处以“学生选课信息查询”为例，说明“学生教学管理系统”开发中创建数据查询的具

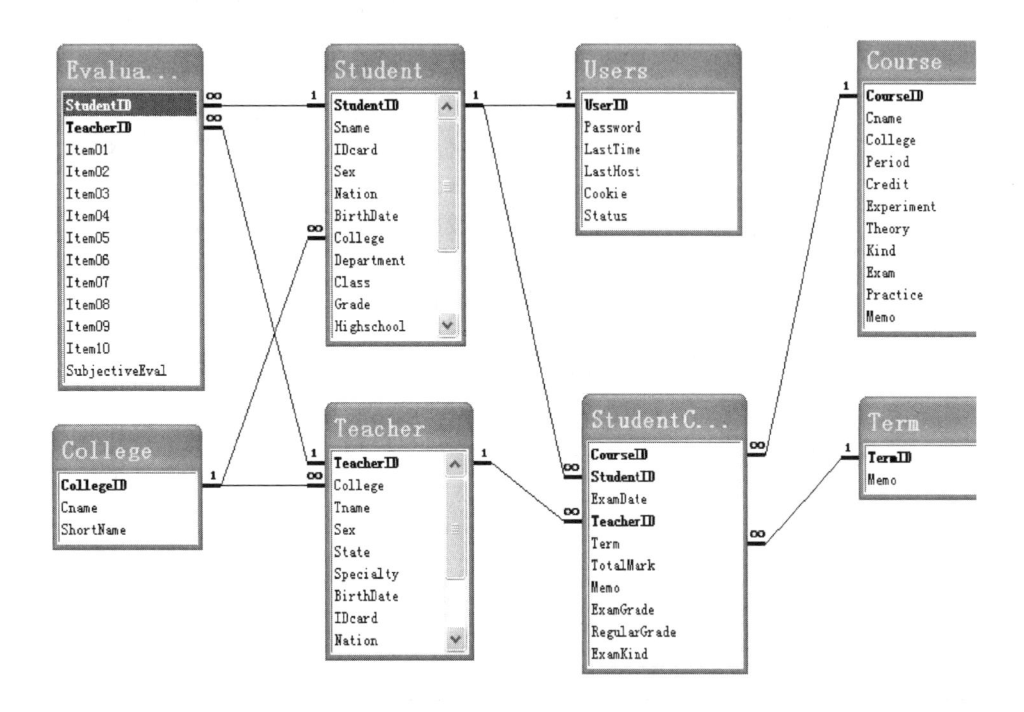

图 1.12.3 定义数据库中各数据表之间的关联

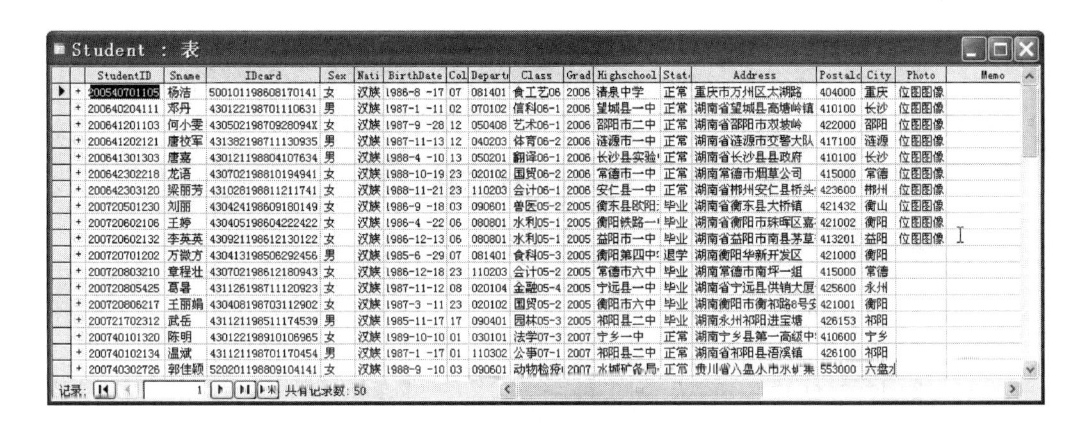

Student : 表

StudentID	Sname	IDcard	Sex	Nati	BirthDate	Col	Departı	Class	Grad	Highschool	Stat	Address	Postalc	City	Photo	Memo
200540701105	杨洁	500101198608170141	女	汉族	1986-8 -17	07	081401	食工艺06	2006	清泉中学	正常	重庆市万州区太湖路	404000	重庆	位图图像	
200640204111	邓丹	430122198701110631	男	汉族	1987-1 -11	02	070102	信科06-1	2006	望城县一中	正常	湖南省望城县高塘岭镇	410100	长沙	位图图像	
200641201103	何小雯	43050219870928094X	女	汉族	1987-9 -28	12	050408	艺术06-1	2006	邵阳市二中	正常	湖南省邵阳市双坡岭	422000	邵阳	位图图像	
200641202121	唐校军	431382198711130935	男	汉族	1987-11-13	12	040203	体育06-2	2006	涟源市一中	正常	湖南省涟源市交警大队	417100	涟源	位图图像	
200641301303	唐嘉	430121198804107634	男	汉族	1988-4 -10	13	050201	翻译06-1	2006	长沙县实验	正常	湖南省长沙县县政府	410100	长沙	位图图像	
200642302218	龙语	430702198810194941	女	汉族	1988-10-19	23	020102	国贸06-2	2006	常德市一中	正常	湖南常德市烟草公司	415000	常德	位图图像	
200642303120	梁丽芳	431028198811211741	女	汉族	1988-11-21	23	110203	会计06-1	2006	安仁县一中	正常	湖南省郴州安仁县桥头	423600	郴州	位图图像	
200720501230	刘丽	430424198609180149	女	汉族	1986-9 -18	03	090601	兽医05-2	2005	衡东县欧阳	毕业	湖南省衡东县大桥镇	421432	衡山	位图图像	
200720602106	王婷	430405198604222422	女	汉族	1986-4 -22	06	080801	水利05-1	2005	衡阳铁路一	毕业	湖南省衡阳市珠晖区嘉	421002	衡阳	位图图像	
200720602132	李英英	430921198612130122	女	汉族	1986-12-13	06	080801	水利05-1	2005	益阳市一中	毕业	湖南省益阳市南县茅草	413201	益阳	位图图像	
200720701202	万微方	430413198506292456	男	汉族	1985-6 -29	07	081401	食科05-3	2005	衡阳第四中	退学	湖南衡阳华新开发区	421000	衡阳		
200720803210	章程壮	430702198612180943	女	汉族	1986-12-18	23	110203	会计05-2	2005	常德市六中	毕业	湖南常德市南坪一组	415000	常德		
200720805425	葛暑	431126198711120923	女	汉族	1987-11-12	08	020104	金融05-4	2005	宁远县一中	毕业	湖南省宁远县供销大厦	425600	永州		
200720806217	王丽娟	430408198703112902	女	汉族	1987-3 -11	23	020102	国贸05-2	2005	衡阳市六中	毕业	湖南衡阳市衡祁路8号	421001	衡阳		
200721702312	武岳	431121198511174539	男	汉族	1985-11-17	17	090401	园林05-3	2005	祁阳县二中	毕业	湖南永州祁阳进宝塘	426153	祁阳		
200740101320	陈明	430122198910106965	女	汉族	1989-10-10	01	030101	法学07-3	2007	宁乡一中	正常	湖南宁乡县第一高级中	410600	宁乡		
200740102134	温斌	431121198701170454	男	汉族	1987-1 -17	01	110302	公事07-1	2007	祁阳县二中	正常	湖南省祁阳县浯溪镇	426100	祁阳		
200740302726	郭佳颖	520201198809104141	女	汉族	1988-9 -10	03	090601	动物检疫	2007	水城矿务局	正常	贵州省六盘水市水矿集	553000	六盘水		

记录: 1 共有记录数: 50

图 1.12.4 在 Student 数据表中输入数据

体操作步骤。

(1) 在数据库窗口中选择“查询”为操作对象，单击“新建”，然后选择“设计视图”。

(2) 单击“确定”，在弹出的“显示表”对话框中将查询数据源表“Student”、“Course”和“StudentCourse”添加到“选择查询”窗口中。

(3) 在“选择查询”窗口中的“字段”列表框中，选择需要查询的字段，或者将数据源表中的字段直接拖到字段列表框中，设置字段别名和显示与否等信息，如图 1.12.5 所示。保存该查询为“学生选课信息查询”。

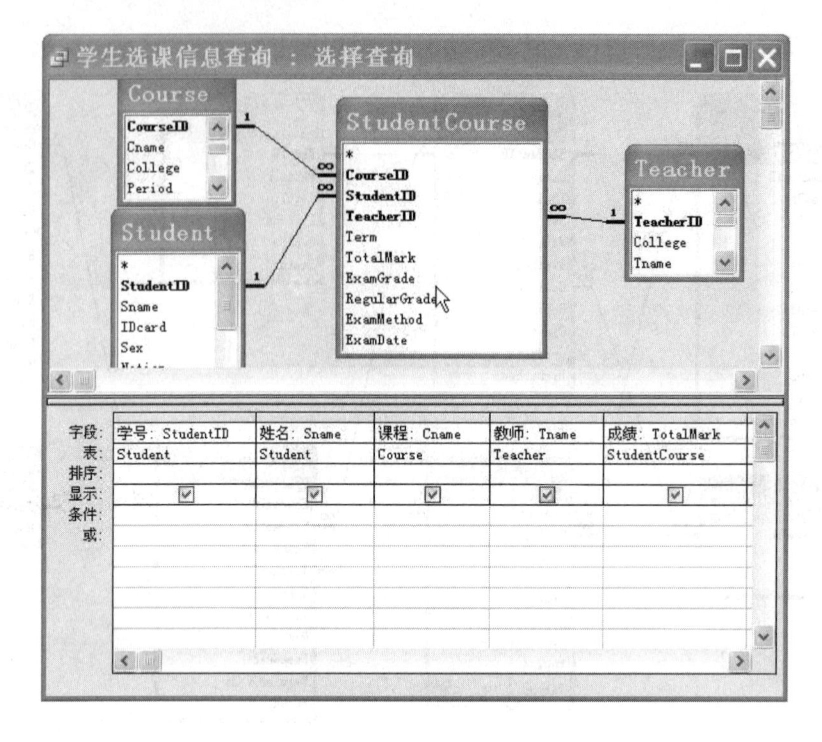

图 1.12.5　定义学生选课信息查询

(4) 运行“学生选课信息查询”,查询结果如图 1.12.6 所示。

学生选课信息查询 : 选择查询

学号	姓名	课程	教师	成绩
200640204111	邓丹	工科物理	周明亮	63.26
200721702312	武岳	花卉学	陈晓霞	68.68
200720501230	刘丽	家畜解剖学及组织胚胎学	贺伟铭	65
200540701105	杨洁	食品机械设备	黄阳	74.82
200720602106	王婷	茶叶机械与设备	石峰	82.46
200740512223	贺怡	宠物繁殖学	李佳靓	81.3
200540701105	杨洁	动物食品加工学	黄阳	75.92
200720701202	万微方	动物食品加工学	唐培丽	73.48
200740512223	贺怡	水产微生物学	李佳靓	80.24
200720602106	王婷	水工建筑物	石峰	69.74
200840613120	陈海天	水工建筑物	陈宝国	78.34
200741531109	姜欣	草类植物育种学	李金	66.94
200941557103	陈茵	草类植物育种学	戴连军	80.24
200740512223	贺怡	水生生物学	李佳靓	67.72

记录: 1 共有记录数: 50

图 1.12.6　学生选课信息查询结果

3. 建立数据窗体。

在 Access 中建立数据窗体时,注意不仅要保证窗体上显示内容的丰富全面,而且要尽量做到窗体界面美观大方,操作简洁方便。下面以创建“学生基本信息管理”窗体为例,说明“学生教学管理系统”中各数据窗体的创建过程如下。

(1) 在"学生教学管理系统"数据库窗口中选择"窗体"对象,单击"新建",然后选择"设计视图",并在对象数据的来源表中选择"Student"表,单击"确定"。

(2) 在窗体页眉中添加一个"标签"控件,输入文本"学生基本信息管理",设置字体字号等,位置居中。

(3) 在窗体主体中添加一个"选项卡"控件,设置页1的标题为"基本信息",设置页2的标题为"家庭信息"。然后从"Student"字段列表上将StudentID、Sname、IDcard、Sex、Nation等字段拖到"基本信息"页上,将Highschool、Address、Postalcode等字段拖到"家庭信息"页上,更改各标签控件的标题,调整控件位置,设置字体外观。

(4) 在窗体页脚中添加命令按钮,通过命令向导完成对应的触发事件定义,设置标题和大小等属性。

(5) 选择当前窗体,打开"属性"对话框,根据需要设置滚动条、记录选择器和导航按钮属性,最后保存窗体为"学生基本信息管理",如图1.12.7所示。

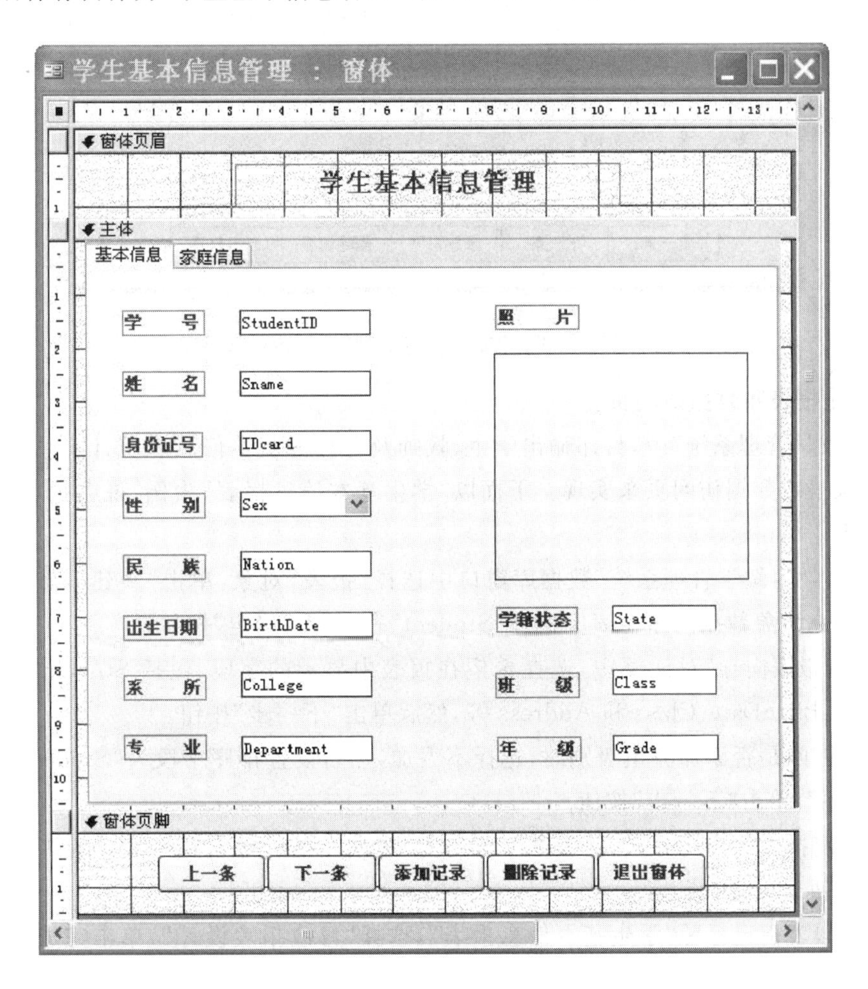

图1.12.7 "学生基本信息管理"窗体设计结果

(6) 运行“学生基本信息管理”窗体,效果如图 1.12.8 所示。

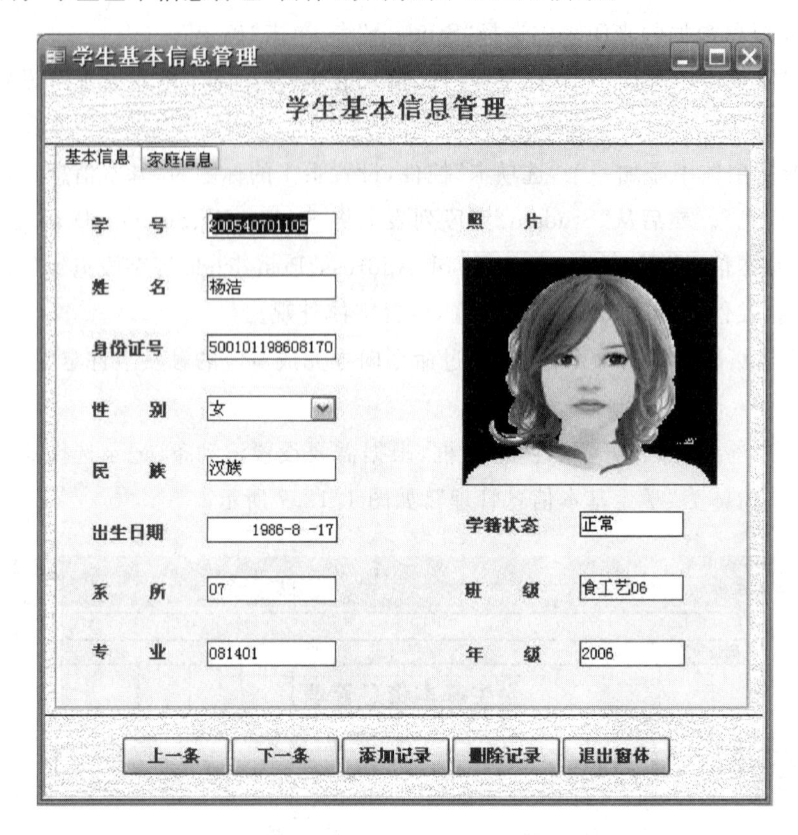

图 1.12.8 “学生基本信息管理”窗体运行结果

4. 创建报表和数据访问页。

“学生教学管理系统”中,打印输出学生、教师及课程的基本信息和统计汇总数据时,都可以通过报表或数据访问页来实现。下面以“学生基本信息报表”为例,说明报表的一般创建过程如下。

(1) 在“学生教学管理系统”数据库窗口中选择“报表”对象,单击“新建”,然后选择“报表向导”,并在对象数据的来源表中选择“Student”表,单击“确定”按钮。

(2) 在“报表向导”对话框中,选择希望在报表中显示的字段,包括 StudentID、Sname、Sex、Nation、BirthDate、Class 和 Address 等,然后单击“下一步”按钮。

(3) 在询问是否添加分组级别时,选择不添加,然后设置排序字段为“StudentID”,排序方式为“升序”,单击“下一步”按钮。

(4) 确定报表的布局方式为“表格”,方向为“纵向”,然后确定所用式样为“正式”,单击“下一步”按钮。

(5) 为报表指定标题“学生基本信息报表”,选择“修改报表设计”,单击完成,结束报表向导。

(6) 在报表页眉中将标题标签移至页面居中,设置字号为 20 磅,加粗居中。

(7) 在页面页眉中将各英文字段名改为对应的中文,如“学号”、“姓名”等,适当调整各

标签和主体中各数据文本框的大小、位置及对齐方式。

(8) 利用工具箱，在报表页眉下部和报表页脚上部各添加一条从左到右的 2 磅直线；在报表页脚中添加一个标签控件，设置标题为“学生总人数：”，然后在其后添加一个文本框控件，打开“属性”对话框，选择“数据”选项卡，设置“控件来源”为统计学生人数的表达式“=Count([StudentID])”。全部设置完毕后，设计结果如图 1.12.9 所示。

图 1.12.9 “学生基本信息报表”设计结果

创建“学生基本信息数据访问页”的过程和步骤如下。

(1) 在“学生教学管理系统”数据库窗口中选择“页”对象，单击“新建”，然后选择“数据页向导”，并在对象数据来源表中选择“Student”表，单击“确定”。

(2) 在“数据页向导”对话框中，选择希望在报表中显示的字段，包括 StudentID、Sname、IDcard、Sex、Nation、BirthDate、College、Class、Highschool、City、Postalcode 和 Address 等，然后单击“下一步”按钮。

(3) 在询问是否添加分组级别时，选择不添加；然后确定排序字段为“StudentID”，排序方式为“升序”，单击“下一步”按钮。

(4) 为数据页指定标题“学生基本信息数据页”，选择“修改数据页设计”，单击“完成”按钮，结束数据页向导。

(5) 在数据页上添加标题“学生基本信息数据页”，设置字号为 18 磅，加粗居中。

(6) 利用工具箱上的“滚动文字”在标题下插入一行滚动文字“欢迎访问本数据页，在此您可以浏览全体学生的基本信息！”，设置字号为 14 磅。

(7) 在数据页上添加一个标签，设置文本为“学生基本信息如下”，将学生信息的各英文字段名改为对应的中文，如“学号”、“姓名”等，适当调整标签和文本框的大小、位置及对齐方式。

(8)保存设计结果返回，打开数据访问页效果如图 1.12.10 所示。

5. 集成数据对象。

首先阐述使用 Access 的“切换面板管理器”设计实现“学生教学管理系统”主切换面板的过程。

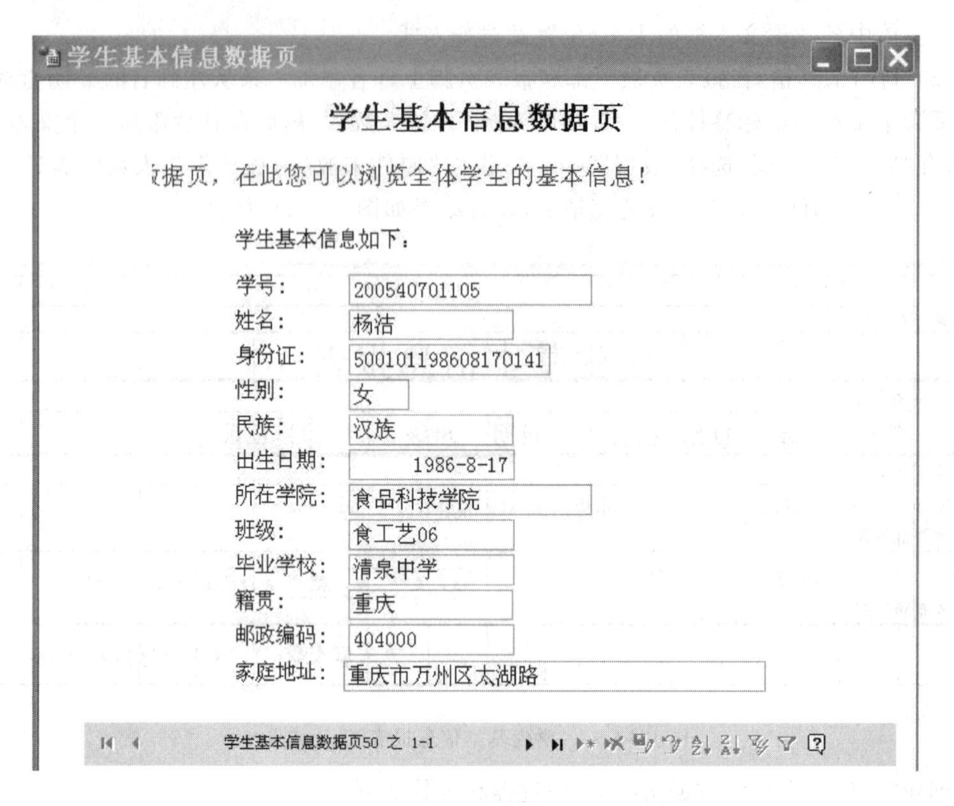

图 1.12.10 “学生基本信息数据页”运行结果

(1) 在“学生教学管理系统”数据库窗口中选择“窗体”对象，单击“工具 | 数据库实用工具 | 切换面板管理器”菜单项，打开“切换面板管理器”窗口。

(2) 单击“新建”按钮，输入切换面板页名“学生教学管理系统”，单击“确定”返回切换面板管理器后，单击“创建默认”将该切换面板设置为默认的主切换面板。

(3) 为了实现“学生教学管理系统”的二级管理，使用上述方法再新建 4 个切换面板页“学生学籍管理”、“教师信息管理”、“课程信息管理”和“选课信息管理”。

(4) 将上面的 4 个切换面板页添加到主切换面板中。在切换面板管理器中，选择默认的“学生教学管理系统”，单击“编辑”进入“编辑切换面板页”。单击“新建”进入“编辑切换面板项目”窗口，在文本后输入“学生学籍管理”，在“命令”下拉列表中选择“转至切换面板”，在“切换面板”下拉列表中选择刚才创建的“学生学籍管理”页，如图 1.12.11 所示。

图 1.12.11 为主切换面板添加下级切换面板页

(5) 单击"确定"后返回"编辑切换面板页"。按照同样的方法依次将第(3)步中创建的其他 3 个切换面板页"教师信息管理"、"课程信息管理"和"选课信息管理"也添加到主切换面板项目中。最后创建"退出系统"的切换项,创建过程和刚才类似,唯一不同点在于在如图 1.12.11 所示的"命令"下拉列表中选择的是"退出应用程序"。最终得到的主切换面板设计结果如图 1.12.12 所示。

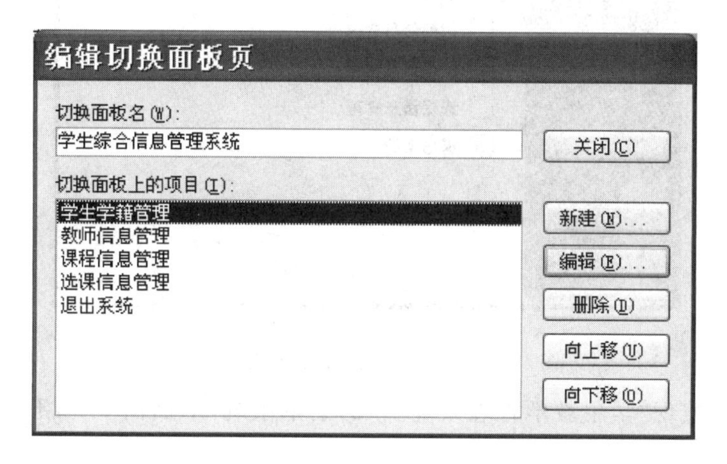

图 1.12.12　系统主切换面板设计结果

(6) 由于学生信息、教师信息、课程信息等二级管理下,还有信息浏览、数据统计以及报表打印等子功能,因此需要继续设置三级管理切换面板,方法如下:在"切换面板管理器"中选择"学生学籍管理",然后单击"编辑"。单击"新建"按钮后,在"文本"后输入"学生基本信息管理",在"命令"下拉列表中选择"在编辑模式下打开窗体",在"窗体"下拉列表中选择前面创建的"学生基本信息管理"窗体。如果要打开的不是窗体而是报表,只需在"命令"下拉列表中选择"打开报表",然后在"报表"下拉列表中选择要打开的报表即可。最终设计得到的"学生学籍管理"切换面板如图 1.12.13 所示。

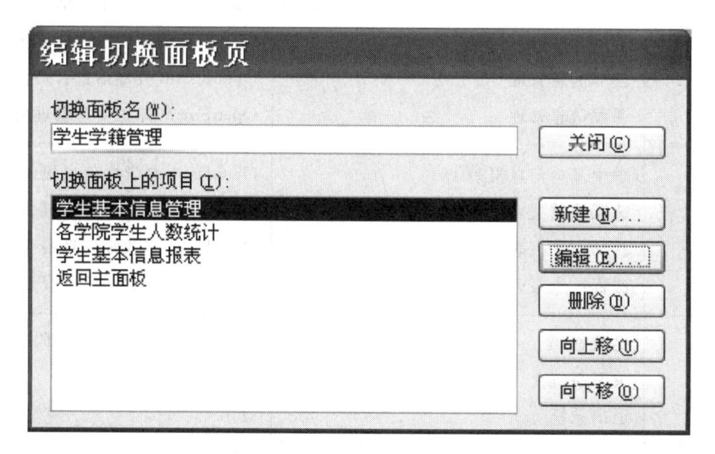

图 1.12.13　"学生学籍管理"切换面板设计结果

(7) 按照同样的方法设计实现"教师信息管理"、"课程信息管理"和"选课信息管理"模块下的三级管理切换面板,全部完成后运行主切换面板窗体效果如图 1.12.14 所示。

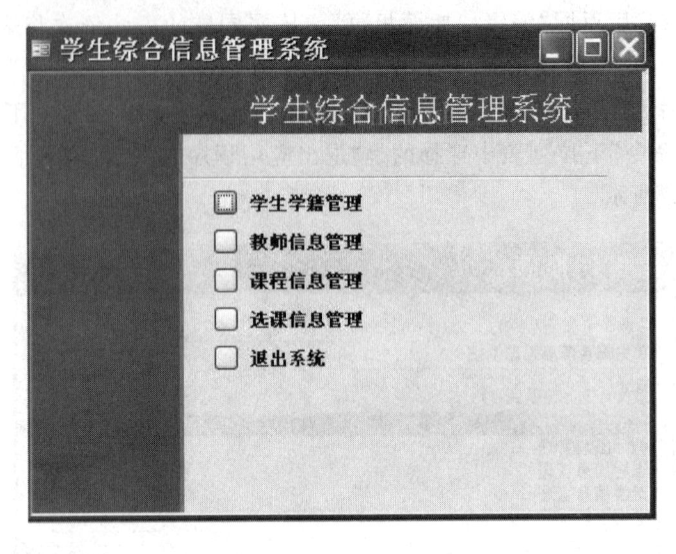

图 1.12.14　系统主切换面板运行结果

接下来设计实现“学生教学管理系统”中的菜单系统，下面简要介绍基本步骤和操作过程。

(1) 首先设计“学生教学管理系统”中的各菜单和菜单项，内容如表 1.12.1 所示。

表 1.12.1　菜单系统的主要内容

主菜单	菜单项	宏操作
数据表管理	学生表 教师表 课程表 选课成绩表	OpenTable(Student 表) OpenTable(Teacher 表) OpenTable(Course 表) OpenTable(StudentCourse 表)
窗体管理	学生信息管理 学生选课信息管理 教师信息管理 课程信息管理	OpenForm(学生基本信息管理窗体) OpenForm(学生选课管理窗体) OpenForm(教师信息管理窗体) OpenForm(课程信息管理窗体)
报表管理	学生基本信息报表 选课成绩报表 教师信息报表 课程信息报表	OpenReport(学生信息报表) OpenReport(学生成绩报表) OpenReport(教师信息报表) OpenReport(课程信息报表)
系统管理	更改密码 关于系统 退出系统	OpenForm(用户更改密码窗体) OpenForm(关于窗体) Quit

(2) 创建子菜单项宏。在数据库窗口中选择“宏”，单击“新建”打开宏编辑窗口。然后单击“视图｜宏名”菜单项，在增加的“宏名”列中依次输入各菜单项的名称，在“操作”列中定义菜单项对应的宏操作，并设置好操作参数，保存宏。譬如创建“数据表管理”主菜单下 4

个子菜单项的操作，如图 1.12.15 所示。

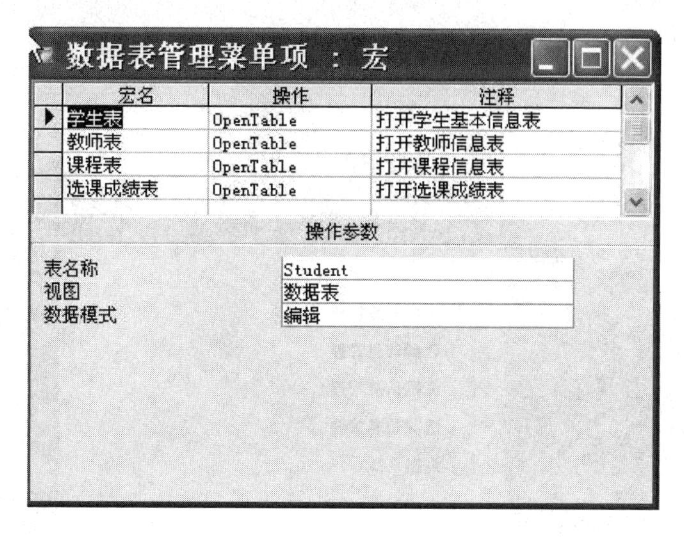

图 1.12.15　“数据表管理”菜单中菜单项设计结果

(3) 按照同样的方式依次创建其他 3 个主菜单下的各菜单项。

(4) 创建主菜单宏。在“宏”对象窗口中，单击“新建”进入“宏”编辑窗口。在“操作”列中设置宏操作为“AddMenu”，设置操作参数分别指向上一步创建的 4 个子菜单项。保存为“学生教学管理系统主菜单”，如图 1.12.16 所示。

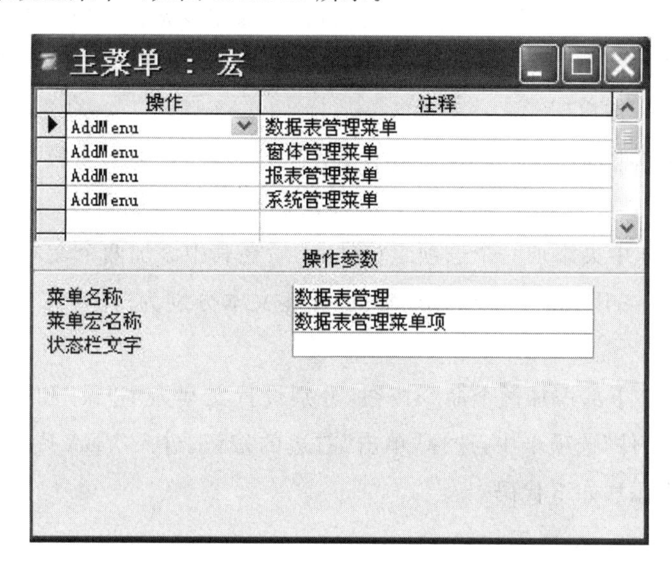

图 1.12.16　添加主菜单结果

(5) 关联菜单和窗体。要将设计好的菜单系统加载到特定的窗体上去，可以先选择要关联的窗体“主切换面板”，打开进入“设计视图”模式，然后单击“视图 | 属性”菜单项，在弹出的“属性”对话框中选择“其他”选项卡，最后在“菜单栏”属性项文本框中，输入需要关联的菜单系统名“学生教学管理系统主菜单”。

(6) 保存返回，打开“主切换面板”窗体，设计好的菜单系统如图 1.12.17 所示。

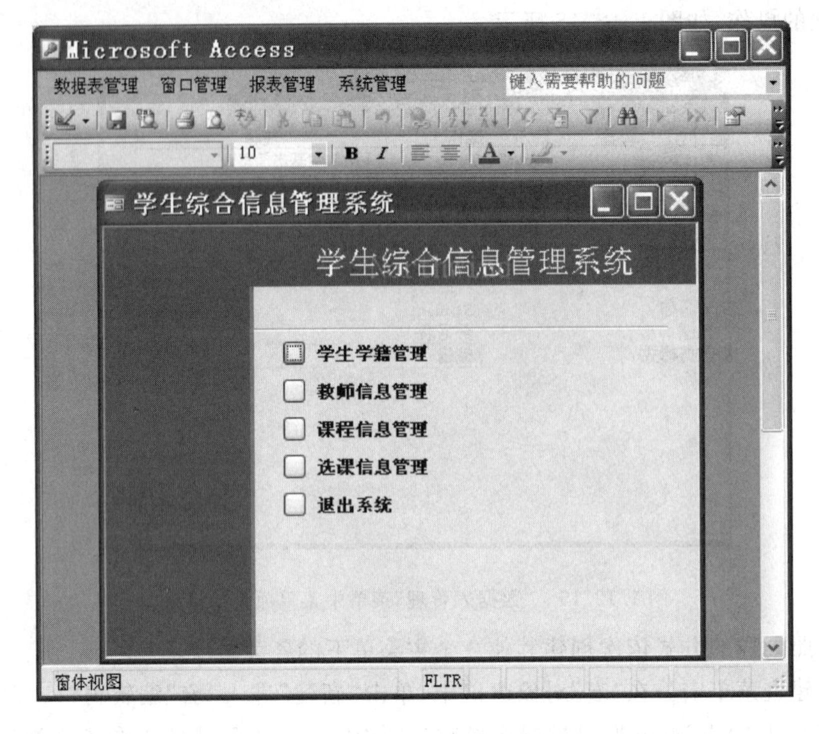

图 1.12.17　菜单系统运行结果

最后设计“学生教学管理系统”的用户登录窗体，操作步骤和实现过程如下。

(1) 在“学生教学管理系统”数据库窗口中选择“窗体”对象，单击“新建”，然后选择“设计视图”，单击“确定”按扭。

(2) 在窗体主体上部添加一个标签控件，设置文本为“登录学生教学管理系统”，16 号宋体，位置居中。

(3) 在窗体主体中央添加一个选项组控件，然后在其中添加两个文本框和标签，设置文本框名称分别为“UserID”和“Password”，设置标签文本分别为“用户账号”和“密码”，适当调整其大小和位置。

(4) 在窗体主体下部添加两个命令按钮，分别设置文本为“登录”和“取消”。在“登录”按钮属性窗口的“事件”选项卡中，选择“单击”右边的按钮，进入 VBA 代码编写环境。在该按钮的单击事件中添加如下代码：

```
Private Sub Cmd_Login_Click()
Dim stemp As Variant
If IsNull(Me! [UserID]) Then
    MsgBox "请输入登录用户名", vbInformation, "输入用户名"
    Me! [UserID].SetFocus
ElseIf IsNull(Me! [Password]) Then
    MsgBox "请输入用户密码", vbInformation, "输入用户密码"
```

```
        Me! [Password].SetFocus
    Else
        '使用 DLookup 函数从 Users 表中搜索当前输入的用户名及用户密码
        stemp = DLookup("[Password]", "Users", "[UserID] = '" & Me! [UserID] & "'")
        If IsNull(stemp) Then
            MsgBox "您输入的用户名不正确", vbCritical, "用户名出错"
        Else
            If (Me! [Password]) = stemp Then
                DoCmd.Close , , acSaveNo
                DoCmd.OpenForm "主切换面板", acNormal, , , , acWindowNormal
            Else
                MsgBox "您输入的密码不正确", vbCritical, "密码错误"
                Me.Requery
            End If
        End If
    End If
    End Sub
```

(5) 保存返回。为“取消”按钮也添加相应的事件代码并保存，窗口运行后的效果如图1.12.18所示。

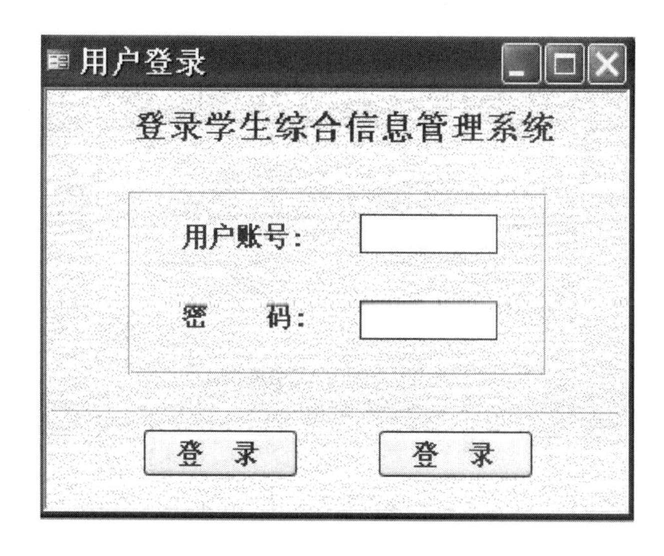

图 1.12.18　用户登录窗体运行结果

设置用户登录窗体为“学生教学管理系统”的启动窗体，操作步骤如下。

(1) 打开“学生教学管理系统”，单击“工具｜启动”菜单项，弹出“启动”对话框。

(2) 在“启动”对话框中，输入应用程序的标题，设置“显示窗体”为“用户登录”窗体，设置应用程序图标，并且可以设置 Access 中的菜单、工具栏、数据库窗口等是否可见，如图 1.12.19 所示。

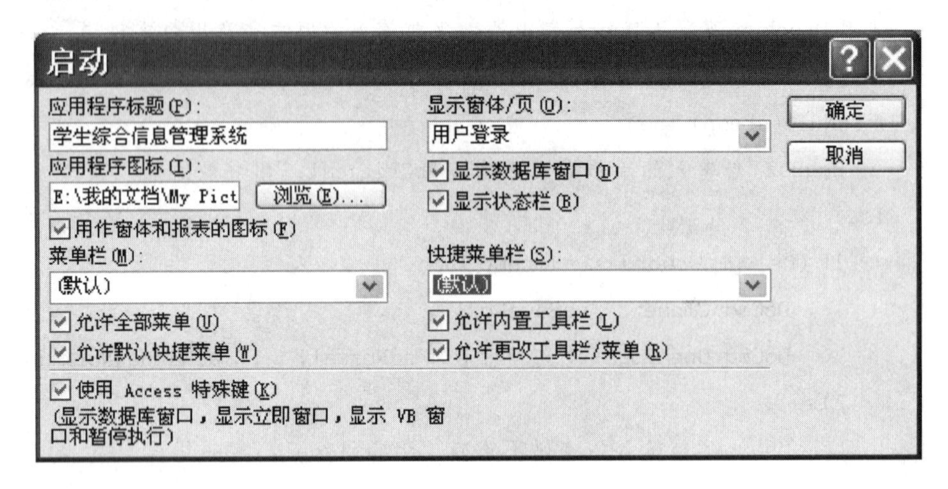

图 1.12.19　设置系统启动窗体

(3) 设置好后，单击“确定”按钮返回。

实验十三　小型应用系统开发(二)
——简单的学生考试系统

一、实验目的

1. 掌握使用 Access 设计并实现数据库应用系统的步骤和方法。
2. 掌握使用切换面板和菜单系统集成数据对象的方法。
3. 掌握对表的查询、生成窗体、报表及创建宏等基本操作方法。

二、实验内容

本实验的主要内容是实现了一套客观题考试的简单测试系统。设计试卷时，试卷包括两个表：一个是试题表，另一个是答案表。把单选题及判断题的题目放在试题表中。在设计查询时再把两类题(选择题、判断题)分别挑选出来。答案表则包括对应题号的正确答案、考生答案及各题得分。查询包括 5 个查询：选择查询、判断查询、两个算分查询及合计总分查询。窗体设计共包括 5 个窗体：选择题窗体、判断题窗体、合计总分窗体、显示总分窗体及试题调用总控窗体。其中应用到一些基本的宏的使用。

1. 建立数据库。

数据库是由表及对表的各种操作组成的，我们需首先建立一个试题数据库，然后再建立数据库中的各个元素。建立试题数据库的方法是：运行 Access，单击工具栏中的“文件”，在弹出的下拉菜单中选择“新建”，然后选中“空数据库”，进入新的窗口，在“保存位置”列表框中选择即将建立的数据库所在的文件夹，在“文件名”文本框中，输入数据库文件名“test.mdb”。单击“创建”，进入图 1.13.1 所示窗口，至此已建立了一个空的试题数据库，下面介绍建立其元素的过程。

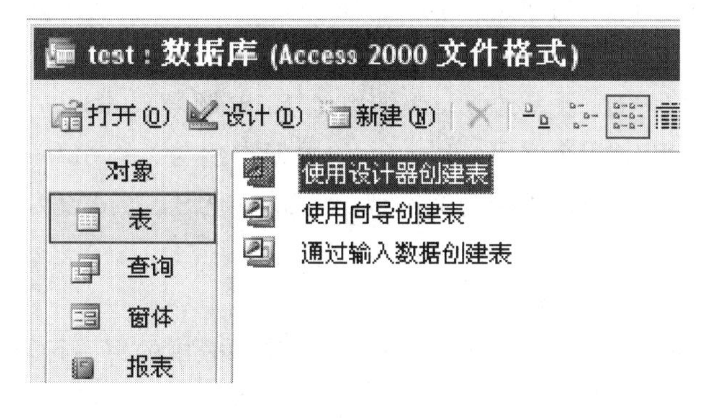

图 1.13.1　创建表窗口

(1) 建立试题表(test_info)。

① 单击图 1.13.1 中的“对象”下面的“表”，再单击“新建”，在出现的窗口中选择“设计

视图”，再单击“确定”按钮，打开图 1.13.2 所示对话框，它是建立表结构的主要窗口。

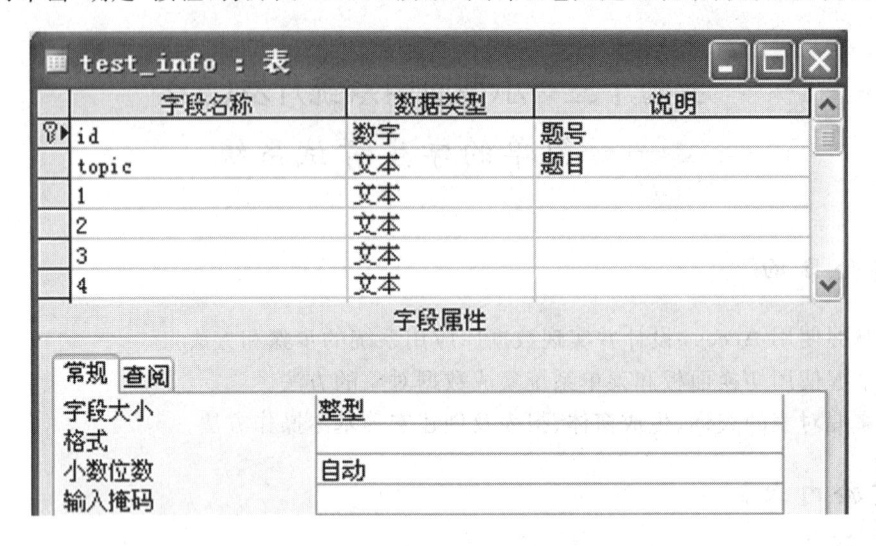

图 1.13.2　试题表字段设置

② 在“字段名称”下面的 6 行分别输入试题表结构：id(题号)、topic(题目)、1、2、3、4，其中的“1、2、3、4”是选择题的 4 个备选答案的序号(如果是判断题只有 1、2 序号有内容)，备选答案的序号不用英文字母的原因是英文字母有大小写之分，会增加考生切换大小写字母的麻烦。

③ 把“id”右边单元格的数据类型设为“数字”，方法是：单击“数据类型”下面的单元格，再单击单元格中的右侧向下箭头，从中选择“数字”即可(注：各字段的默认类型为文本型)。在下面的“字段大小”右边的文本框中单击，再单击此格对应的向下箭头，从中选择“整型”。

④ “topic”字段的类型为默认型(即文本型)，在下面的“字段大小”右边的文本框中输入 100(最大为 255，即 127 个汉字)，把 1、2、3、4 字段的“字段类型”均设为文本型，“字段大小”为 50。最后再把“题号”设为“主键”，方法如下：单击“id”所在的单元格，再单击 Access 中“编辑”菜单中的“主键”选项即可，最后，单击工具栏中的“保存”按钮，弹出“另存为”对话框，在文本框中输入“test_info”，再单击“确定”按钮。

(2) 建立答案表(answer_info)。

答案表的建立过程与试题表类似。表结构包括：id(题号)、answer(答案)、your_answer(考生答案)及 score(得分)4 个字段，id、score 的数据类型与 test_info 表中的 id 类型相同。answer、your_answer 两字段的类型为文本型，字段大小为 4，把 id 设为“主键”，如图 1.13.3 所示，最后保存为“answer_info”表。

(3) 输入试题表中题目内容。

在图 1.13.1 界面中，双击 test_info 表打开，在试题表中的每一行输入一个试题：在“id”下面的单元格中输入题目的序号，在“topic”下的单元格上输入题目的要求，在 1、2、3、4 所在列的单元格中输入 4 个答案(若为判断题，在 1、2 列所在的单元格中分别输入“正确”和“错误”，3、4 单元格为空)。输入结果如图 1.13.4(本实例中只输入 4 个单选题和 3 个判断题，实际应用中可按情况增加)，最后直接关闭输入窗口即可(内容自动保存)。

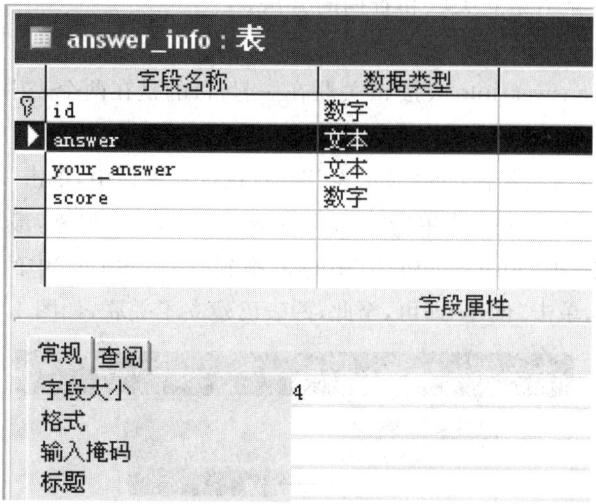

answer_info：表

字段名称	数据类型
id	数字
answer	文本
your_answer	文本
score	数字

字段属性

常规　查阅

字段大小	4
格式	
输入掩码	
标题	

图 1.13.3　答案表字段设置

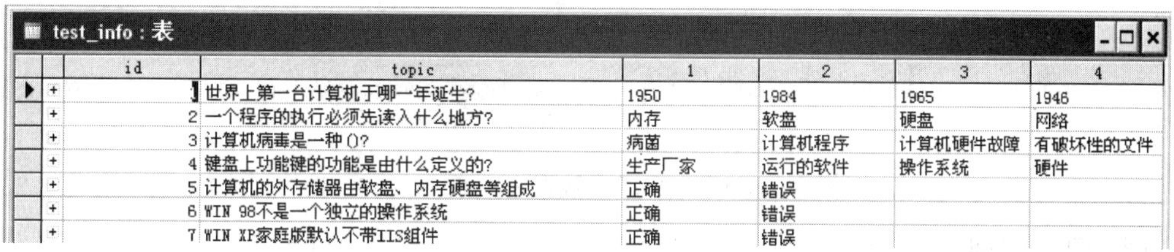

test_info：表

id	topic	1	2	3	4
1	世界上第一台计算机于哪一年诞生?	1950	1984	1965	1946
2	一个程序的执行必须先读入什么地方?	内存	软盘	硬盘	网络
3	计算机病毒是一种()?	病菌	计算机程序	计算机硬件故障	有破坏性的文件
4	键盘上功能键的功能是由什么定义的?	生产厂家	运行的软件	操作系统	硬件
5	计算机的外存储器由软盘、内存硬盘等组成	正确	错误		
6	WIN 98不是一个独立的操作系统	正确	错误		
7	WIN XP家庭版默认不带IIS组件	正确	错误		

图 1.13.4　实体表部分数据

(4) 向 answer_info 表中输入内容。

用同样的方法向答案表输入数据，在每一行输入对应试题的答案信息：在 id 单元格输入 test_info 表对应题号，在 answer 单元格输入这一题的对应正确答案，“your_answer”为空，得分全输入“0”，输入结果如图 1.13.5 所示。

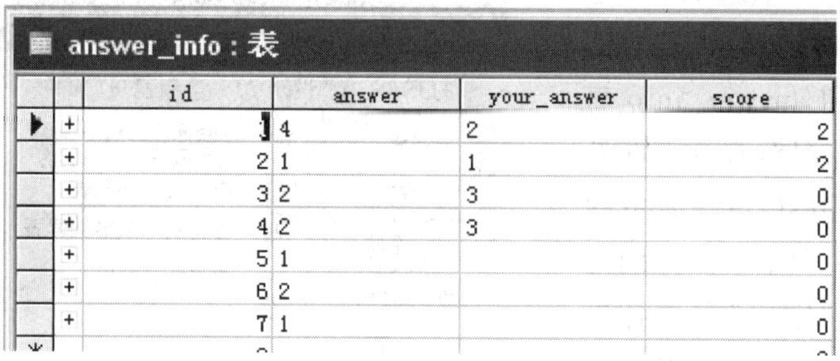

answer_info：表

id	answer	your_answer	score
1	4	2	2
2	1	1	2
3	2	3	0
4	2	3	0
5	1		0
6	2		0
7	1		0

图 1.13.5　答案表部分数据

下面将介绍根据这两个表建立查询的方法和步骤。查询的功能是根据需要从两个综合表中挑选或填入我们所需要的数据，为建立窗口作数据准备。

2. 建立关联和查询。

上面主要介绍了在 Access 中建立试题库、试题表、答案表以及向两表中输入数据的方法和步骤。下面主要介绍建立关联和查询的方法。

(1) 建立关联。

把 test_info 表与 answer_info 表按 id 关联在一起，目的是在两个表中使题号相同的记录对应的是同一题的具体内容，也为建立查询做准备。建立关联的方法是：单击"工具"菜单下的"关系"选项，再单击"关系"菜单下的"显示表"选项，在打开窗口中，单击"answer_info 表"，最后单击"添加"；单击"test_info 表"，再单击"添加"，把两个表都显示出来，最后单击"关闭"按钮即可；在显示的两个表中，把"answer-info 表"中的 id 拖到"test_info 表"中的 id 字段上，在弹出的"编辑关系"对话框中，单击"创建"即可，至此，两表已建立了关联，如图 1.13.6 所示。

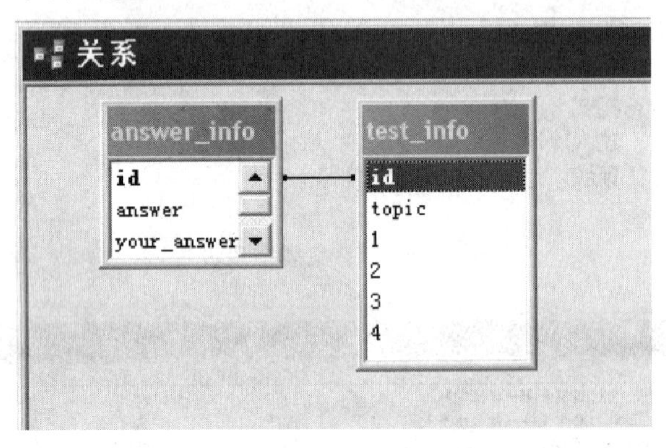

图 1.13.6 数据表关系

(2) 建立查询。

建立查询的目的是为生成窗体作数据准备及根据考生答案情况在答案表中填入每题的得分。查询对象共有 5 个，分别简述如下。

① 单选题查询。

作用是把单选题挑选出来，为选择题窗口作数据准备。建立过程及包含字段如下：在图 1.13.7窗口中，单击"对象"下面的"查询"选项，再单击"新建"按钮，在打开的"新建查询"窗口中，单击"确定"(使用默认选项：设计视图)，打开"显示表"对话框，test_info 表和 answer_info 表均添加到新建查询窗口中，如图 1.13.7所示。把 test_info 表中的 id、topic、1、2、3、4 六个字段分别拖到下面表格中的"字段"右边各单元格中，再把 answer_info 表中的"your_answer"拖到最右边的单元格中，如图 1.13.8 所示。在 id 列下面的"条件"格中输入"<5"(因为此试题表例子中，前 4 题为选择题)。最后保存此查询，查询名称为"choose_one"(单选题查询)。

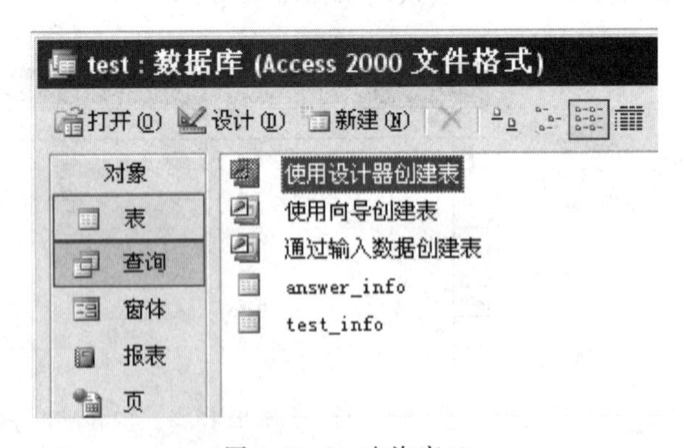

图 1.13.7 查询窗口

② 判断题查询。

图 1.13.8　查询设计窗口

用同样方法建立判断查询，与建立选择查询的区别是：不包括 test_info 表中的 3、4 字段，在 id 列下的“条件”中输入“>4”（因为此试题表例子中，后 3 题为判断题），最后保存此查询，查询名称为“true_false”（判断题查询）。

③ 输入每题分数查询。

建立过程类似上述方法，但区别如下。

- 单击“对象”下面的“查询”选项，再单击“新建”按钮，在打开的“新建查询”窗口中，单击“确定”（使用默认选项：设计视图），打开“显示表”对话框，将 answer_info 表添加到新建查询窗口中，关闭“显示表”，仅把 answer_info 表中的“score”字段拖到“字段”右边的单元格中。
- 单击工具栏中的“查询”菜单，从中选择“更新查询”，则在查询设计视图中添加“更新到”一行。在“更新到”右边的单元格中输入“2”（每题 2 分），在下面的“条件”单元格中输入“[answer_info]! [answer]=[answer_info]! [your_answer]”（里面的标点符号为英文标点符号），即只有考生所选答案与该题的答案相同时才更新得分的值为 2 分。具体所输入结果如图 1.13.9 所示，最后保存，取名为“record_score”（得分查询）。

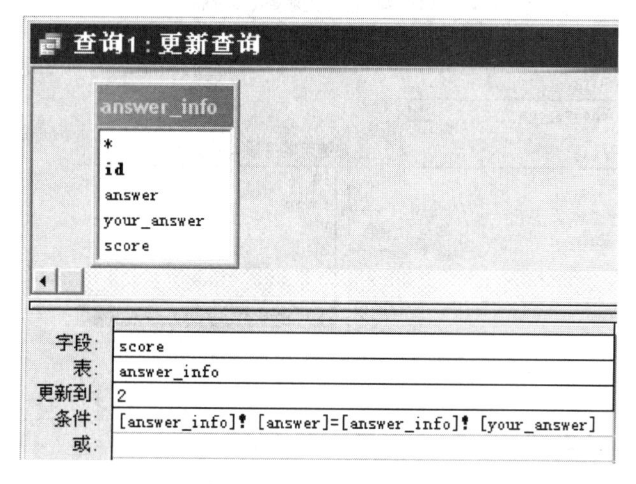

图 1.13.9　查询设计窗口

• 按上述同样步骤再建立一个查询，取名为“record_score2”(得分修改查询)。该查询与得分查询的区别在于：第一，在“更新到”右边的单元格中输入“0”(将得分记为0)；第二，在下面的“条件”单元格中输入“[answer_info]！[answer]<>[answer_info]！[your_answer]”（考生所选答案与该题的答案不相同)。此查询在考生答题前起清0作用，在考生答题后若修改答案则起修改分数作用。

④ 合计总分查询。

建立过程与建立“得分查询”相似，也只包括“得分”字段，但在建立查询过程中须单击“视图”菜单中的“总计”选项，在查询设计视图中增加了一行“总计”项，在“得分”字段下列的“总计”单元格中输入“总计”(即求和函数)。最后保存为“final_score”，如图1.13.10所示。

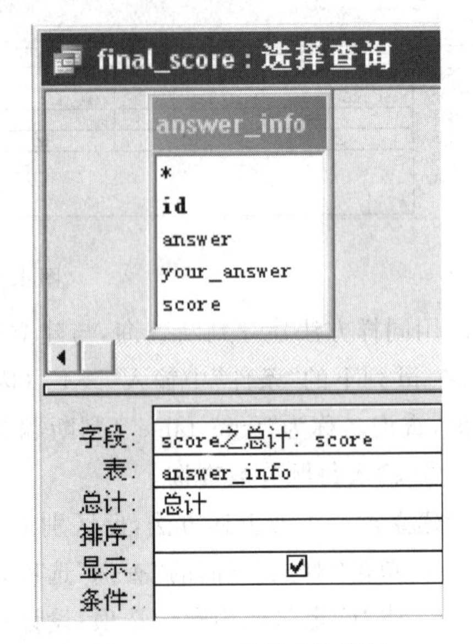

图1.13.10　总分查询设计

3. 窗体建立。

此次试卷的设计中共有5个窗体，现分别做详细说明。

(1) 选择题窗体。

用窗体给数据穿上漂亮的外衣，当需要输入的数据量很大时，在表格中输入既不方便也容易出错。这时可借助Access的窗体功能，使数据输入更为直观、方便。

① 第一步：在数据库主窗口左侧单击“窗体”按钮，然后在右侧双击“使用向导创建窗体”打开向导窗口，如图1.13.11所示。在“表/查询”下拉列表中选中“查询：choose_one”，然后单击中间的“>>”按钮将“可用字段”中的所有字段都加到“选定的字段”中。

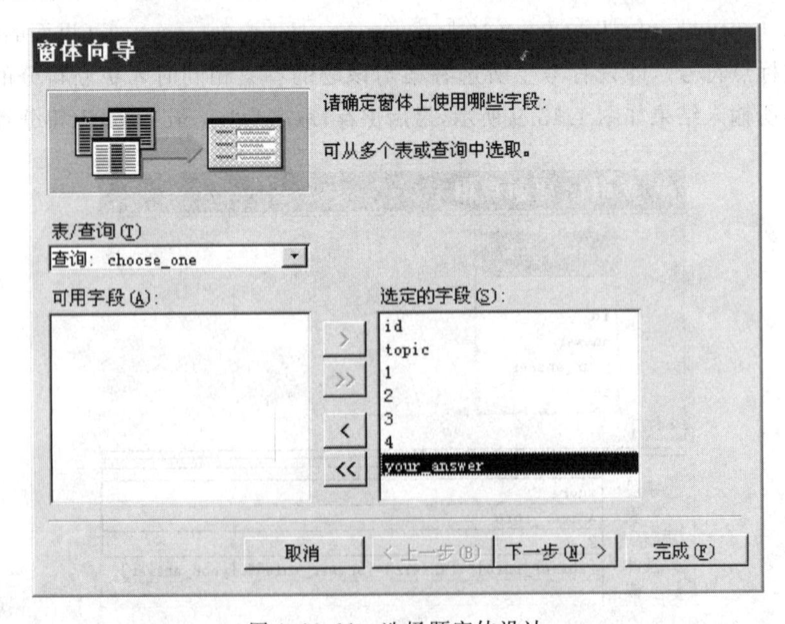

图1.13.11　选择题窗体设计

② 第二步：单击“下一步”，接下来的窗口用来设置窗体的排列方式，这里选择“纵栏表”。再单击“下一步”，选择窗体的显示样式，笔者觉得“沙岩”样式比较好看，所以选择了该项。继续单击“下一步”，为窗体指定一个标题，这里用默认的“choose_one”(单选题窗体)就可以了。最后单击“完成”按钮，结束窗体的创建。

③ 第三步：默认情况下创建完成后窗体即会自动打开，就可以输入数据了。也可以在数据库主窗口的“窗体”项中，双击刚才建立的窗体打开它。如图 1.13.12 所示，在这样的界面中输入数据方便了很多。按 Tab 键、回车键和上下左右箭头键可以在各个输入框中快速切换。输入完一条记录后，会自动进入下一条记录，也可以通过它下面的多个导航按钮在所有的记录中进行浏览、修改。

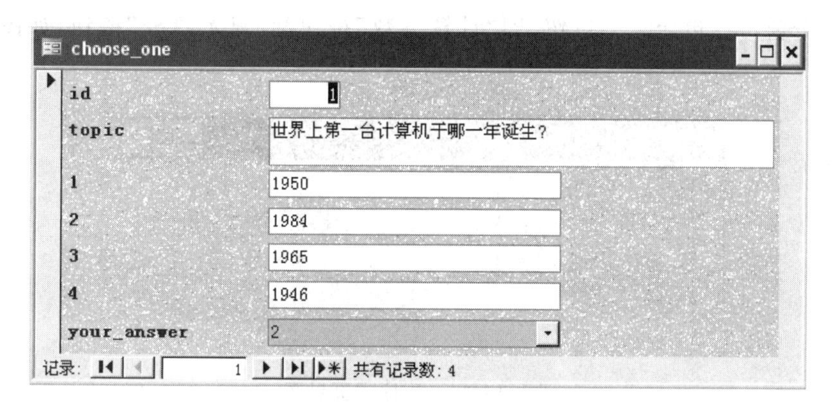

图 1.13.12　选择题窗体

④ 第四步：一般来说，为避免考生对题目本身的修改，还需把题目内容及 4 个答案设为锁定，使考生不能对其操作。具体设置方法如下(以题目文本框为例)：右击刚才建立的窗体名字，在弹出的菜单中选择“设计视图”，然后右击(topic)题目文本框，在弹出的快捷菜单中选择“属性”，在打开的“属性”窗口中再单击“数据”标签，把“可用”设为“否”(方法是：单击右边的文本框，从其右边的下拉箭头选项中选择“否”)，把“是否锁定”设为“是”，效果如图 1.13.13所示。按照同样的方法将 id、1、2、3、4 几个文本框的属性也进行修改。

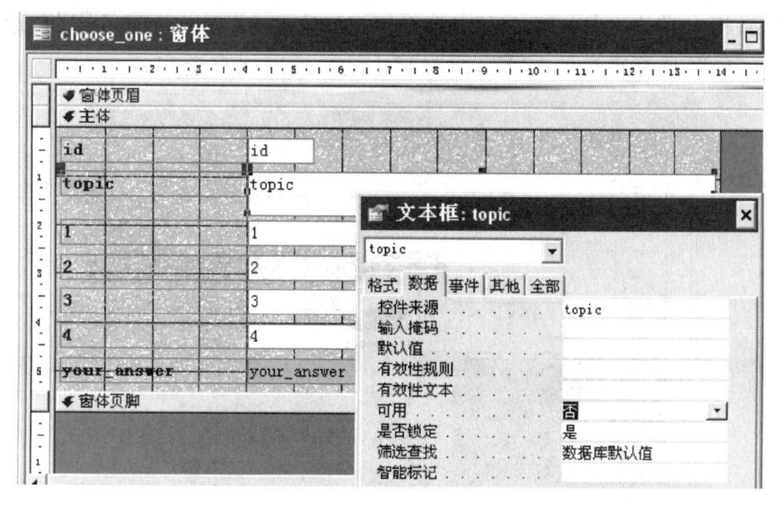

图 1.13.13　选择题窗体界面设计

⑤ 第五步：可调整一下窗体中文字和文本框的位置，使窗体更加美观。也可以添加“退出”按钮，方便考生答题完毕关闭窗体。

（2）建立判断题窗口。

建立过程与建立“选择题窗体”过程相似，区别为：在“请选择对象数据的来源或查询”步骤中选择“查询：final_score”。建立结束后保存时取名为“true_false”（判断题窗体）。

（3）建立显示总分窗口。

建立过程也与建立“选择题窗体”过程相似，区别为：在“请选择对象数据的来源或查询”步骤中选择“查询：final_score”。建立结束后保存时取名为“final_score”（总分窗体）。

（4）建立查看总分窗口。

查看总分窗口只包括两个按钮，即“计算分数”按钮和“显示总分”按钮，如图 1.13.14 所示。

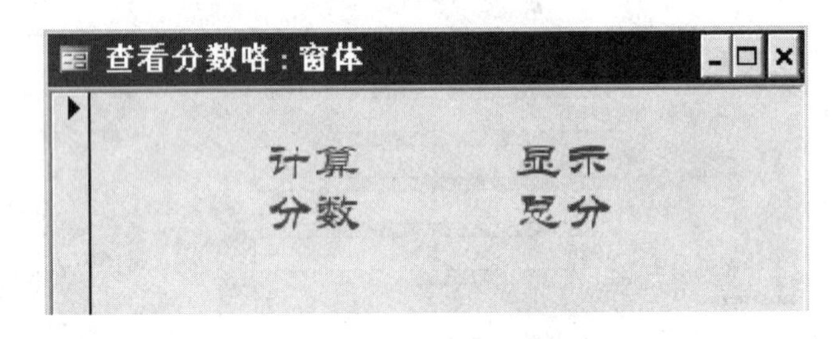

图 1.13.14　程序主页界面

① 建立“计算分数”按钮过程如下：单击“新建”按钮，在打开的对话框中直接单击“确定”，然后单击窗口工具栏中的“标签”按钮，在窗体空白处拖出一个矩形，在矩形中输入“计算分数”，最后按回车键结束（当然也可设置字号、字体及颜色）。右击刚建立的“计算分数”，在快捷菜单中选择“事件生成器”，打开“选择生成器”对话框，选择“宏生成器”，再单击“确定”，打开宏编辑器（同时另存为对话框，采用默认的宏名，单击“确定”按钮即可）。在“操作”下面的第一个单元格中单击，再单击单元格中右边的向下箭头，从下拉列表中选择“OpenQuery”，在“查询名称”右边的单元格中选择“record_score2”（清 0 分数），然后再在“操作”下面的第二个单元格中单击，从下拉列表中选择“OpenQuery”，在“查询名称”右边的单元格中选择“record_score”（计算得分），如图 1.13.15 所示，最后保存退出。

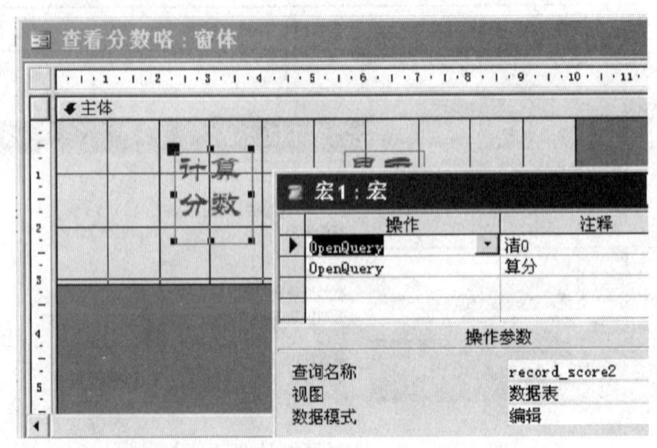

图 1.13.15　计算分数宏设计

② 再建立"显示总分"按钮，建立过程与建立"计算分数"过程相似，也需建立一个宏，宏操作选择"OpenForm"，在宏编辑窗口中的"窗体名称"单元格中选择"final_score"窗体，如图 1.13.16 所示。

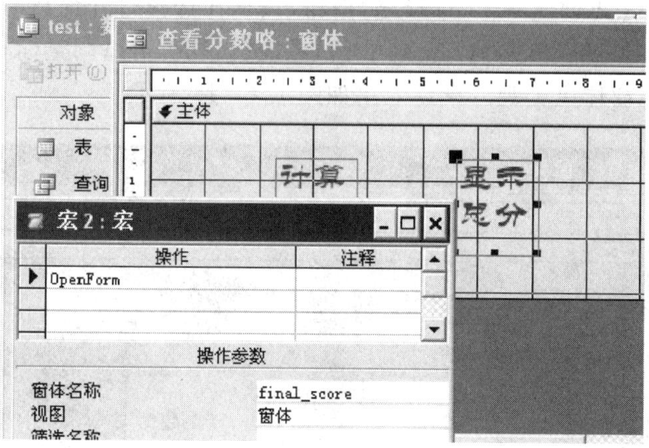

图 1.13.16　显示分数宏设计

至此"查看总分"窗口建立过程已经完成，保存(取名为"查看总分")退出。考生答题结束后，阅卷教师打开此窗口，单击"计算分数"按钮，再单击"显示总分"按钮，即可把考生的总分显示出来。

把查看总分窗口拖放到桌面上建立一个快捷方式，考生考试完毕以后老师只要双击它，就可直接查看分数。

(5) 总控调度窗口。

总控调度窗口的作用是对"单选题窗体"及"判断题窗体"进行调度，考生进入此窗口，单击"选择题"即进入选择题考试，单击"判断题"即进入判断题考试，单击"退出"即退出整个考试。具体建立过程如下。

① 选择"在设计视图中创建窗体"，进入窗体设计界面。从弹出的"工具"窗口中拖出一个按钮到窗体设计界面，此时将弹出"命令按钮向导"对话框，在"类别(C)"中选择"窗体操作"，在"操作(A)"中选择"打开窗体"，然后单击"下一步"按钮，如图 1.13.17 所示。

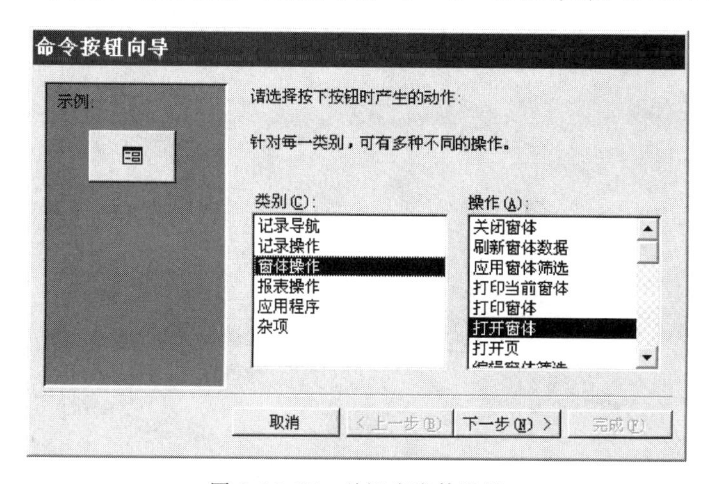

图 1.13.17　总调度窗体设计

② 在“请确定命令按钮打开的窗体”下选择“choose_one”，单击两次“下一步”，在“请确定在按钮上显示文本还是显示图片”下选择文本，并在右边输入框输入“选择题”，然后单击“完成”按钮。

③ 按照同样方法再创建一个“选择题”按钮，只是在选择打开窗体时选择“true_false”。再给窗体中添加一个标签，标题为“客观题考试系统”。同时可以调整标签和按钮的位置，以及窗体背景颜色，使窗体更美观。设计效果如图 1.13.18 所示。

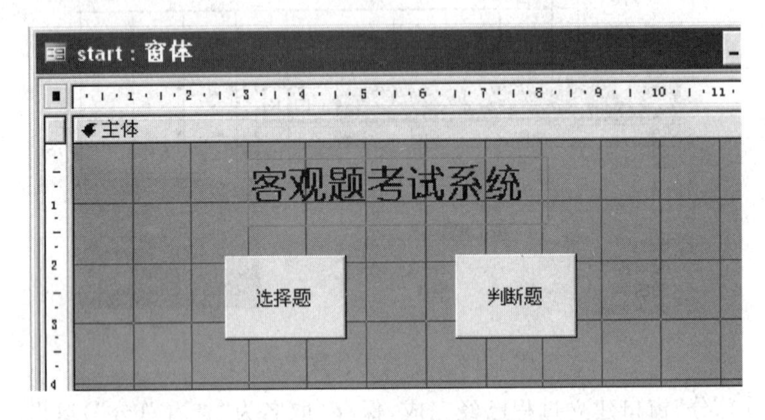

图 1.13.18　总调度窗体设计

④ 也可以再对窗体设计做些美化设计，或者再添加一个退出按钮。

至此总控窗体已制作完毕，保存(取名为“start”)后退出。

4. 创建启动宏。

选择图 1.13.1 窗口中“对象”下的“宏”，然后单击“新建(N)”，弹出宏编辑器窗口。在“操作”下的第一格中选择“OpenForm”，在“操作参数”下的“窗体名称”中选择“start”。关闭宏编辑器，将该宏命名为“AutoExec”，以后每次打开该数据库将执行该宏操作，即打开“start”窗体。

第二部分

系统开发案例

案例一　Access 小型学籍管理系统

如何实现学生信息的无纸化管理，如何将学籍信息联网，目前对于学校来说是比较关心的事情。本章结合前面所学知识，采用 Microsoft Access 2003 编制一套小型的学生信息管理系统。该系统具有通用性强、界面友好美观、易于修改扩充等优点，读者可以此为基础，将系统功能完善，同时熟练掌握 Access 的各种应用。

一、系统简介

在 Access 中，把以往传统的数据库称为表，即表由标题字段（库结构）及各条记录组成，表与对表的各种操作（如查询、生成窗体、报表及宏等）一起组成数据库文件（扩展名为 MDB）。

本实例采用 Access 2003 设计系统时，一共包括 4 个表：学生基本情况表（student_info）、班级信息表（class_info）、民族信息表（national_info）、政治面貌表（political_status）。学生主要信息包含在学生基本情况表中，其中包括学号、姓名、性别、籍贯、班级等字段。其他 3 个表的建立主要是为了当信息修改时可直接修改相关表中内容，而不需要到学生基本情况表中逐项修改，同时，为学生信息的录入提供快捷选项。该系统设计了一个查询（student_info_query），用于查看学生信息情况。窗体包括两个：启动窗体（start）和学生信息窗体（student_info）。另外，还设计了两个宏操作。以上的 4 个表、1 个查询及 2 个窗体的设计都不太复杂，但综合应用到了 Access 2003 使用中的各种常用技术，下面将分别讨论。

二、建立数据库

数据库是由表及对表的各种操作组成的，本实例需首先建立一个试题数据库，然后再建立数据库中的各个元素。建立试题数据库的方法是：运行 Access，单击工具栏中的“文件”，在弹出的下拉菜单中选择“新建”，然后选中“空数据库”，进入新的窗口，在“保存位置”列表框中选择即将建立的数据库所在的文件夹，在“文件名”文本框中，输入数据库文件名“学籍管理系统. mdb”。单击“创建”，进入图 2. 1. 1 所示窗口，至此已建立了一个空的试题数据库，下面介绍建立其元素的过程。

1. 建立表

(1) 建立班级信息表(class_info)

① 单击图 2. 1. 1 中的“对象”下面的“表”，再单击“新建”，在出现的窗口中选择“设计视图”，再单击“确定”，打开设计视图对话框，它是本实例中建立表结构的主要窗口。

② 在“字段名称”下面的两行分别输入试题表结构：cno（编号）、class（班级）。

③ 设置字段属性，把“cno” 和“class”右边单元格的“数据类型”设为“文本”。

test：数据库 (Access 2000 文件格式)
打开(O)
设计(D)
新建(N)
对象
表
查询
窗体
报表
使用设计器创建表
使用向导创建表
通过输入数据创建表

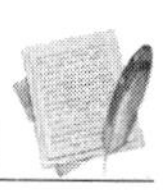

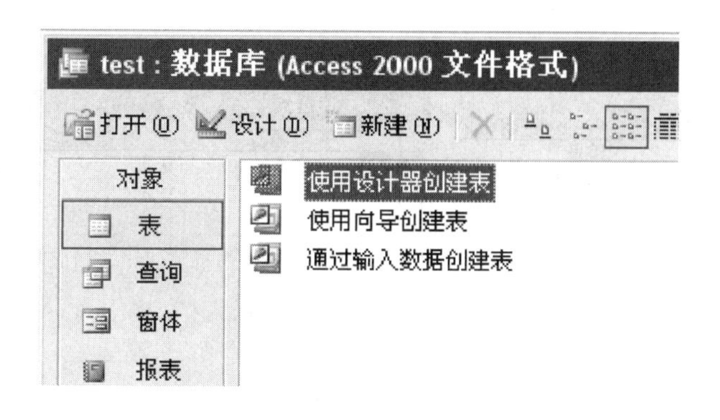

图 2.1.1　表设计截图

④ 设置主键，把"cno"设为"主键"，方法如下：单击"cno"所在的单元格，再单击 Access 中"编辑"菜单中的"主键"选项，设置效果如图 2.1.2 所示。

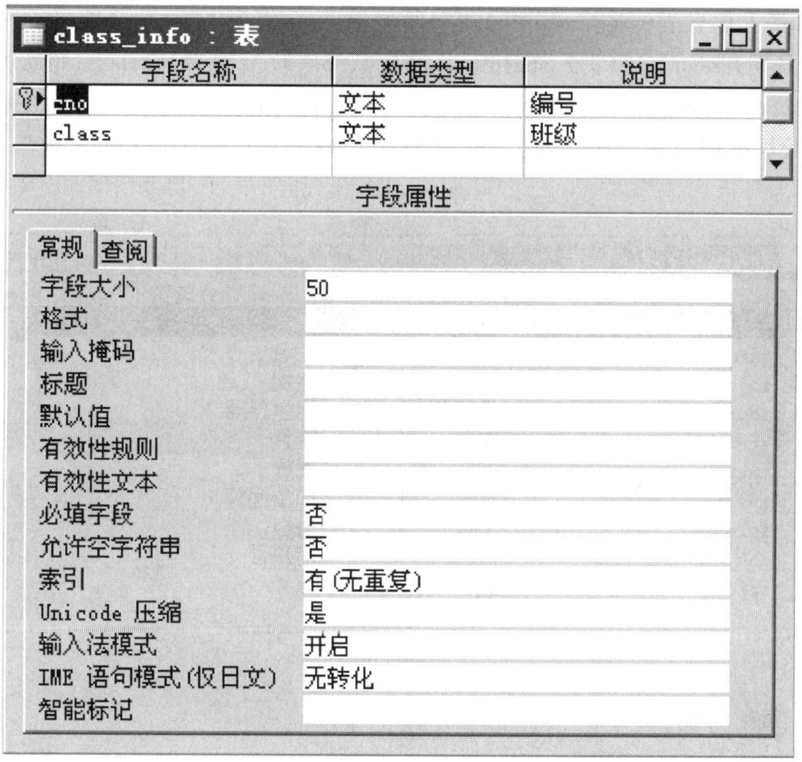

class_info : 表
字段名称
数据类型
说明
cno
文本
编号
class
文本
班级
字段属性
常规
查阅
字段大小
50
格式
输入掩码
标题
默认值
有效性规则
有效性文本
必填字段
否
允许空字符串
否
索引
有(无重复)
Unicode 压缩
是
输入法模式
开启
IME 语句模式(仅日文)
无转化
智能标记

图 2.1.2　"class_info"表设计截图

⑤ 最后，单击工具栏中的"保存"按钮，弹出"另存为"对话框，在文本框中输入"class_info"，再单击"确定"按钮。

(2) 建立民族信息表(national_info)和政治面貌表(political_status)

这两个表的建立方法与班级信息表的建立方法类似。民族信息表(national_info)的字段包括 nno(编号)和 national(民族)，字段类型都为"文本"，主键为 nno。政治面貌表(political_status)的字段包括 pno(编号)和 ps(政治面貌)，字段类型都为"文本"，主键为 pno，如

图 2.1.3 所示。

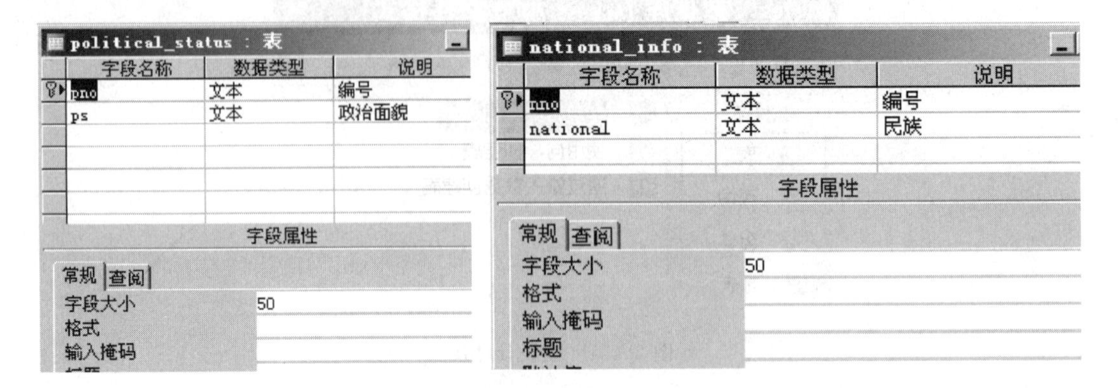

图 2.1.3 "national_info"表和"political_status"表设计截图

(3) 建立学生基本信息表(student_info)

① 学生基本信息表(student_info)的字段包括:sno(学号)、sname(姓名)、ssex(性别)、sbirth(出生日期)、scome(籍贯)、snational(民族)、sps(政治面貌)、sclass(班级)、shk(落户否)、spic(照片),将 sno(学号)设置为主键。sbirth 字段的数据类型设置为"日期/时间",shk 字段的数据类型设置为"是/否",spic 字段的数据类型设置为"OLE 对象",如图 2.1.4 所示。

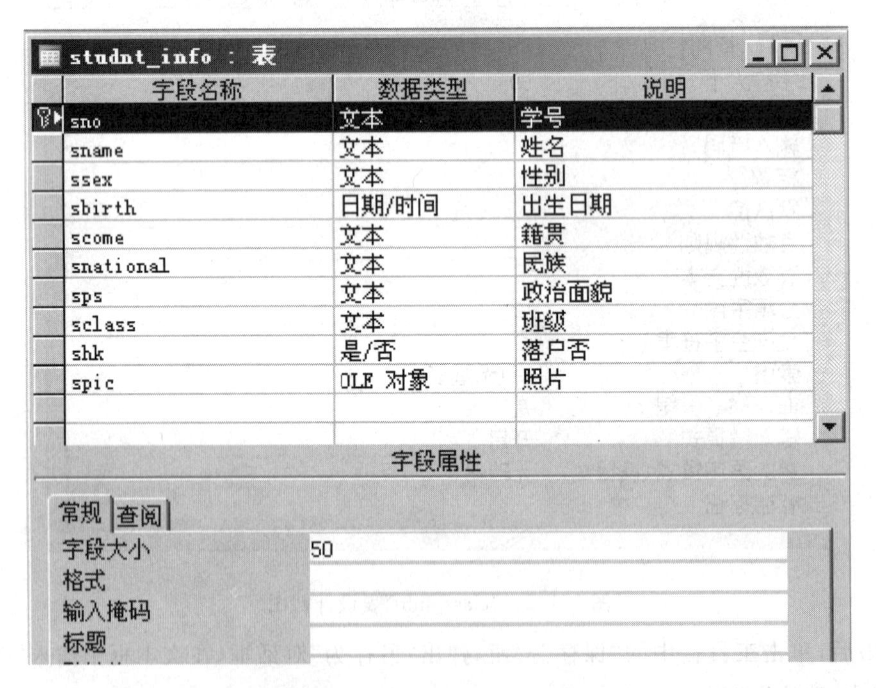

图 2.1.4 "student_info"表设计截图

② 单击"sps"字段,在下面的"字段属性"中选择"查阅"选项卡,在"显示控件"右边的输入框中单击打开下拉菜单,然后选择"组合框",在"行来源类型"右边的输入框中选择"表/查询",在"行来源"右边输入框的右侧灰色部分单击鼠标,如图 2.1.5 所示。

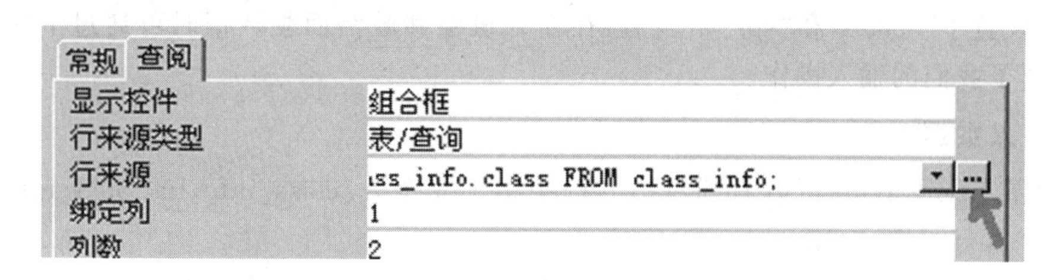

图 2.1.5　“sps”字段属性设计截图

单击图 2.1.5 中箭头所指按钮，将弹出“显示表”对话框，双击“political_status”将政治面貌表添加到查询生成器窗口中，再把“political_status”表中的“pno”、“ps”两个字段分别拖到下面表格中的“字段”右边各单元格中，如图 2.1.6 所示。

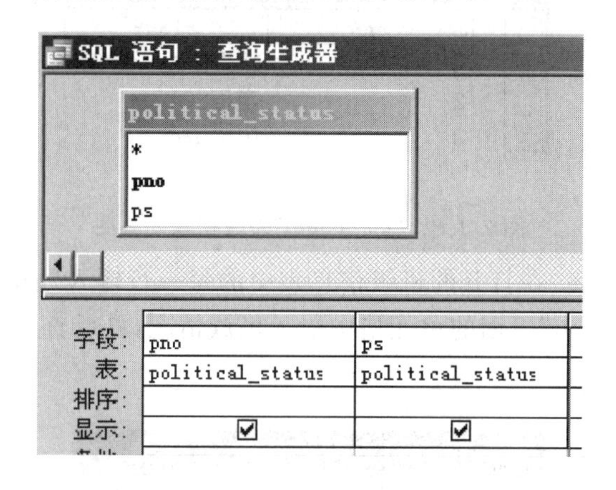

图 2.1.6　查询生成器设计截图

完成以上操作后，关闭“SQL 语句:查询生成器”窗口。

③ 按照同样的方法设置“sclass”字段。只是在“行来源”中选择的是“class_info 表”中的“cno”和“class”字段。设置好的效果如图 2.1.7 所示。

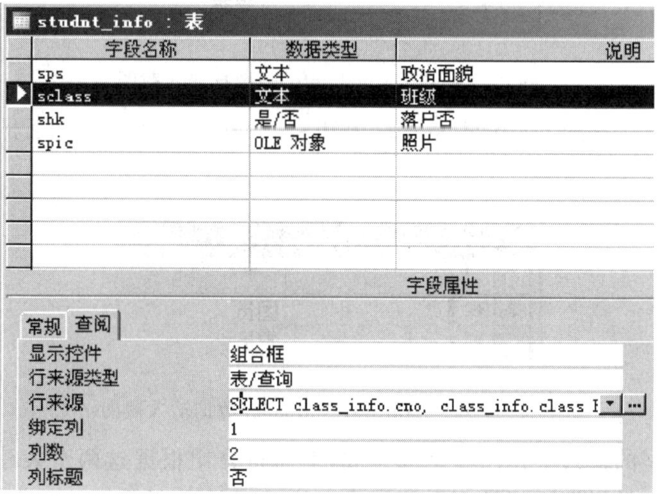

studnt_info : 表

字段名称	数据类型	说明
sps	文本	政治面貌
sclass	文本	班级
shk	是/否	落户否
spic	OLE 对象	照片

字段属性

常规　查阅

显示控件	组合框
行来源类型	表/查询
行来源	SELECT class_info.cno, class_info.class I
绑定列	1
列数	2
列标题	否

图 2.1.7　“sclass”字段属性设计截图

这样设置了"sclass"和"sps"字段后，在输入班级和政治面貌数据时可通过下拉菜单来完成，方便了我们的输入操作。

2. 输入数据

回到图 2.1.1 窗口，可以看到右边方框中多了 4 个表：class_info、national_info、political_status 和 student_info。

双击 class_info 表，在打开的班级信息表中的每一行输入数据：在"cno"下面的单元格中输入班级的序号，在"class"下面的单元格中输入班级名称，最后直接关闭输入窗口（内容自动保存），如图 2.1.8 所示。

class_info : 表

cno	class
1	物理098
2	电信098
3	电子098

图 2.1.8 "class_info"表数据输入截图

双击 national_info 表，在打开的班级信息表中的每一行输入数据：在"nno"下面的单元格中输入序号，在"national"下面的单元格中输入民族情况，最后直接关闭输入窗口（内容自动保存），如图 2.1.9 所示。

national_info : 表

nno	national
1	壮族
2	汉族
3	京族
4	苗族
5	侗族
6	么姥族

图 2.1.9 "national_info"表数据输入截图

按照类似的方法添加 political_status 表和 student_info 表。添加后的效果如图 2.1.10 和图 2.1.11 所示。

political_status : 表

pno	ps
1	团员
2	党员

图 2.1.10 "political_status"表数据输入截图

数据表和数据的输入工作已经全部完成，下面将介绍根据这两个表建立查询的方法和步骤。查询的功能是根据需要从两个综合表中挑选或输入所需要的数据，为建立窗口作数据准备，如图 2.1.11 所示。

student_info : 表

sno	sname	ssex	sbirth	scome	snational	sps	sclass	shk	spic
1	李明	男	1978-4-6	贵港	壮族	团员	电信098	☑	
10	刘选彤	女	1978-9-16	钦州	苗族	团员	物理098	☑	
11	丁元超	男	1978-8-14	河池		党员	物理098	☐	
12	冯伟	男	1978-4-13	山东	京族	团员	电信098	☑	
13	王玉云	女	1979-7-15	百色	汉族	团员	电信098	☑	
14	余刚	男	1979-7-7	贵港	汉族	团员	电子098	☑	
15	张维斌	男	1978-2-14	钦州	壮族	党员	物理098	☑	
16	郭小虎	男	1979-7-14	南宁		团员	物理098	☐	
2	王欢	男	1979-2-15	钦州	汉族	团员	物理098	☑	
3	李文明	男	1979-5-25		京族	党员	物理098	☑	
4	赵静	女	1978-9-10	河池	苗族	团员	电信098	☐	
5	吴杰	男	1978-3-4	百色	汉族	党员	电子098	☐	
6	马金辉	男	1979-4-7	钦州	侗族	团员	电子098	☑	
7	王秀娟	女	1979-6-4		么姥族	团员	物理098	☑	
8	张玉华	女	1979-10-11	百色	壮族	团员	电信098	☐	
9	梅晓莹	女	1979-3-21	南宁	汉族	党员	电信098	☑	

图 2.1.11　“student_info”表数据输入截图

三、建立关联和查询

上面主要介绍了在 Access 中建立学生信息表、班级信息表、民族信息表和政治面貌表，以及向 4 个表中输入数据的方法和步骤。

下面主要介绍建立关联和查询的方法。

1. 建立关联

把 stuednt_info 表与其他 3 个表的相应字段关联在一起，目的是在两个表中使字段相同的记录对应的是同一具体内容，也为建立查询做好准备。建立关联的方法是：单击“工具”菜单下的“关系”选项，再单击“关系”菜单下的“显示表”选项，在打开的窗口中选择所有的 4 个表，单击“添加”，把 4 个表都显示出来，最后单击“关闭”按钮。在显示的 4 个表中，把“student_info”表中的“snational”字段拖到“national_info”表中的“nno” 字段上，在弹出的“编辑关系”对话框中，单击“创建”按钮，这样两表就建立好了关联。

按照相同方法，将 “student_info”表中的“sclass”字段拖到“class_info”表中的“cno” 字段上，把“student_info”表中的“sps”字段拖到“political_status”表中的“pno”、“ps” 字段上，为它们分别创建关联，如图 2.1.12 所示。

2. 建立查询

建立查询的目的是为生成窗体作数据准备及根据学生信息情况在“student_info”表中输入、修改和查询数据。查询对象名称为“student_info_query”，设计方法如下。

在图 2.1.1 窗口中，单击“对象”下面的“查询”选项，再单击“新建”按钮，在打开的“新建查询”窗口中，单击“确定”(使用默认选项：设计视图)，打开“显示表”对话框，将“student_info”表添加到新建查询窗口中。把“student_info”表中的全部 10 个字段分别拖到下面表格中的“字段”右边各单元格中，如图 2.1.13 所示。最后保存此查询，查询名称为“student_info_query”(学生信息查询)。

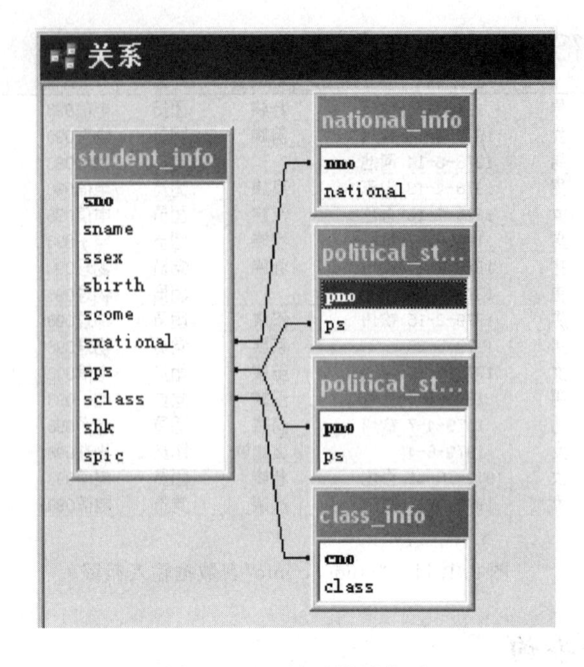

图 2.1.12　关系设计截图

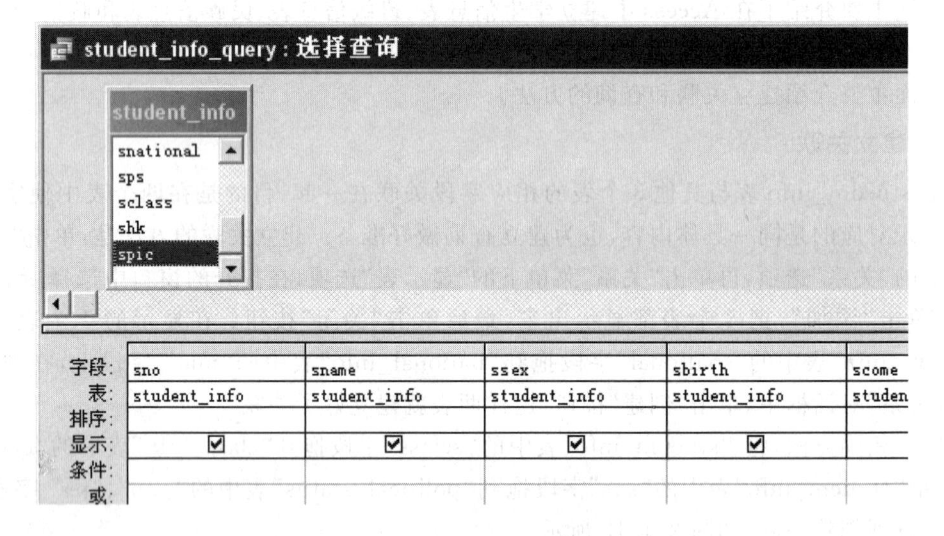

图 2.1.13　查询设计截图

四、建立报表和窗体

前面两部分主要介绍了建立表及查询的方法和步骤，它们是为窗口设计作数据准备的，下面将介绍报表和窗口设计的具体步骤。

1. 建立报表

报表能够以更加直观的形式显示学生信息，下面介绍报表设计的具体步骤。

① 第一步：在数据库主窗口左侧单击“报表”按钮，然后在右侧双击“使用向导创建报

表”打开向导窗口。在“表/查询”下拉列表中选中“表：student_info”，然后单击中间的“＞＞”按钮将“可用字段”中的所有字段都加到“选定的字段”中，如图 2.1.14 所示。

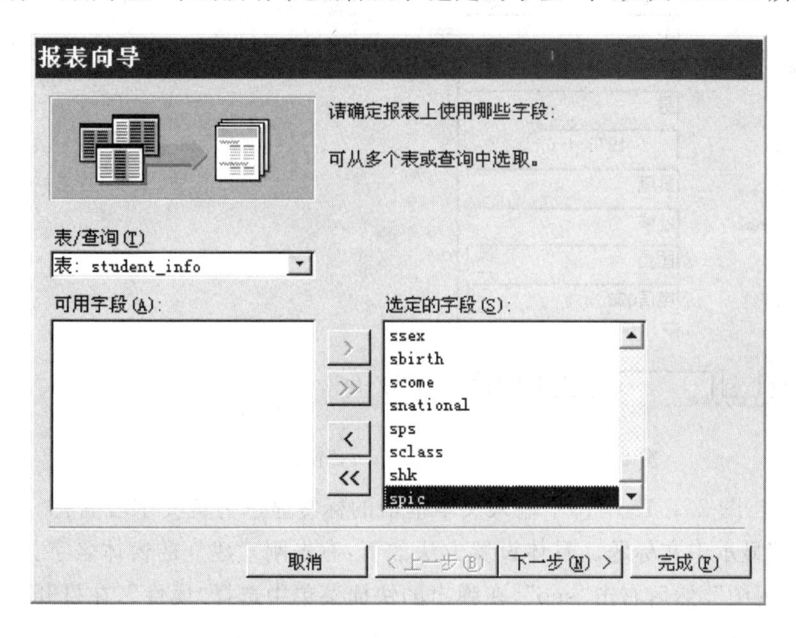

图 2.1.14　报表向导截图

② 第二步：按提示单击“下一步”5 次，在此过程中将”布局”设置为“纵栏表”，“所用样式”选择“组织”，最后为报表指定标题使用默认的“student_info”即可。

2. 建立窗体

此次系统的设计中共有两个窗体，现分别做详细说明。

(1) 学生信息查询窗体

用窗体给数据穿上漂亮的外衣，当需要输入的数据量很大时，直接在表格中输入既不方便也容易出错。这时可借助 Access 的窗体功能，使数据输入更为直观、方便，具体操作步骤如下。

① 第一步：在数据库主窗口左侧单击“窗体”按钮，然后在右侧双击“使用向导创建窗体”打开向导窗口。在“表/查询”下拉列表中选中“查询：student_info_query”，然后单击中间的“＞＞”按钮将“可用字段”中的所有字段都加到“选定的字段”中。

② 第二步：单击“下一步”，接下来的窗口用来设置窗体的排列方式，这里就选择“纵栏表”。再单击“下一步”，选择窗体的显示样式，笔者觉得“标准”样式比较好看，所以选择了该项。继续单击“下一步”，为窗体指定一个标题，这里用默认的“student_info_query”就可以了。最后单击“完成”按钮，结束窗体的创建。

③ 第三步：默认情况下创建完成后窗体会自动打开，就可以输入数据了。也可以在数据库主窗口的“窗体”项中，双击刚才建立的窗体打开它，如图 2.1.15 所示。按 Tab 键、回车键、上下左右箭头键可以在各个输入框中快速切换。输入完一条记录后，会自动进入下一条记录，也可以通过它下面的多个导航按钮在所有的记录中进行浏览、修改。

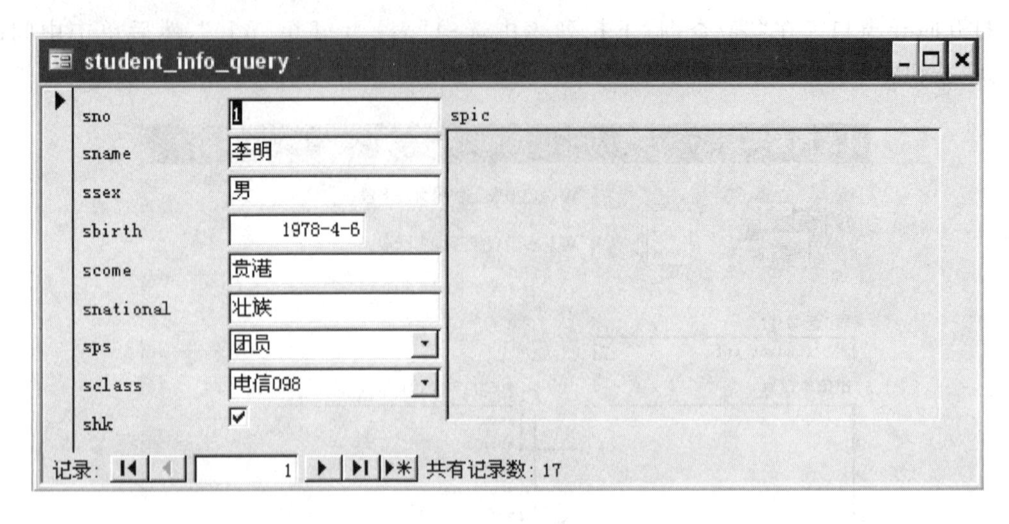

图 2.1.15 “student_info_query”窗体设计截图(一)

④ 第四步:图 2.1.15 中每个输入文本框前的标签显示为英文字段名称,我们可以通过修改窗体使其显示中文标题。具体设置方法如下:右击刚才建立的窗体名字,在弹出的菜单中选择“设计视图”.然后右击“sno”,在弹出的快捷菜单中选择“属性”,在打开的“属性”窗口中再单击“全部”标签,把“标题”设为“学号”,如图 2.1.16 所示。按照相同的方法将其他几个英文标题也修改成中文,如图 2.1.17 所示。

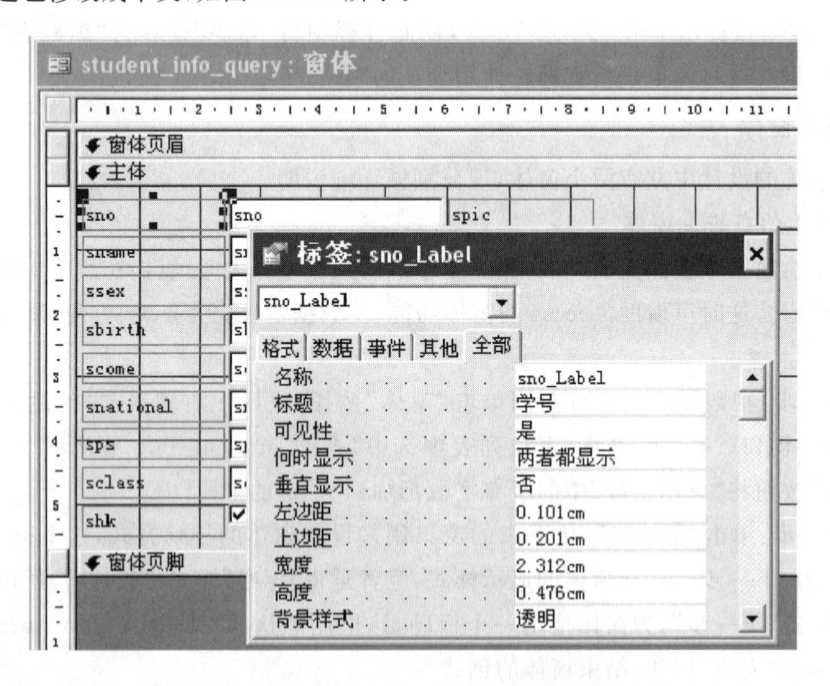

图 2.1.16 “student_info_query”窗体设计截图(二)

⑤ 第五步:可调整一下窗体中文字和文本框的位置,使窗体更加美观。也可以添加退出按钮,方便查看完毕关闭窗体。

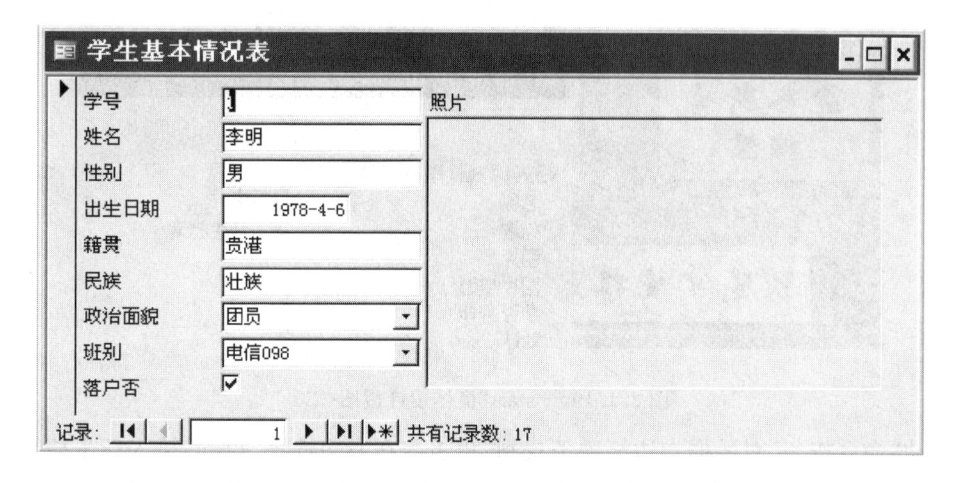

图 2.1.17　“student_info_query”窗体设计截图(三)

(2) 建立启动窗体

① 第一步:在数据库主窗口左侧单击“窗体”按钮,然后在右侧双击“在设计视图创建窗体”,打开窗体设计窗口。

② 第二步:从左侧的工具菜单中拖拽 6 个“命令按钮”到窗体中,“标题”分别命名为输入新生档案、查询学生档案、修改学生档案、预览学生报表、打印学生报表、退出系统。将 6 个按钮排列到合适的位置使窗口比较美观。在窗体中间上部位置拖入一个“标签”,输入文字“学生档案管理”,调整其字体和颜色使其更加好看,同时可以修改窗体背景颜色等。设计好后关闭并将窗体命名为“start”。效果如图 2.1.18 所示。

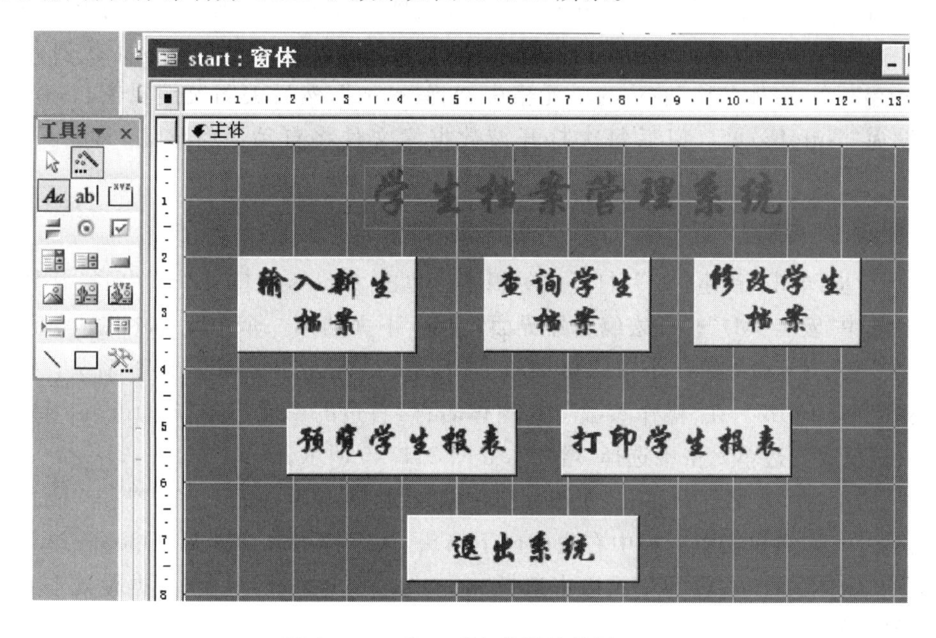

图 2.1.18　“start”窗体设计截图(一)

③ 第三步:右键单击“输入新生档案”,在弹出的菜单中选择“属性”,弹出“命令按钮对话框”,选中“全部”选项卡,将“名称”设置为“命令 1”,如图 2.1.19 所示。

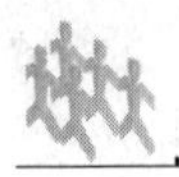

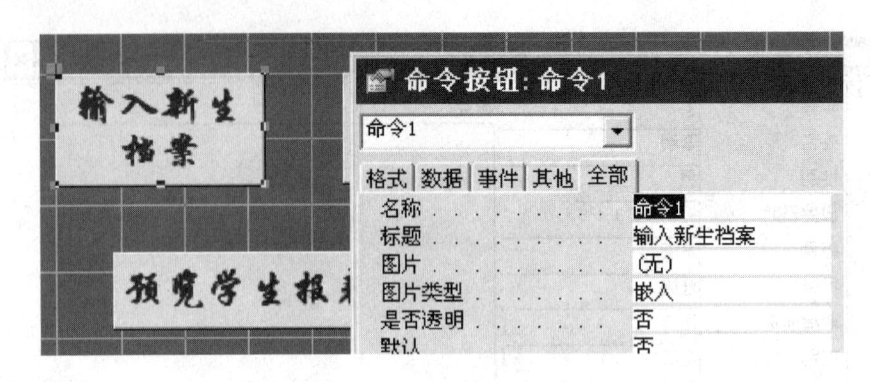

图 2.1.19 “start”窗体设计截图(二)

滚动“命令按钮”对话框右边滚动条找到“单击”,在右边选择“启动.输入新生档案”。

④ 第四步:(该过程需要创建好“启动”宏以后完成)按照相同的方法将剩余的修改学生档案、查询学生档案、打印学生档案、退出系统、预览学生报表5个按钮的“名称”修改为:命令2、命令3、命令4、命令5、命令6。同时,分别修改其他5个按钮的“单击”内容为:“启动.修改学生档案”、“启动.查询学生档案”、“启动.打印学生档案”、“启动.退出系统”、“启动.预览学生报表”。

五、建立宏

1. 创建宏“AutoExec”

在数据库主窗口左侧单击“宏”按钮,然后在右侧上部单击“新建(N)”,打开宏编辑器。在“操作”下面的第一个单元格中单击,再单击单元格中右边的向下箭头,从下拉列表中选择“OpenForm”,在“窗体名称”右边的单元格中选择“start”,然后关闭宏编辑窗口,保存宏将宏名称设为“AutoExec”。以后每次打开该数据库文件将自动运行该宏,即打开“start”窗体。

2. 创建宏“启动”

① 第一步:单击“新建(N)”,打开宏编辑器。单击Access窗口菜单栏中的“视图”,在下拉菜单中选中“宏名(M)”。在宏编辑器界面“宏名”下面的第一个单元格中输入“输入新生档案”,在“操作”下面的第一个单元格中单击,再单击单元格中右边的向下箭头,从下拉列表中选择“OpenForm”,在“操作参数”中“窗体名称”右边的单元格选择“student_info_query”,在数据模式右边单元格中选择“增加”,如图2.1.20所示。

② 第二步:在“宏名”下面第二个单元格中输入“修改学生档案”,在“操作”下面的第二个单元格中单击,再单击单元格中右边的向下箭头,从下拉列表中选择“OpenForm”,在“操作参数”中“窗体名称”右边的单元格中选择“student_info_query”,在“数据模式”右边单元格中选择“编辑”。

在“操作”下面的第三个单元格中单击,从下拉列表中选择“SetValue”,在“操作参数”中“项目”右边单元格输入“[Forms]![student_info_query].[AllowAdditions]”,如图2.1.21所示。

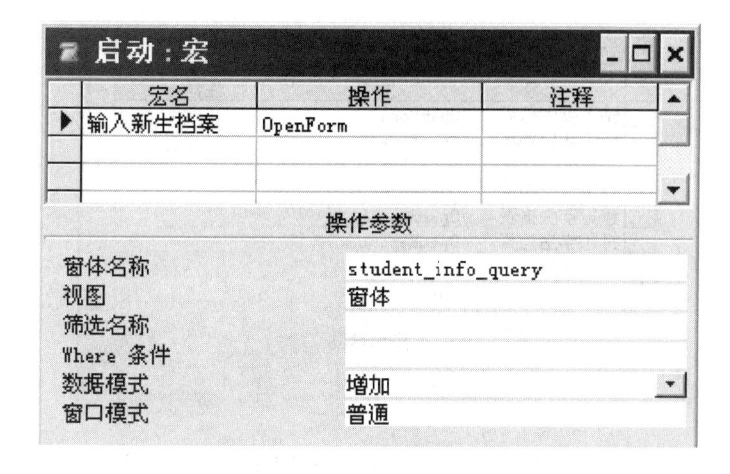

图 2.1.20 “启动”宏设计截图(一)

图 2.1.21 “启动”宏设计截图(二)

③ 第三步：在“宏名”下面第四个单元格中输入“查询学生档案”，在“操作”下面的第四个单元格中单击，从下拉列表中选择“OpenForm”，在“操作参数”中“窗体名称”右边的单元格中选择“student_info_query”，在“数据模式”右边单元格中选择“只读”。

④ 第四步：在“宏名”下面第五个单元格中输入“预览学生报表”，在“操作”下面的第五个单元格中单击，从下拉列表中选择“OpenReport”，在“操作参数”中“报表名称”右边的单元格中选择“student_info”，在“视图”右边单元格中选择“打印预览”。

⑤ 第五步：在“宏名”下面第六个单元格中输入“打印学生报表”，在“操作”下面的第六个单元格中单击，从下拉列表中选择“OpenReport”，在“操作参数”中“报表名称”右边的单元格中选择“student_info”，在“视图”右边单元格中选择“打印”。

⑥ 第六步：在“宏名”下面第七个单元格中输入“退出系统”，在“操作”下面的第七个单元格中单击，从下拉列表中选择“Beep”，在“操作”下面的第八个单元格中单击，从下拉列表中选择“Quit”，在“操作参数”中“选项”右边的单元格中选择“提示”，如图 2.1.22 所示。

⑦ 第七步：关闭宏编辑窗口，保存宏将宏名称设为“启动”。

至此，小型学籍管理系统制作完成。以后每次打开该数据库文件，将弹出如图 2.1.23 所示界面，可以通过单击上面的按钮完成相应的操作。

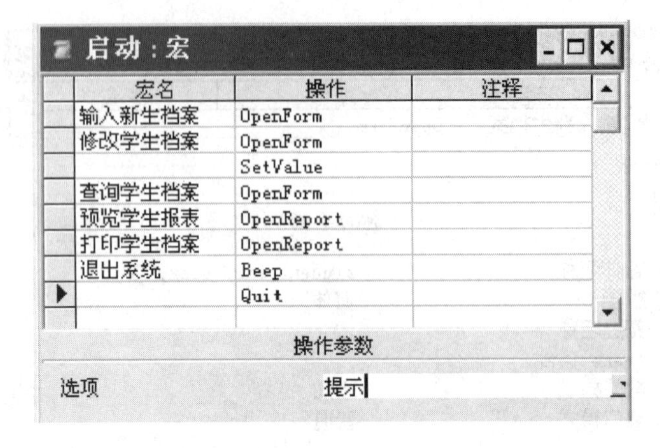

图 2.1.22 “启动”宏设计截图(三)

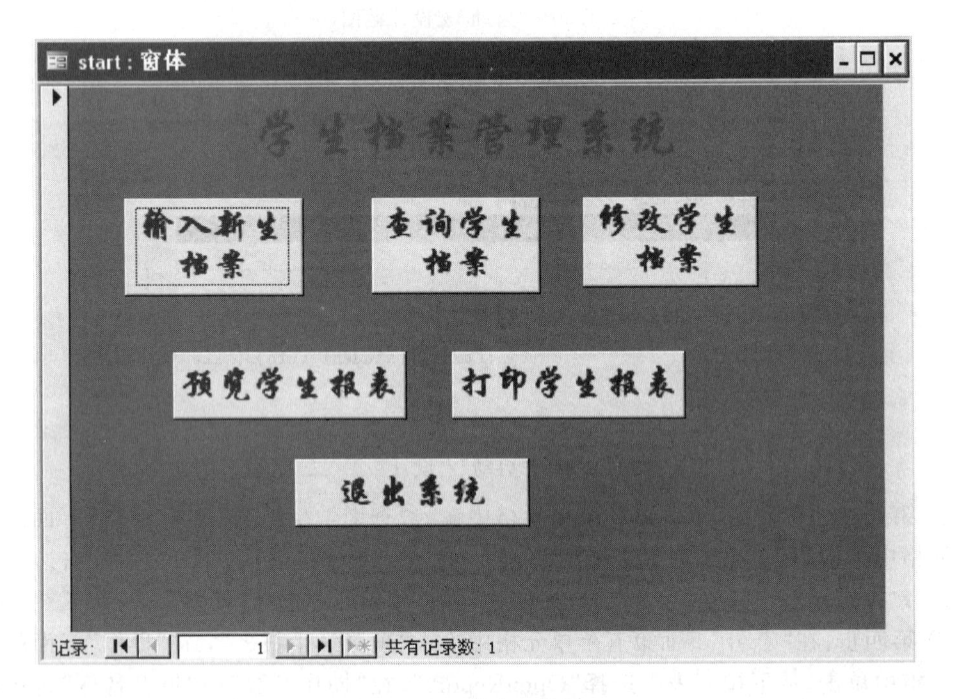

图 2.1.23 启动运行界面

案例二　Access职工管理信息系统

通过前面的学习，已经逐步掌握了Access数据库各对象的设计与应用方法，本章将完成"职工管理信息系统"数据库的设计、集成、发布，实现一个简单的"职工管理信息系统"。

一、系统分析

"职工管理信息系统"是企业最基本的人事管理系统。虽然它不能与大型数据管理库系统媲美，但它作为大型人事管理系统的瘦身板，拥有了绝大部分功能。用户可以通过该系统，管理企业内部职工的档案；进行人事考勤，准确无误地记录职工的出勤情况；全自动生成企业职工的工资表，使企业的工资与考勤紧密结合，从而减少企业在人员管理的花费，提高企业效益。

本系统的主要功能包括：

① 职工档案资料管理；

② 考勤管理；

③ 工资管理。

职工档案管理模块的主要作用是保存职工的个人档案、个人简历，并详细记录职工的工作调动情况。所有的职工资料，都可以用多种方式进行查询。

考勤管理模块的作用是对企业内部的职工进行出勤考核，为了减轻考勤人员的工作量，只记录职工迟到、旷工的记录。

工资管理模块可以对职工的工资进行设定，结合考勤管理部分的数据，自动生成工资表，并提供工资条的打印功能。

这个"职工管理信息系统"的实现，将以最常用的方法来讲解数据库、表、查询、报表等内容的创建，其他的方法都是大同小异地利用向导来创建的。

二、实用数据库的创建

1. 创建数据库

(1) 启动Access 2003，将弹出如图2.2.1所示的对话框，现在我们是要创建新的数据库，而不是要打开数据库，所以在弹出的对话框中选择"空数据库"。

(2) 单击"确定"按钮，Access 2003将会弹出如图2.2.2所示"文件新建数据库"对话框，首先要选择数据库文件的保存位置，可以使用资源管理器一样的方法来选择路径，如图2.2.3所示，然后在对话框的"文件名"组合框中输入"职工管理信息系统"，最后单击"创建"按钮，"职工管理信息系统"的数据库就创建完成。

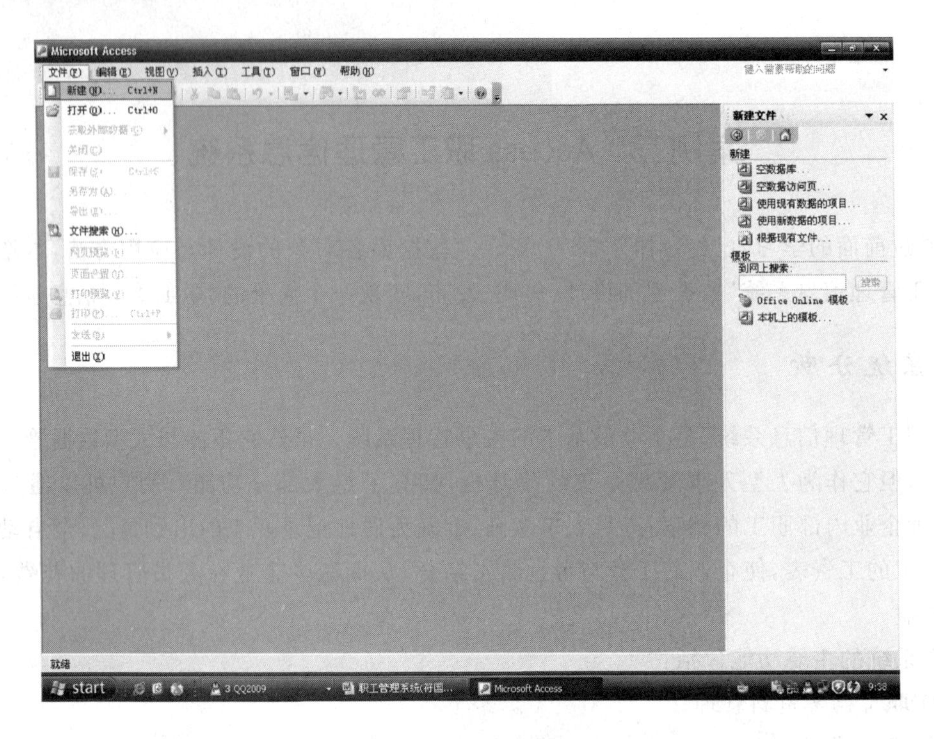

图 2.2.1 选择“空数据库”

图 2.2.2 “文件新建数据库”对话框

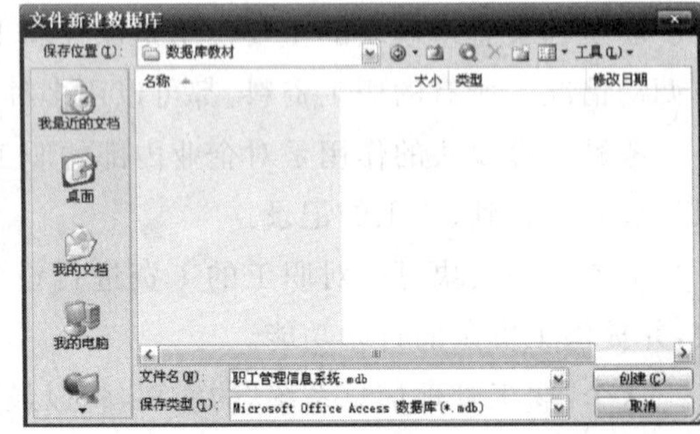

图 2.2.3 用资源管理器来选择路径

(3) 创建好的数据库打开时如图 2.2.4 所示，用户可以在左边选中所需要创建的对象，然后单击“新建”按钮，就可以创建所需要的对象。

2. 创建数据

根据本系统要实现的功能，我们要建立如下所述的各数据表。

① 职工基本信息：存放职工的基本信息，例如，姓名、出生日期、所在部门、职务等。

② 调动信息：存放职工的调动情况。

③ 工资：存放职工每月的工资清单信息。

④ 考勤信息：记录职工的加班、迟到、旷工、早退等。

⑤ 部门表：存放部门信息，例如，部门名称、编号。

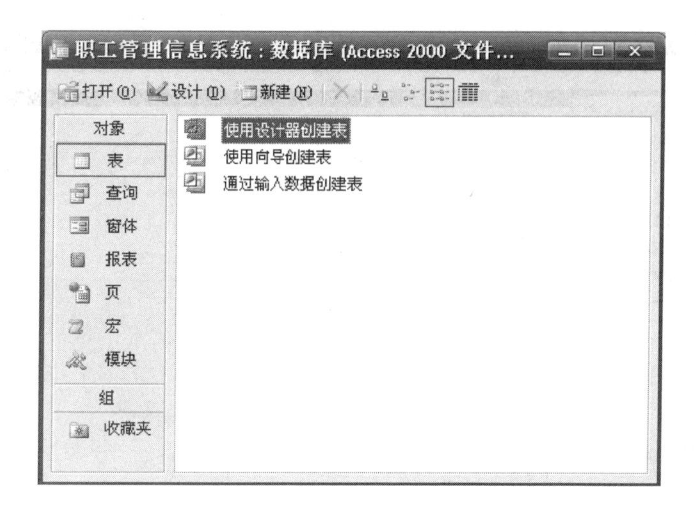

图 2.2.4　选中所需要创建的对象窗口

创建本系统中“基本信息表”的步骤如下。

(1) 选择“对象|表|使用设计器设计表”,如图 2.2.5 所示。

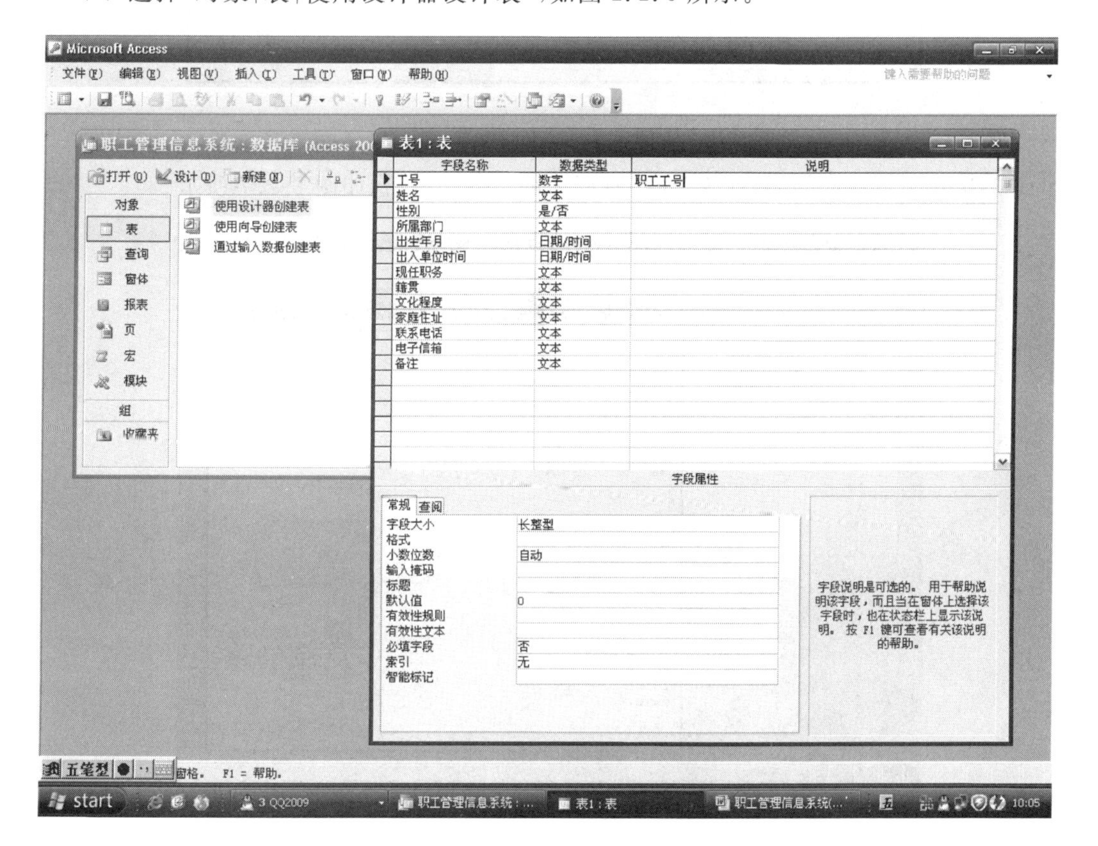

图 2.2.5　表结构设计

(2) 填写好“字段名称”,选择好“数据类型”,写好“备注”。

(3) 右击“工号”字段,选择“主键”,如图 2.2.6 所示。

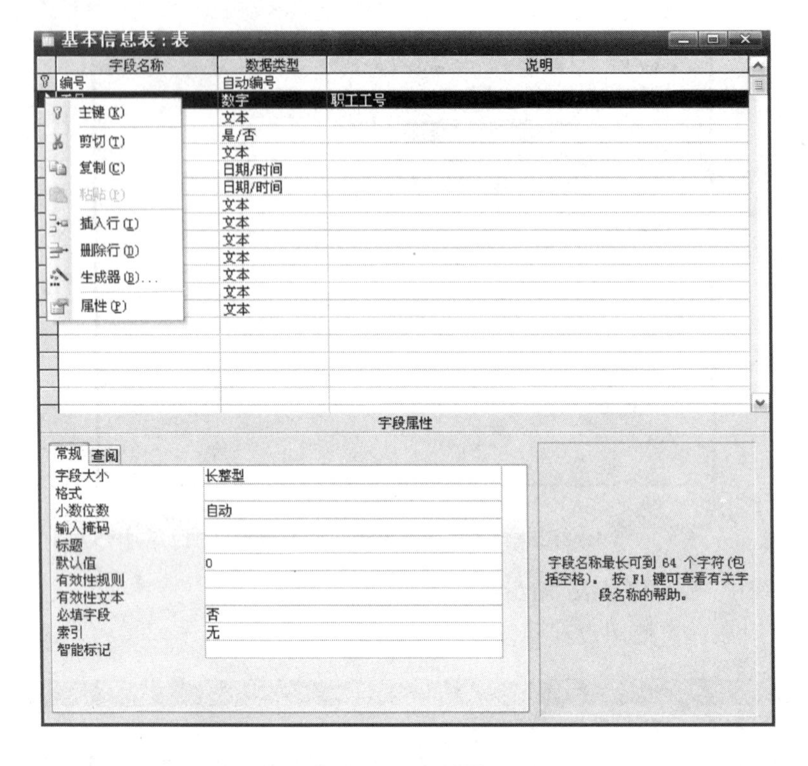

图 2.2.6　主键设置

(4) 选择菜单栏内的“另存为”或工具栏内的“保存”按钮，如图 2.2.7 所示。

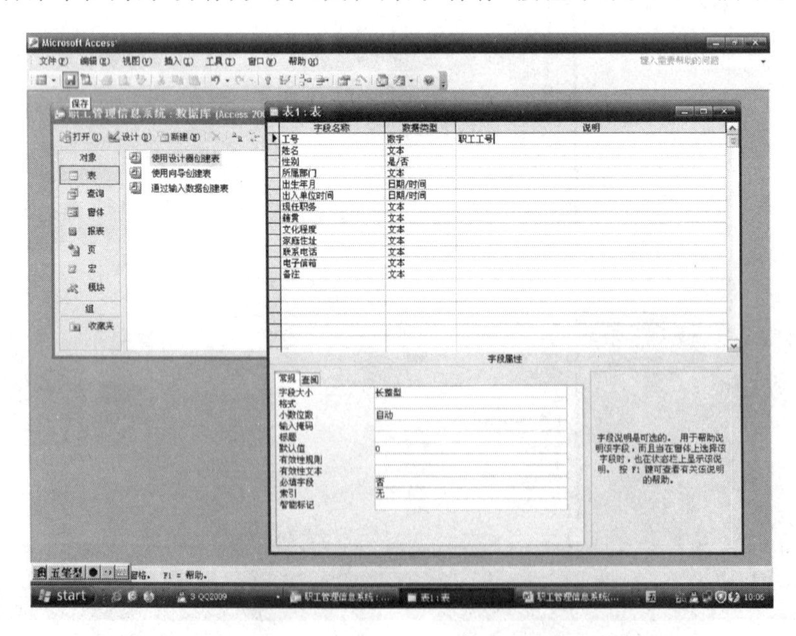

图 2.2.7　保存

(5) 在弹出的“另存为”对话框内的表名称下输入“基本信息表”后选择“确定”，如图 2.2.8 所示。

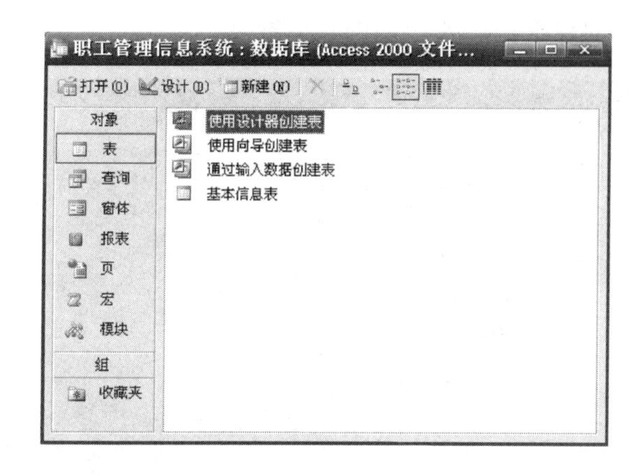

图 2.2.8　输入表名称

(6) 如图 2.2.9 所示，在“是否保存对表‘基本信息表’的设计的更改?”对话框内选择“是”，到此第一张表就完成了，结果如图 2.2.10 所示。

图 2.2.9　保存对表的更改

图 2.2.10　基本信息表结果

现有“数据表”如何修改与打开步骤如下。

(1) 如图 2.2.11 所示，右击“基本信息表”选择“设计视图”，结果如图 2.2.12 所示，进入设计状态，此时可按新的要求进行修改(注意:最好在表内没有输入数据前修改)。

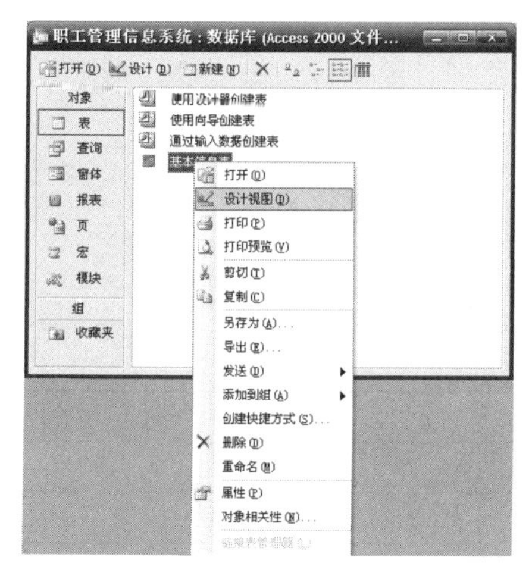

图 2.2.11　打开表设计视图

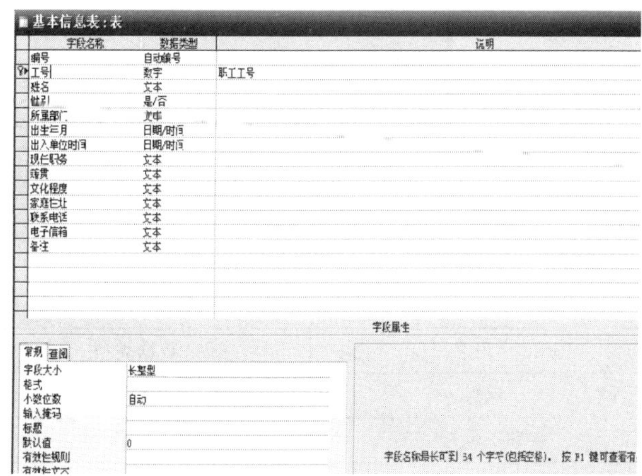

图 2.2.12　修改表结构

(2) 同样如图 2.2.11 所示，右击“基本信息表”选择“打开”，结果如图 2.2.13 所示，这时可以在表内按表设计的要求输入要用到的具体数据。

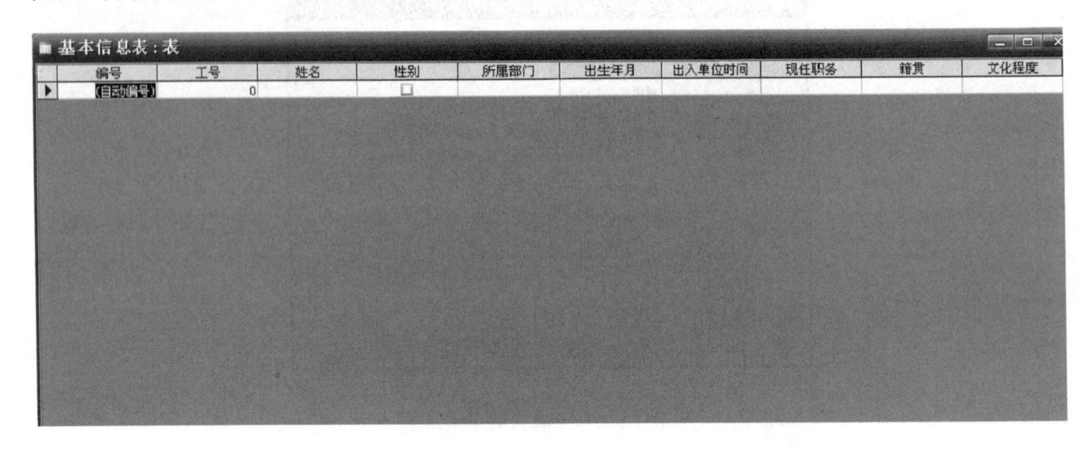

图 2.2.13　在表中输入数据

(3) 可以按“基本信息表”类同的方法，分别设计好部门表、调动表、工资表、考勤表，如图2.2.14所示。各表的具体结构如表 2.2.1～表 2.2.4 所示。

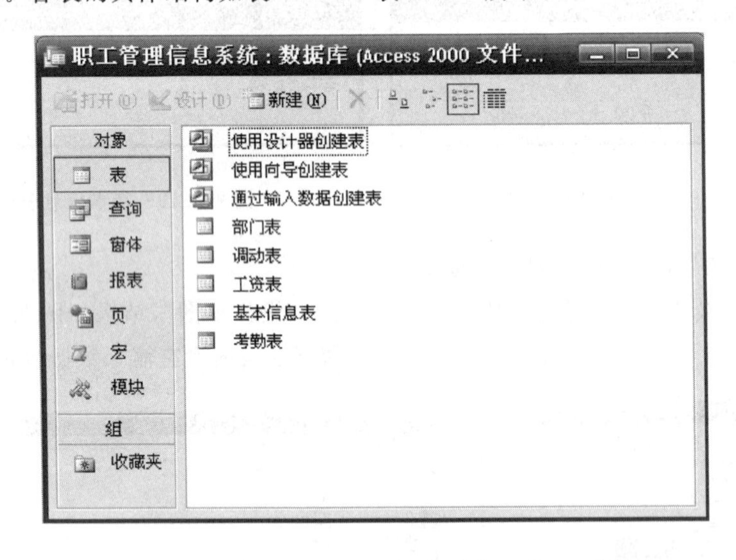

图 2.2.14　基本信息表、部门表、调动表、工资表、考勤表

表 2.2.1　调动表

字段名	数据类型	说　明
编号	自动编号	编号
职工编号	数字	职工编号
姓名	文本	姓名
调动日期	时间/日期	工作调动时间
调动原因	文本	工作调动原因

表 2.2.2　出勤表

字段名	数据类型	说　明
编号	自动编号	编号
日期	日期/时间	考勤日期
职工编号	数字	职工编号
姓名	文本	职工姓名
部门	文本	部门
出勤情况	文本	出勤情况

表 2.2.3　工资表

字段名	数据类型	说　明
编号	自动编号	记录编号
年月	时间/时期	工资发放的月份
职工编号	数字	职工编号
姓名	文本	职工姓名
部门	文本	职工部门
基本工资	货币	职工基本工资
加班费	货币	加班费
奖金	货币	奖金
缺勤扣款	货币	缺勤扣款
税款	货币	税款

表 2.2.4　部门表

字段名	数据类型	说　明
部门编号	数字	表示部门的编号
部门名称	文本	部门名称
备注	文本	记录其他信息

三、查询的设计

1. 创建参数查询

下面以创建本系统中“职工基本信息按编号查询”，来详细讲解“参数查询”是如何创建的。

(1) 利用前面介绍的方法建立一个关于职工基本信息的简单查询，如图 2.2.15 所示，选择“对象|查询|在设计视图中创建查询”。

(2) 如图 2.2.16 所示，在显示表对话框的表卡下选择“基本信息表”并选择“添加”，如图 2.2.17 所示。

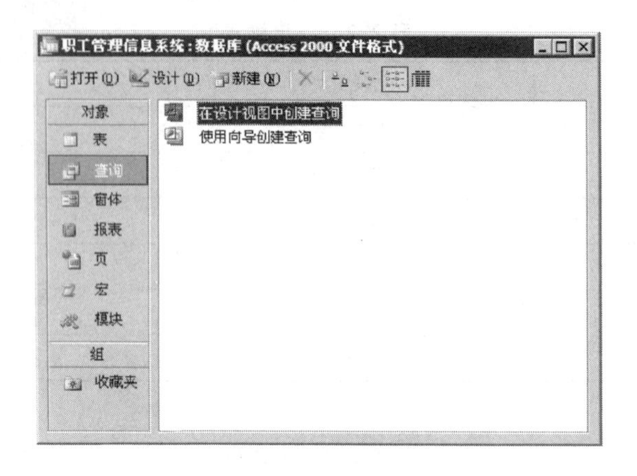

图 2.2.15　在设计视图中创建查询

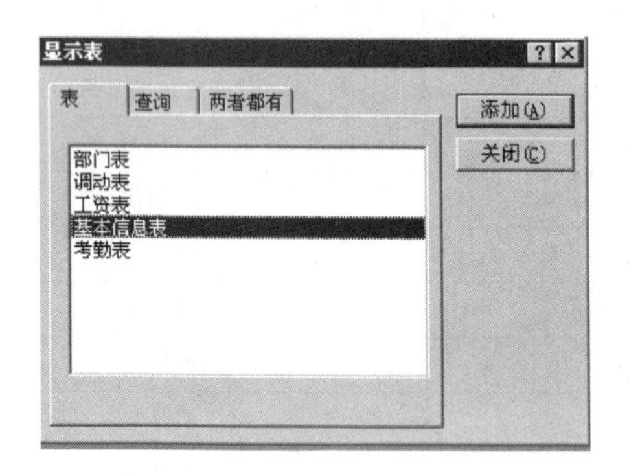

图 2.2.16　显示表对话框

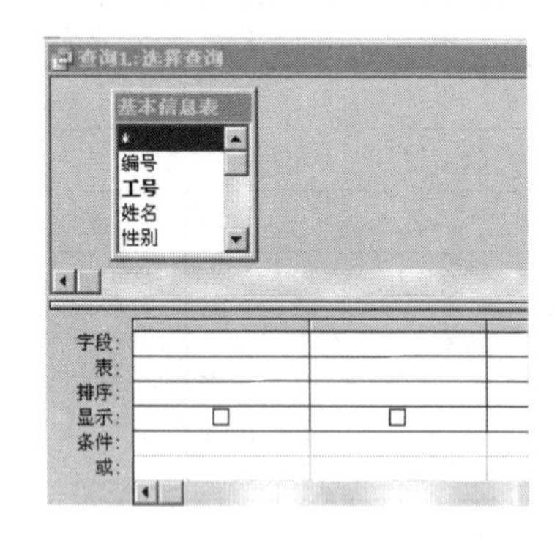

图 2.2.17　添加基本信息表

(3) 按要求把在查询中要显示的字段选择好，并在“编号”字段对应的设计网格的“条件”栏中，输入“[请输入职工编号:]”，如图 2.2.18 所示。

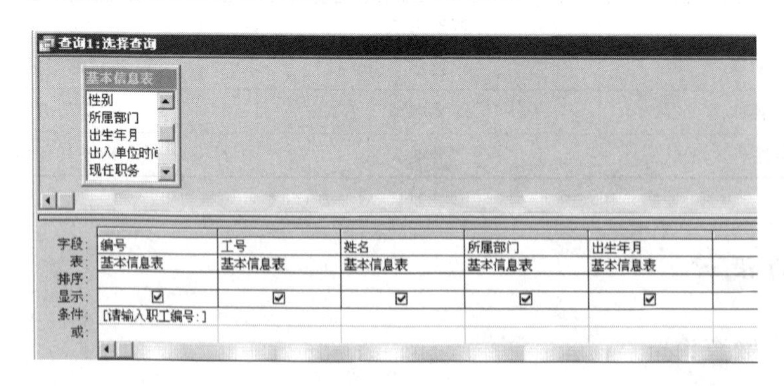

图 2.2.18　在条件栏中输入信息

(4) 如图 2.2.19 所示，选择“文件|另存为”，在查询名称下输入“职工基本信息按编号查询”并单击确定，结果如图 2.2.20 所示。

(5) 在图 2.2.20 中双击“职工基本信息按编号查询”并输入职工编号为 6 后单击“确定”，如图 2.2.21 所示，结果如图 2.2.22 所示。

图 2.2.19　输入查询名称

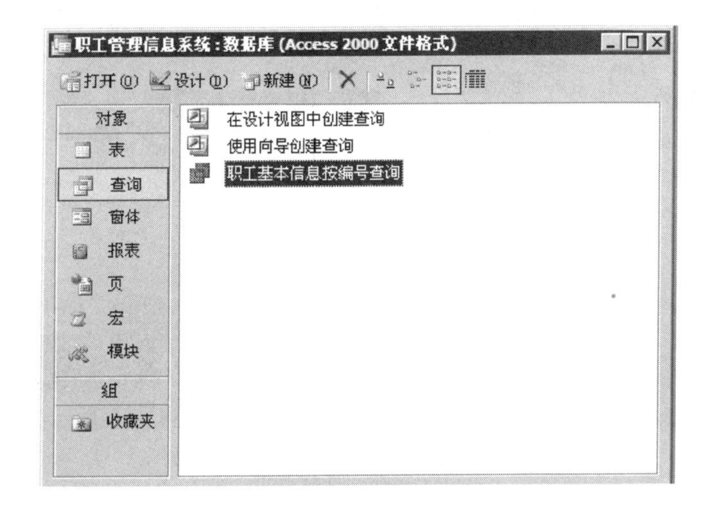

图 2.2.20　查询设计结果

图 2.2.21　输入参数值

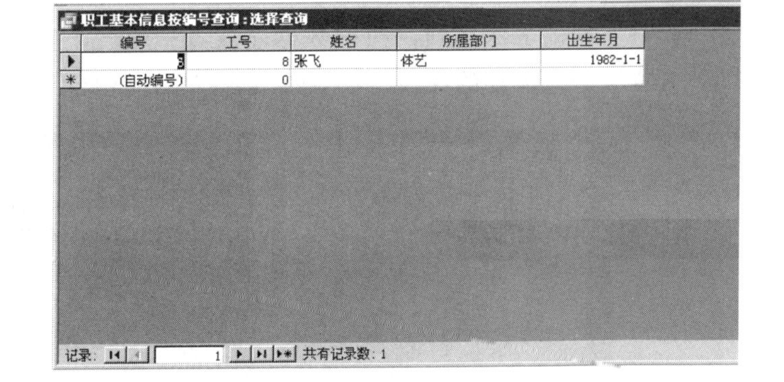

图 2.2.22　系统自动查出职工的信息窗口

参数查询中，如果要进行模糊查询，则可以使用“LIKE”运算符，例如，按职工的姓氏来查找职工的基本信息，可以在“姓名”字段对应的“条件”网格中输入“LIKE[请输入职工的姓氏]&‘*’”，则可以搜出姓名以特定的字符开始的职工信息；如果在“姓名”字段对应的条件网格中输入“LIKE *&[请输入职工的姓氏]”，则可以搜出姓名中包含特定的字符的职工信息。这里的“*”代表任意数目的字符，“&”表示字符连接运算符。

2. 创建操作查询

操作查询包括删除查询、更新查询、追加查询和生成查询。下面就以实例来讲解操作查询在本系统中的运用。

(1) 生成表查询

它实际上是将查询出来的数据以表的形式保存起来。下面利用生成表查询将所有的女职工的信息保存一张新表。

① 利用前面的方法创建一个选择查询，查出所有的女职工的信息，并进入该查询的设计视图中，如图 2.2.23 所示。

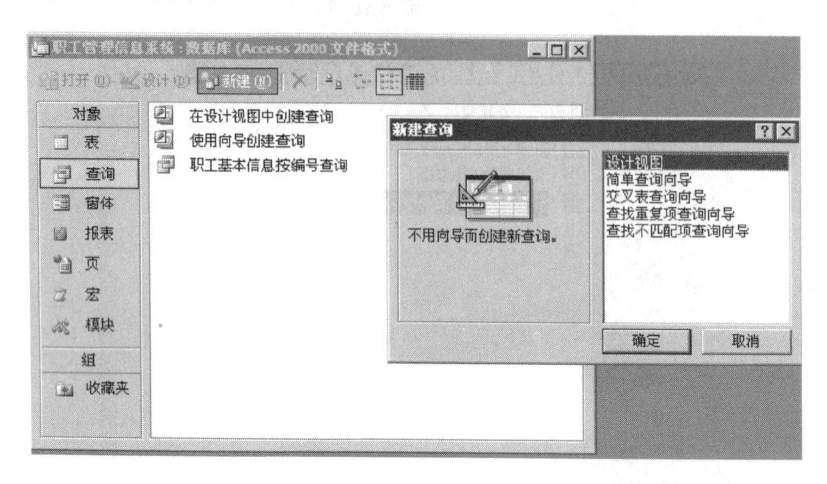

图 2.2.23　新建查询

② 在“女职工基本信息”查询的设计视图状态下，如图 2.2.24 所示，选择“查询”菜单中的“生成表查询”命令，在 Access 弹出的“生成表”对话框输入生成表的表名称，如“女职工信息”。选择将新的表保存到当前的数据库或者另外一个数据库中，若保存到另外的数据库中，则还需要输入文件的保存路径，这里选择“当前数据库”。

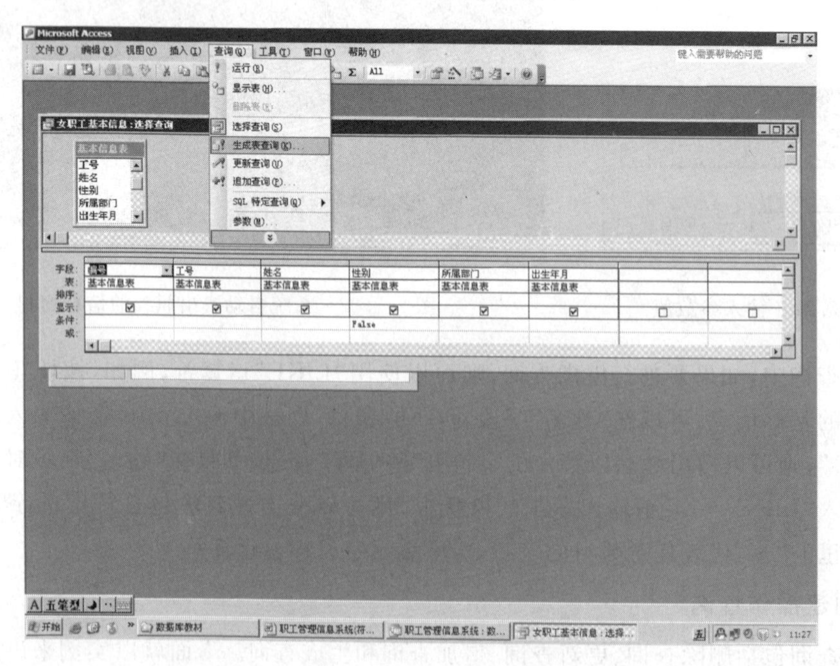

图 2.2.24　生成表查询

③ 单击“确定”按钮，并关闭该查询的设计视图。

④ 这时我们刚才修改过的查询的图标会有变化，双击该查询会弹出如图 2.2.25 所示的对话框，提示将创建一个新表，单击“是”按钮，完成生成表查询操作，如图 2.2.26 所示。切换到“表”对象窗口中会看到新生成的“女职工基本信息”表，如图 2.2.27 所示，打开表数据显示如图 2.2.28 所示。

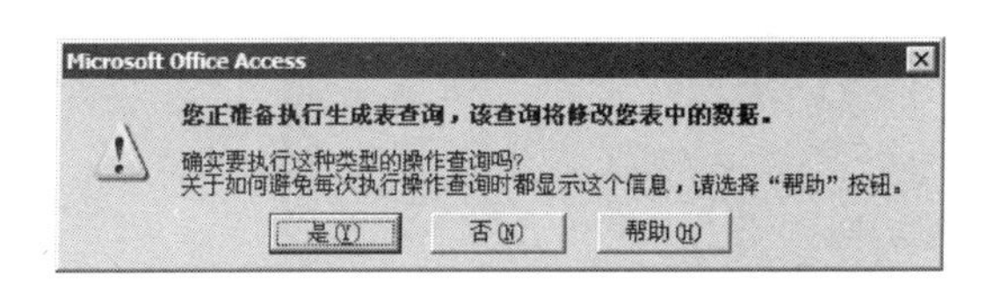

图 2.2.25　提示创建一个新表

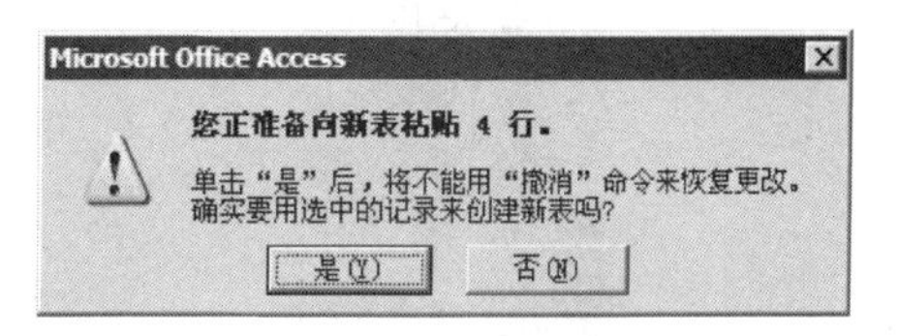

图 2.2.26　生成数据

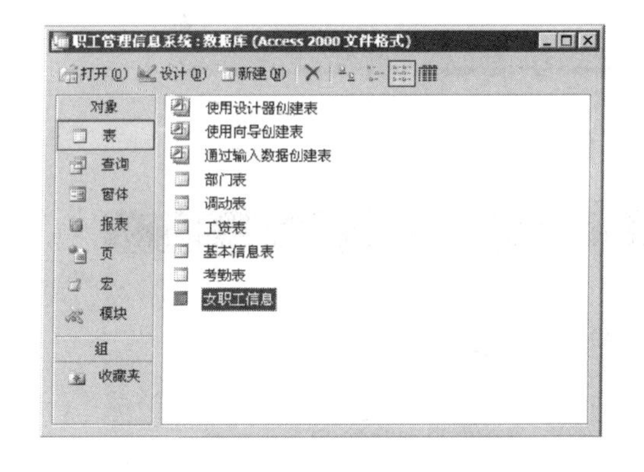

图 2.2.27　生成表结果

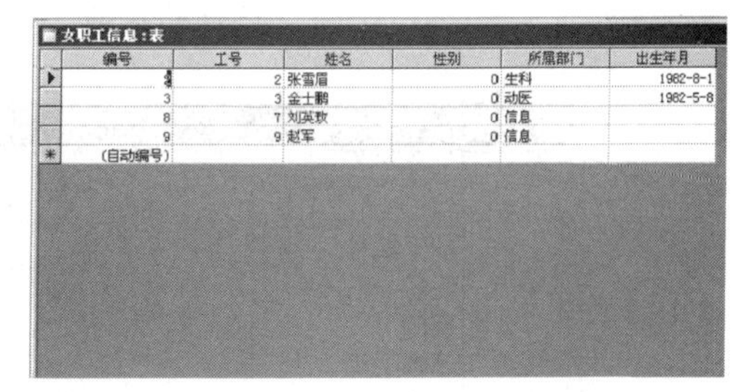

女职工信息：表

编号	工号	姓名	性别	所属部门	出生年月
2	2	张雪眉	0	生科	1982-8-1
3	3	金士鹏	0	动医	1982-5-8
8	7	刘英玫	0	信息	
9	9	赵军	0	信息	
(自动编号)					

图 2.2.28　生成表内的数据

(2) 更新查询

更新查询可以对一张或多张表中的记录进行批量更新。下面以更新职工工资为例说明更新查询，具体操作步骤如下。

① 在数据库窗口中选择“查询”对象后，双击“在设计视图中创建查询”，如图 2.2.29 所示。

② 在“显示表”对话框中把“工资”表加到查询的设计窗体中。

③ 选择“查询”菜单中的“更新查询”命令，则在查询设计网格中出现了“更新到”网格，如图 2.2.30 所示，选择“加班费”字段添加到设计网格中，并在“更新到”网格中输入“120”，在条件栏中输入“[加班费]<100”，这里的意思是将所有职工加班费“少于 100 元”，更改为 120 元。

④ 关闭查询设计视图，然后双击运行刚才创建的更新查询，Access 会弹出对话框，单击“是”按钮，整个更新查询就创建完成。打开工资表就可以看到数据已被修改。

(3) 追加查询

追加查询会在数据表中进行追加记录，通常利用追加查询实现记录的批量追加。下面将所有的男职工基本信息追加到前面利用生成表查询创建的“女职工基本信息”表中。

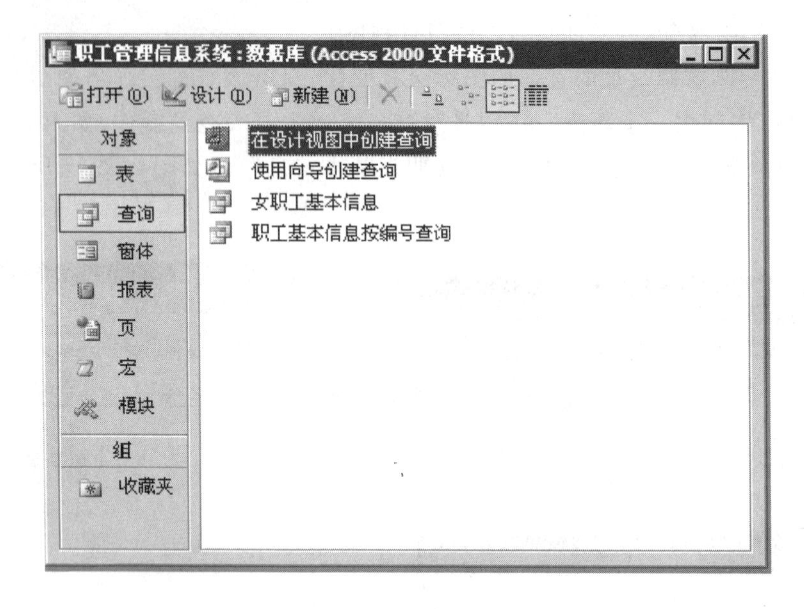

图 2.2.29　在设计视图中创建查询

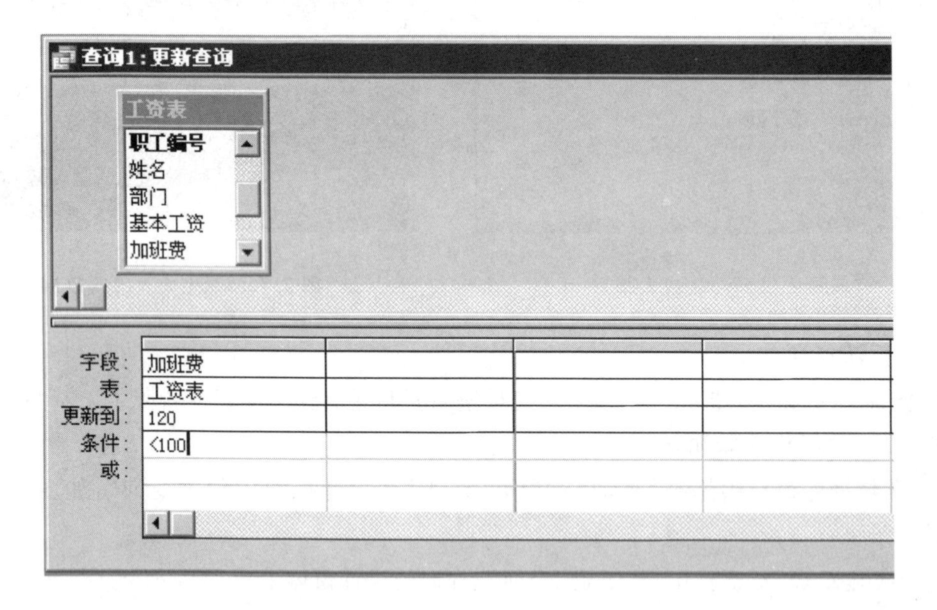

图 2.2.30　“更新到”网格窗口

① 利用前面的知识创建一个男职工信息的查询，首先进入查询的设计视图中，然后选择“查询”菜单中的“追加查询”命令，系统弹出“追加” 对话框。在此我们要将记录追加到“女职工基本信息”表中，所以这里在追加到的表名称中选择“女职工基本信息”，单击“确定”按钮，如图 2.2.31 所示。

② 退出查询的设计视图模式，双击运行刚才编辑的查询，如图 2.2.32 所示，将查询中的数据添加到目标表中。我们打开女职工基本信息表，就可以看到追加的记录了。

(4) 删除查询

它可以删除数据表中符合条件的记录。下面将用删除查询将“女职工基本信息”表中的男职工的记录全部删除掉。

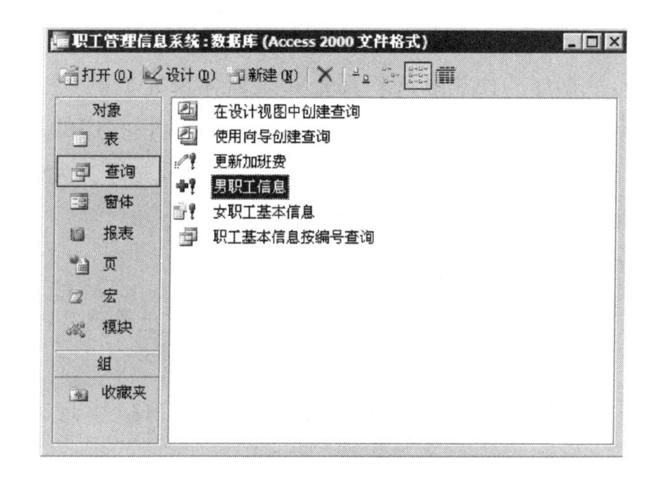

图 2.2.31　“追加”对话框

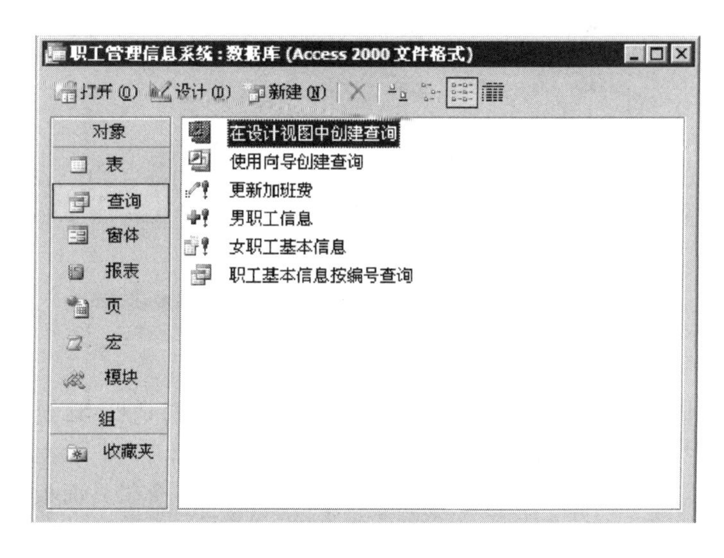

图 2.2.32　双击运行查询

① 在数据库窗口中，选择“查询”对象后，双击“在设计视图中创建查询”，如图 2.2.33 所示。

图 2.2.33　在设计视图中创建查询

② 在"显示表"对话框中把"女职工基本信息"表添加到设计窗体中,并添加"性别"字段到设计网格中。

③ 选择"查询"菜单中的"删除查询"命令,显示出"删除"栏和"条件"栏,在"删除"栏中显示的是"where",表示条件,在"条件"栏中输入删除条件"男"(true)。

④ 在"文件"内选择"另保存",取好名称"删除女职工基本信息表男职工"并单击"确定"。

⑤ 执行该查询,系统会弹出删除记录的提示对话框,若单击"是"按钮,则会删除"女职工基本信息"表中的所有的男职工的记录,读者可以打开表看看运行结果。

四、窗体的设计

窗体是用户界面,数据库的使用和维护都是通过窗体来完成的,它的作用主要有:输入数据库数据;编辑数据内容;弹出注释、警告的消息框;控制应用程序的运行步骤;打印数据;"控制面板"的创建。窗体设计的好坏直接体现用户界面是否友好。为此,我们在创建好表、查询的基础上,要多花点时间来规划好每个窗体设计。

1. 使用窗体的"设计视图"创建窗体

下面利用窗体的设计视图来创建本系统中的"职工信息管理"窗体。具体操作步骤如下。

(1) 在要创建窗体的"职工管理信息系统"数据库的窗口中选择"窗体"选项卡,如图 2.2.34 所示。

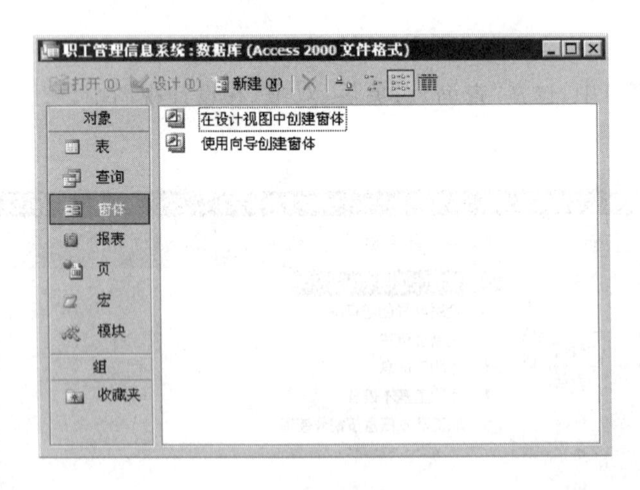

图 2.2.34 选择"窗体"选项卡

(2) 单击"新建"按钮,Access 2003 立即弹出"新建窗体"对话框,这里在列表框里选择第一项"设计视图",在下拉列表框里选择"基本信息表",如图 2.2.35 所示。

(3) 单击"确定"按钮,进入窗体的设计界面。在图中有一个工具面板、一张"职工基本信息"表的字段列表、一个窗体的设计页面。在窗体中添加要显示的字段,有一种较简单的方法,用鼠标拖动"字段列表"中的字段到窗体上,即可完成,如图 2.2.36 所示。

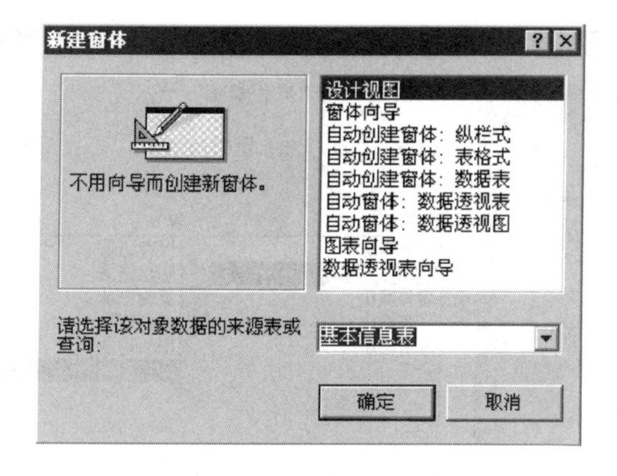

图 2.2.35　“新建窗体”对话框

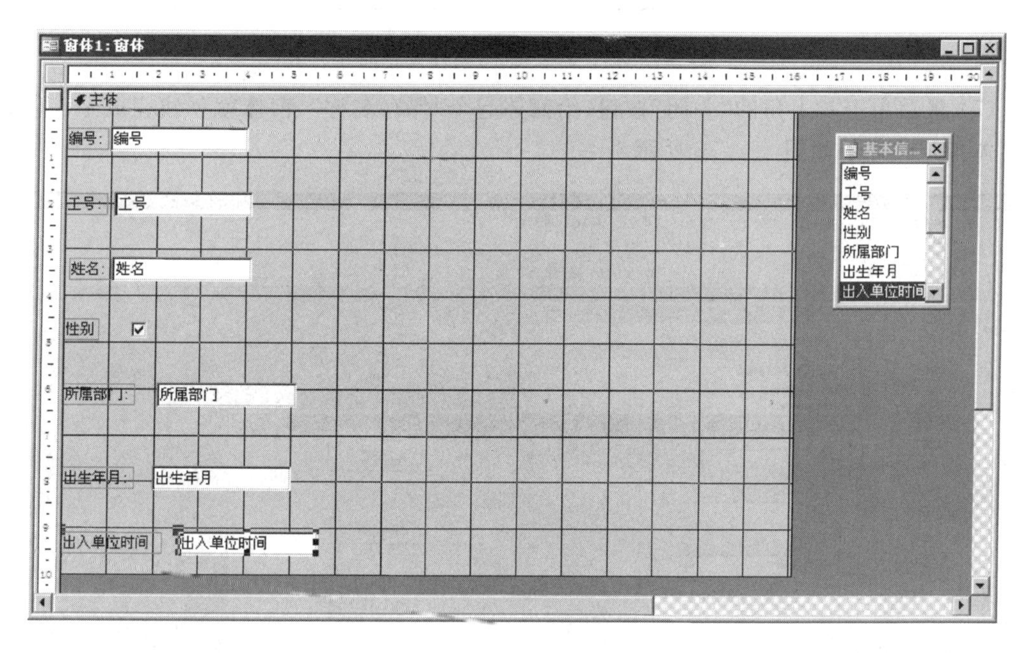

图 2.2.36　在窗体中添加要显示的字段

(4) 我们可以在工具箱里查看到突起状态的就是“命名按钮”，在工具箱中单击“命令按钮”，然后把光标移到窗体中，按下鼠标左键就可以画出所要的按钮。

当按钮画好之后，Access 2003 就会自动弹出对话框来让用户设置刚才所画的“命令按钮”的属性，也就是设置“命名按钮”被用户按下时，做什么动作，如添加记录。

(5) 如图 2.2.37 所示，“命令按钮”属性设置向导图中有两个列表框，单击左边的“类别”列表框，在右边的“操作”列表框就会显示相应的操作，这里选择“添加新记录”。单击“下一步”按钮，可以看到有“文本”和“图片”两种选择，这两个选项将决定“命令按钮”是什么样子的，我们可以选择最左边的“示例”当中看到预览效果，这里选择“文本”。

(6) 单击“下一步”按钮，将会弹出对话框，让用户来命名“命令按钮”的名称，此时在文本框中，已经有一个默认的名称，如果需要更改名称，就可以选择一个见名思义的名称，然后单击“完成”按钮，按钮的设计就完成了。读者可以添加所需的“按钮”上去。

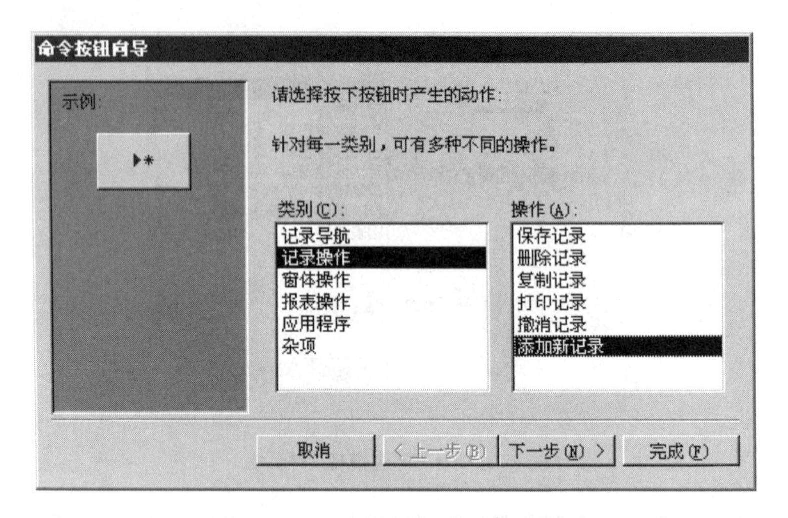

图 2.2.37 “命令按钮”属性设置向导

(7) 最后单击右上角的“关闭”按钮，给窗体起个“保存名称”，窗体就创建完成了。新建的窗体打开的样子如图 2.2.38 所示。

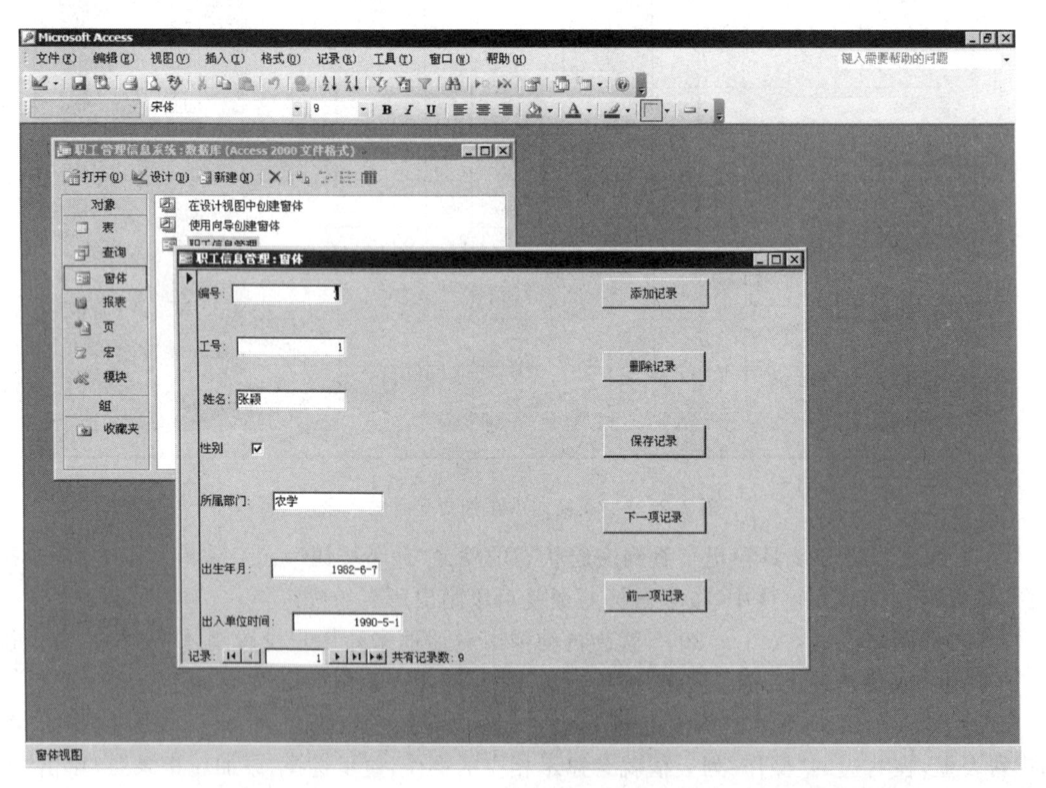

图 2.2.38 新建的窗体样式

2. 使用“窗体向导”创建窗体

利用“窗体向导”创建本系统的“考勤信息录入窗体”，具体操作步骤如下。

(1) 在数据库窗口中选中“窗口”对象，双击“使用向导创建窗体”或者单击“新建”按钮，

在弹出的“新建窗体”对话框中选择“窗体向导”，如图 2.2.39 所示。

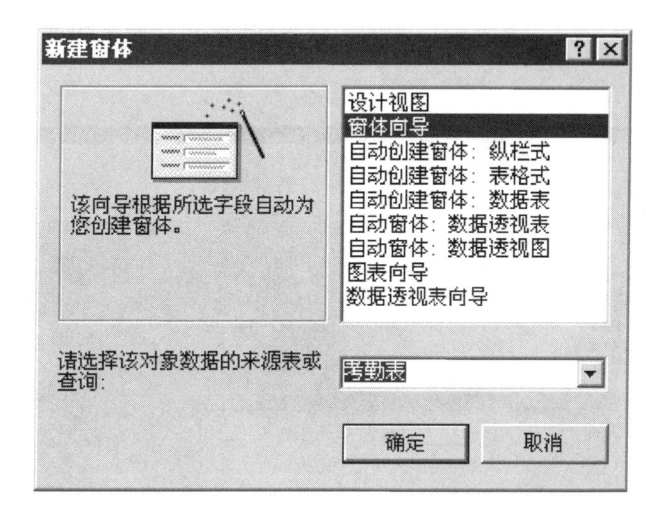

图 2.2.39 “新建窗体”对话框

(2) 单击“确定”按钮，Access 会自动弹出窗体向导对话框，其中“表/查询”下拉列表中列出了数据库中已经有的表和查询，这些对象可以作为新建窗体的数据源，“可用字段”列表中则列出当前选中的数据源可用的所有字段，“选定的字段”列表框中的字段则是新建窗体中显示的字段。

(3) 在“表/查询”下拉列表中，选择“考勤表”作为窗体的数据源，这时 Access 会将选定的数据源的所有字段显示在“可用字段”列表框中，可以直接双击字段或者通过中间的“>”按钮来移动，完成字段的选定。

(4) 单击“下一步”按钮，进入窗体布局的选择窗口，其中对话框右边的单选框列出了所有的布局方式，左边则显示了选中布局的预览效果。这里选择“纵栏式”。

(5) 单击“下一步”按钮，进入窗体样式的选择窗口。其中对话框右边的列表中列出了系统自带的多种窗体的样式，左边相应的显示出了该样式的预览效果，这里可以根据自己的需要和爱好选择。

(6) 单击“下一步”按钮，进入“窗体向导”的最后一步，在此为窗体指定标题为“考勤信息录入窗体”，另外，还可以选择是打开窗体或者进入窗体设计视图修改窗体的设计。最后单击“完成”按钮，即完成了“考勤信息录入窗体”的创建工作，如图 2.2.40 所示。

3. 使用“图表向导”创建窗体

利用“图表向导”创建图表窗体，可以使数据更加清晰明白。下面以“工资信息”为例说明具体方法，具体操作步骤如下。

(1) 在数据库窗口中选择“窗体”对象之后，单击“新建”按钮，在弹出的“新建窗体”对话框中，选择“图表向导”，并选择要创建的图表的数据源。这里选择“工资表”，如图 2.2.41 所示。

(2) 单击“确定”按钮后，系统将弹出“图表向导”对话框，要求选择图表数据所在的字段,这里选择“姓名”、“年月”、“基本工资”3 个字段。

(3) 单击“下一步”按钮,系统弹出新的对话框,要求选择所采用的图表类型,这里选择“柱形图”。

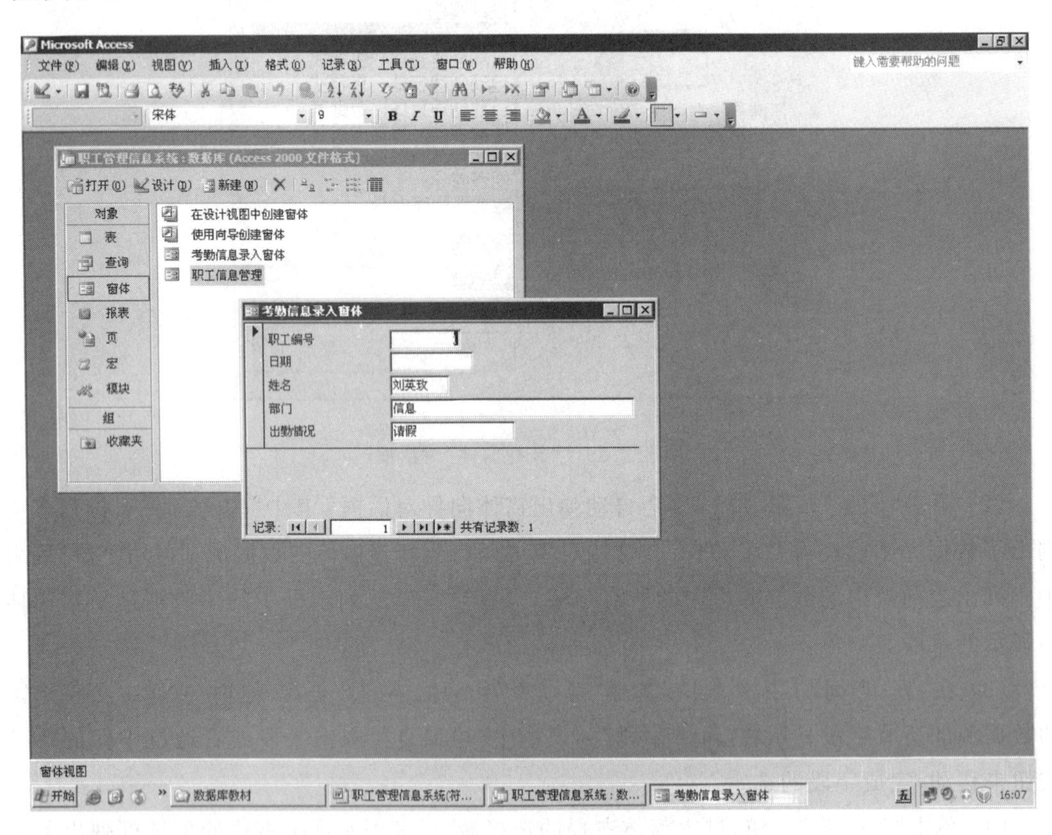

图 2.2.40　完成后的“考勤信息录入窗体”

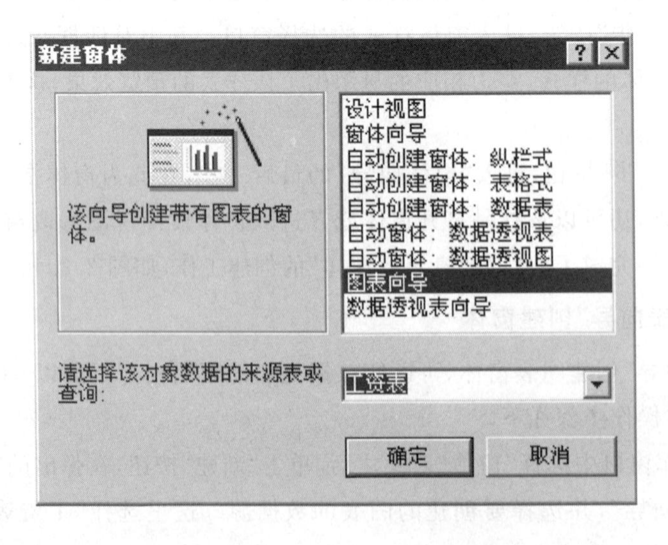

图 2.2.41　“新建窗体”对话框

(4) 单击“下一步”按钮,系统弹出新的对话框,要求指定数据在图表中的布局方式,这里要求以“姓名”为横坐标,以“平均值基本工资”为纵坐标,双击“求和基本工资”,系统将弹出“汇总”对话框。然后选择“AVG”求平均值。

(5) 单击“下一步”按钮,系统弹出新的对话框,要求设置图表的标题以及是否显示图表的图例,我们将标题设为“职工工资图表”,再确定向导的设置完成所需的操作,单击“确定”按钮,系统将会显示出图表窗体的显示结果。

五、报表的设计

在绝大部分的数据库管理系统中,报表打印功能都是一个必备的模块,在 Access 2003 中可以利用它提供的“报表”对象轻松地完成此功能。在本系统中就有部门信息报表、工资明细报表、考勤流水报表、职工基本信息报表这些企业需要的重要表格。

1. 利用向导创建“部门信息报表”

具体操作步骤如下。

(1) 在数据库窗体中选择“报表”对象后,单击“新建”按钮,打开“新建报表”对话框,选择其中的“报表向导”后,单击“确定”按钮启动报表向导,再选择报表的数据来源,可以来自多个表或查询,这里选择“部门表”,如图 2.2.42 所示。

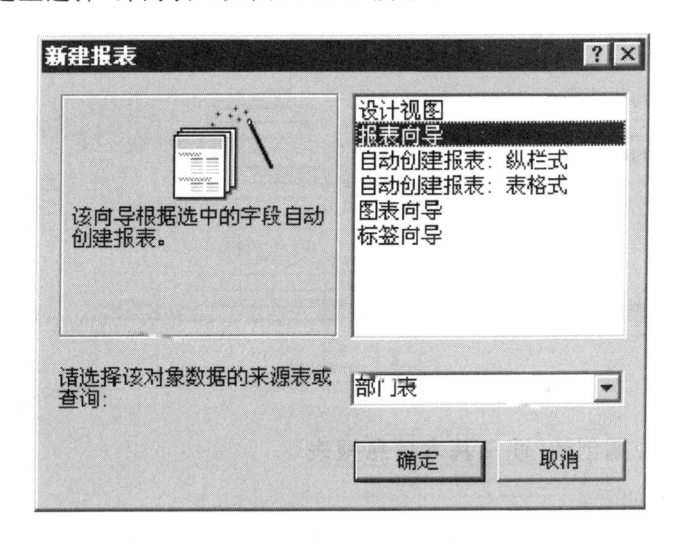

图 2.2.42　新建报表对话框

(2) 单击“下一步”按钮,系统弹出新的对话框,询问是否添加分组级别,所谓分组级别,是数据按照指定的字段的值进行分组,分组字段值相同的那些记录将作为一组,在报表中相邻的位置显示,在此选择“部门名称”字段添加到分组级别中。在 Access 中,可以添加多个分组级别,并通过向导中的左右箭头添加按钮或删除分组级别。另外,还可以选中某一分组级别字段后,单击优先级对应的上下箭头按钮来调整优先顺序。单击“分组选项”按钮,还可以在弹出的“分组间隔”对话框中对选定的分组字段指定分组间隔。

(3) 单击“下一步”按钮,系统弹出新的对话框,询问是否对数据进行排序,在下拉列表框中可以选择排序字段,单击它的按钮可以在两种排序方式之间切换。这里选择“部门编号”作为排序字段。

(4) 单击“下一步”按钮，系统弹出新的对话框，要求确定报表的布局。报表向导提供了一些布局选项，还提供了字段的多少选择纵向或横向打印，大家可以在左边的布局样式中看到选择的预览效果。

(5) 单击“下一步”按钮，系统弹出新的对话框，要求确定报表的样式。

(6) 单击“下一步”按钮，系统弹出新的对话框，要求为报表指定标题，指定报表标题之后单击“完成”按钮即可，最后生成报表效果如图 2.2.43 所示。

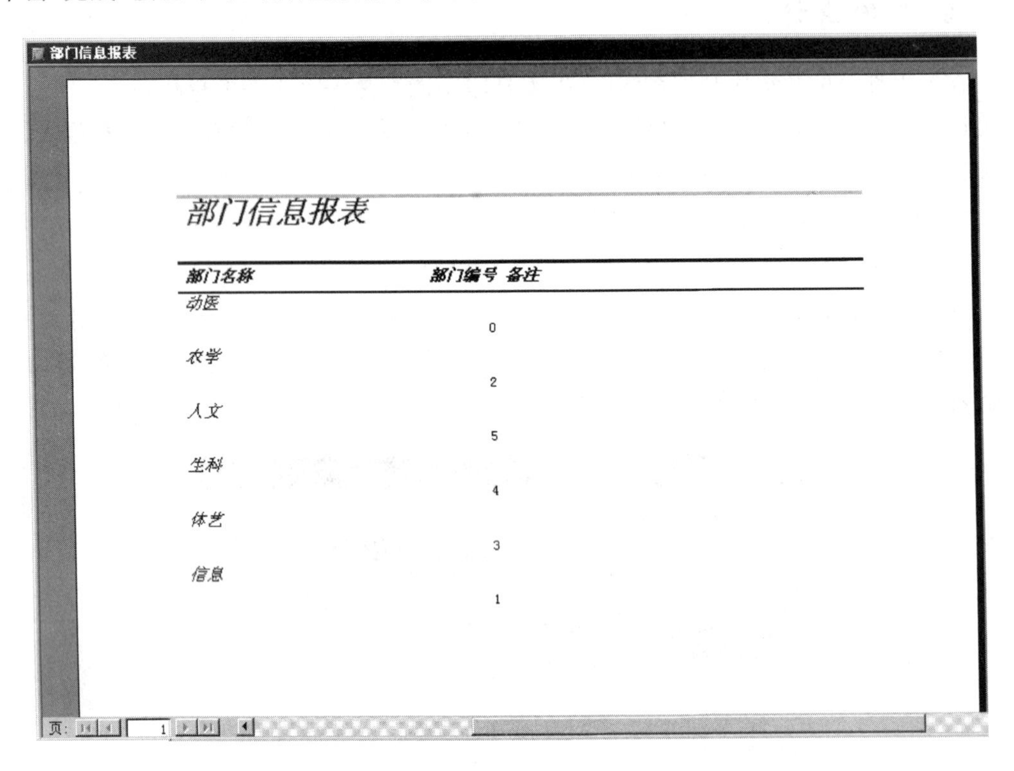

图 2.2.43　报表效果图

2. 利用设计视图创建“职工基本信息报表”

具体操作步骤如下。

(1) 在要创建报表的“职工管理信息系统”数据库的窗口中选择“报表”选项卡，如图 2.2.44所示。

(2) 单击“新建”按钮，Access 2003 立即弹出“新建报表”对话框，这里在列表框里选择第一项“设计视图”，在下拉列表框里选择我们需要的“基本信息”表。

(3) 单击“确定”按钮，将打开窗体，有一个工具箱、一个“基本信息”表的字段列表、一个报表设计窗体。报表设计窗体分为三部分：页面页眉、主题、页面页脚。页面页眉是报表每页最开头所显示的文字或数据，如报表标题；主题是报表的主要内容；页面页脚是报表每页的最后面所要显示的文字或数据，如报表的页码。

(4) 这里我们直接把字段列表中的“字段”拖到“主体”中就可以了，主体的数据显示就

设置完成了。

(5) 为“报表”添加标题，还有一些修饰性的控件来增加报表的友好性。在工具箱中呈突起状态的分别是“标签”与“直线”控件，标签是用来显示文本的，如果要在报表中显示报表的标题，就要用到标签控件，例如，直线控件用于画直线。

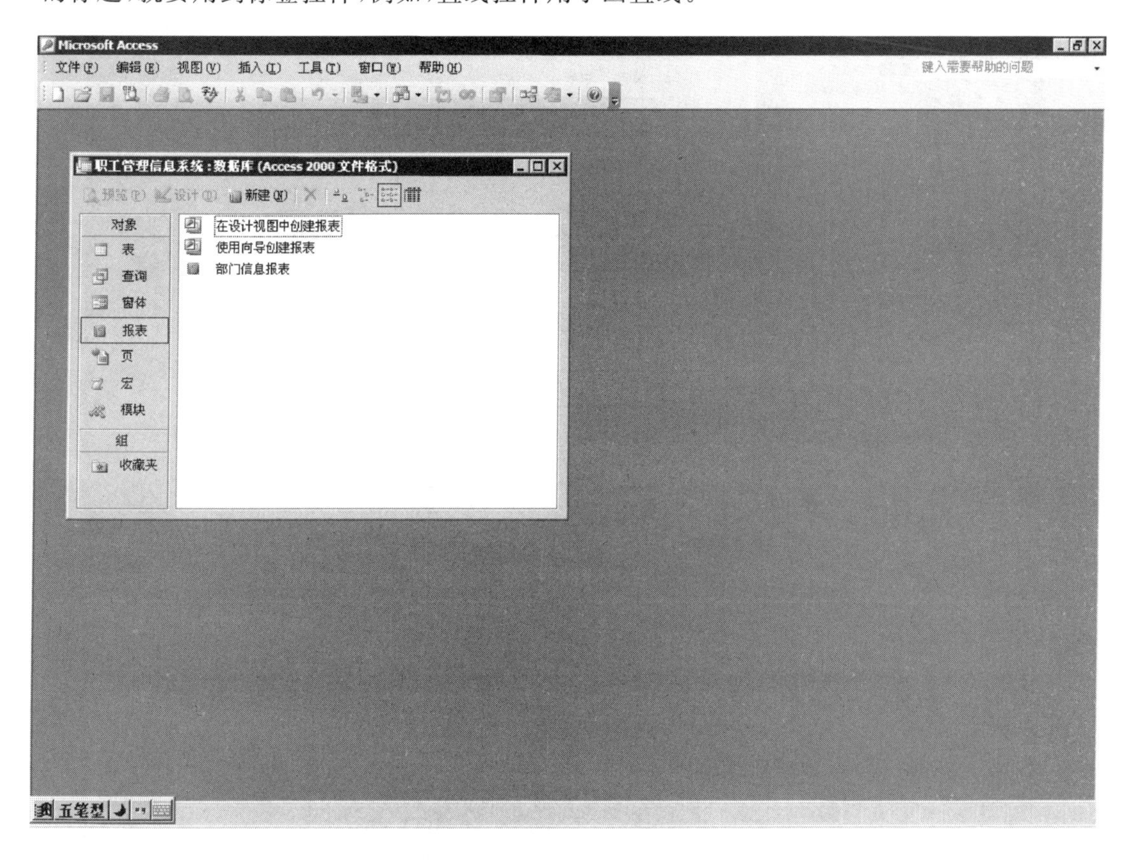

图 2.2.44　选择“报表”选项卡

(6) 在工具箱上按下标签按钮，在报表窗体上画出需要的标签，画好后光标就会在标签内闪烁，在这里输入要显示的文本，此处输入“职工基本信息报表”，要将“职工基本信息表”的字体设置大点或者更改字体颜色可以选中标签控件，在右键菜单中打开标签的“属性”窗体，在里面可以设置很多属性，包括标签的大小、位置、颜色、文本内容等。

(7) 在两行字段的行距之间放置“直线”控件，也可以打开属性窗体来设置直线的样式。

(8) 最后单击右上角的“关闭”按钮，给报表起个“保存名称”，报表到此就创建完成了。新建的报表打开的样子如图 2.2.45 所示。

六、“控制面板”窗体的设计

“控制面板”实际上是一个窗体，我们通过这个主窗体来操作其他的对象，比如打开“职工基本信息表”报表、打开“部门信息报表”等。

利用前面学过的窗体创建方法，用设计视图添加一个新窗体，如图 2.2.46 所示。

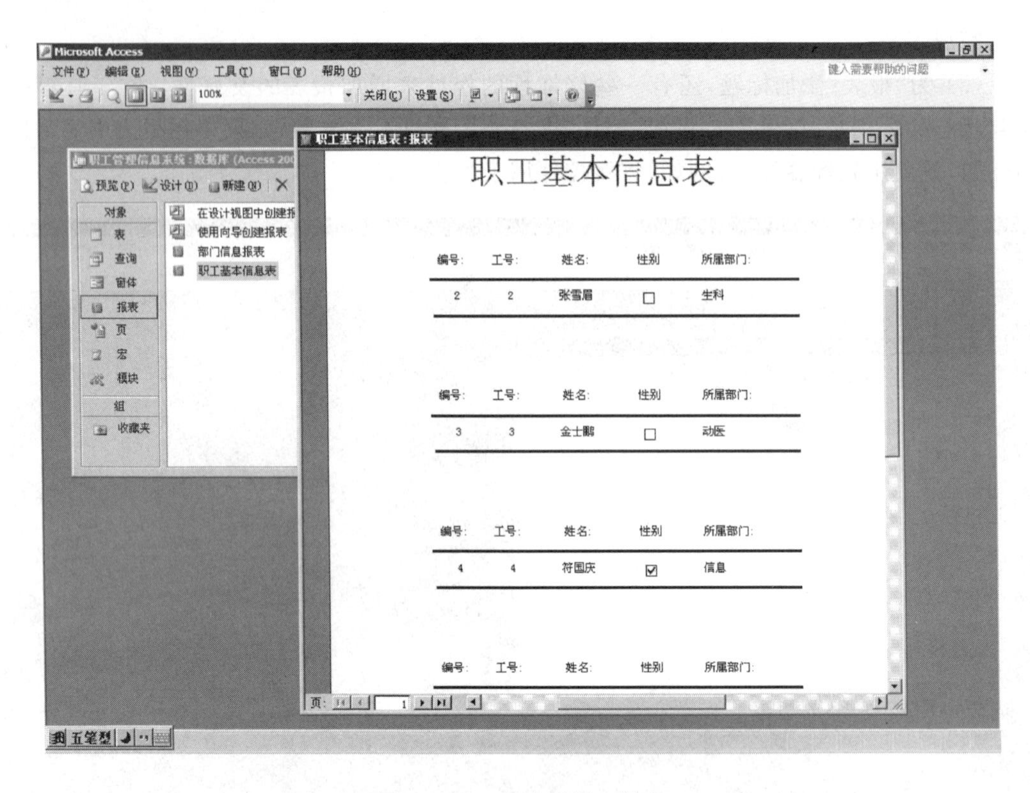

图 2.2.45 新建的报表样式

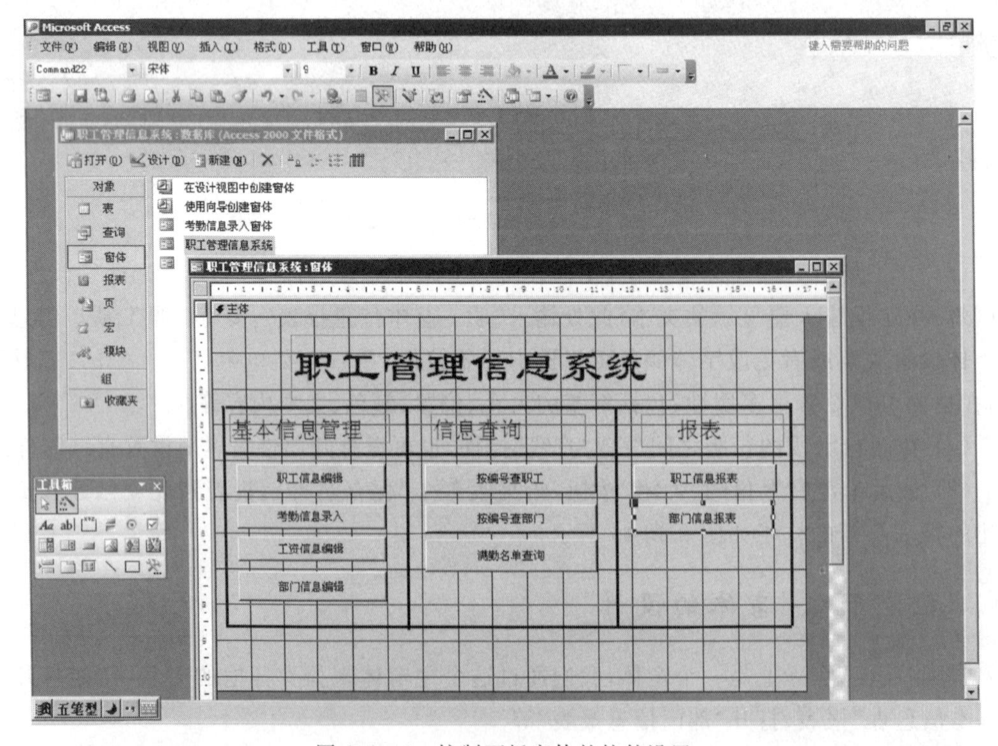

图 2.2.46 控制面板窗体的控件设置

完成控制面板主窗体的设计后，执行效果如图 2.2.47 所示。

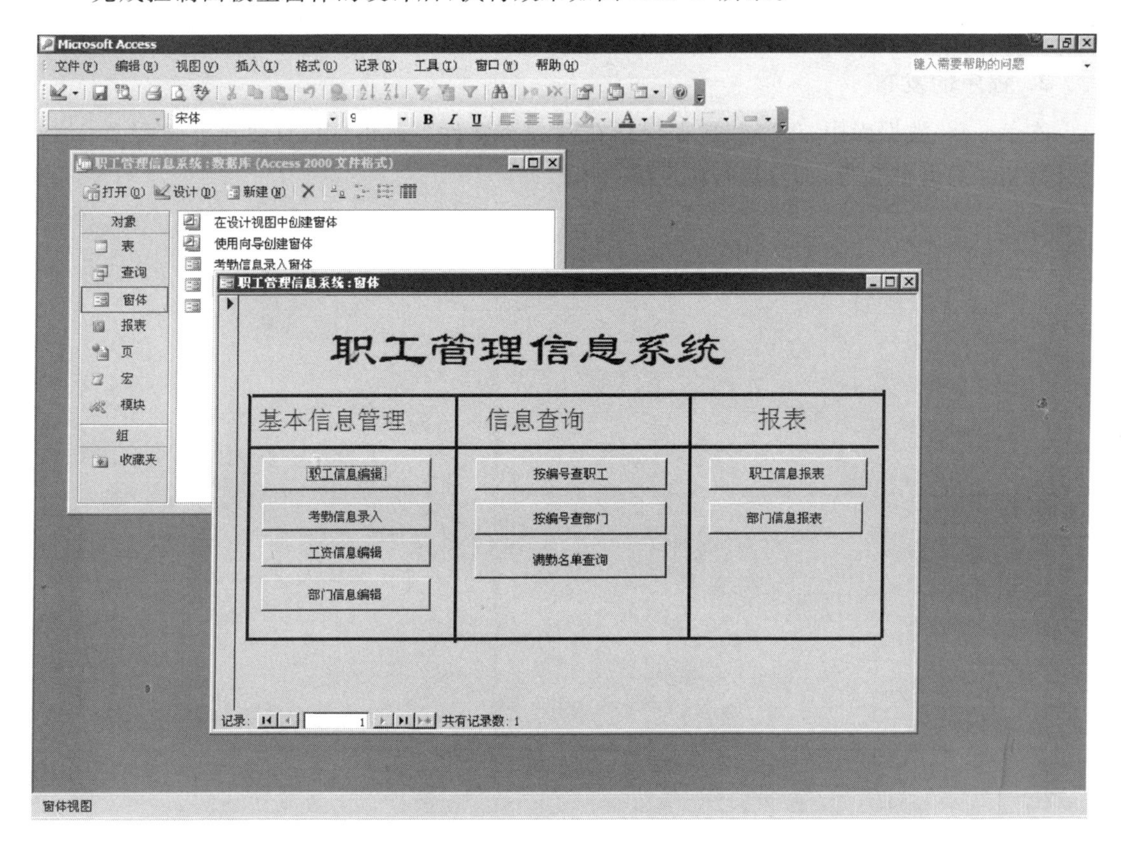

图 2.2.47　主窗体执行效果图

七、自定义应用程序的外观

1. 界面设计

考虑系统的界面时应当注意界面的友好、美观、大方，并充分考虑操作人员的计算机水平和使用习惯，可从以下几方面考虑。

① 整洁：界面的布置应该有条理性，特别是显示、输入的信息比较多时，应该让操作人员能够迅速找到相关的信息。

② 明白：所有的功能必须一目了然，所使用提示必须能够让操作者明白表达它的功能。比如说，一个回单按钮使用“考勤历史记录”作为它的标题比使用“考勤查询”更能清楚地表述它执行的功能。

③ 确定：所有的提示，比如窗口标题、按钮标题等，必须用词统一明确，不能有二义性和混乱现象。比如，如果使用一个按钮作“保存记录”的用户界面，那么在其他窗体都应该使用同样的标题——“保存记录”或其他类似的标题，如果在“职工信息编辑”窗体中使用“保存记录”，而在“部门信息编辑”窗体中使用如“信息保存”等标题，会导致操作人员无所适从。

④ 易用：如在“基本信息”表中“文化程度”字段的内容比较统一，如果每次录入职工信

息都要人工地输入内容，则会显得很不人性化，所以系统提供下拉列表方式来选择字段内容。

2. 程序的发布

在 Access 数据库中，程序和数据保存在同一个文件(. mdb)中，只要在安装有 Access 的计算机中打开此文件，即可运行该系统。

第三部分

习题解答

第1章　数据库系统概述

一、填空题

1. 在关系数据库中，一个元组对应表中________。

解：一个记录（一行）

2. 常用的数据模型有：________、________、________和面向对象模型。

解：关系模型，层次模型，网状模型

3. 用二维表来表示实体及实体之间联系的数据模型是________。

解：关系模型

4. 关系模型数据库中最常用的3种关系运算是________、________、________。

解：选择运算，投影运算，连接运算

5. 在数据库系统中，数据的最小访问单位是________。

解：字段（数据项）

6. 对表进行水平方向的分割用的运算是________。

解：选择运算

7. 数据结构、________和________称为数据模型的三要素。

解：数据操作，数据约束条件

8. 关系的完整性约束条件包括________完整性、________完整性和________完整性3种。

解：用户定义，实体，参照

二、单项选择题

1. 对数据库进行规划、设计、协调、维护和管理的人员，通常被称为（　D　）。

A. 工程师　　B. 用户　　C. 程序员　　D. 数据库管理员

2. 下面关于数据（Data）、数据库（DB）、数据库管理系统（DBMS）与数据库系统（DBS）之间关系的描述正确的是（　B　）。

A. DB包含DBMS和DBS　　B. DBMS包含DB和DBS

C. DBS包含DB和DBMS　　D. 以上都不对

3. 数据库系统的特点包括（　D　）。

A. 实现数据共享，减少数据冗余

B. 具有较高的数据独立性、具有统一的数据控制功能

C. 采用特定的数据模型

D. 以上特点都包括

4. 下列各项中，对数据库特征的描述不准确的是（　D　）。

A. 数据具有独立性　　B. 数据结构化

C. 数据集中控制　　D. 没有冗余

5. 在数据的组织模型中，用树型结构来表示实体之间联系的模型称为（　D　）。

A. 关系模型　　B. 层次模型　　C. 网状模型　　D. 数据模型

6. 在数据库中，数据模型描述的是（　C　）的集合。

A. 文件　　B. 数据　　C. 记录　　D. 记录及其联系

7. 在关系数据库中，关系就是一个由行和列构成的二维表，其中行对应（　B　）。

A. 属性　B. 记录　C. 关系　D. 主键

8. 关系数据库管理系统所管理的关系是（　C　）。

A. 一个二维表　B. 一个数据库　C. 若干个二维表　D. 若干个数据库文件

9. 在同一所大学里，院系和教师的关系是（　B　）。

A. 一对一　B. 多对一　C. 一对多　D. 多对多

10. 在一个二维表中，水平方向的行称为（　B　）。

A. 属性　B. 元组　C. 关键字　D. 字段

11. 在关系数据库的基本操作中，从表中取出满足条件的元组的操作称为（　B　）。

A. 选择　B. 关系　C. 投影　D. 连接

12. 关系数据库的任何检索操作都是由 3 种基本运算组合而成的，这 3 种基本运算不包括（　D　）。

A. 投影　B. 连接　C. 选择　D. 求交

13. 下列选项中，（　A　）是实体完整性的要求。

A. 主键的取值不能为 Null　B. 字段的取值不能超出约定的范围

C. 设置字段默认值　D. 数据的取值必须与字段相吻合

14. 数据管理系统能实现对数据库中数据的查询、插入、修改和删除，这类功能称为（　C　）。

A. 数据管理功能　B. 数据定义功能

C. 数据操作功能　D. 数据控制功能

15. 在数据库中，能够唯一标识一个元组的属性或属性组合被称为（　D　）。

A. 字段　B. 域　C. 记录　D. 关键字

16. 要从学生关系中查询学生的姓名和班级，则需要进行的关系运算是（　D　）。

A. 选择　B. 关系　C. 投影　D. 连接

17. 用户可以为 Access 数据库表中的字段定义有效性规则，有效性规则是（　C　）。

A. 控制符　B. 条件　C. 文本　D. 3 种说法都不正确

18. 在数据库中，建立索引的主要作用是（　B　）。

A. 节省存储空间　B. 便于管理　C. 提高查询速度　D. 防止数据丢失

三、简答题(答案略)

第 2 章　Access 系统概述

一、填空题

1. 用 Access 创建的数据库文件，其扩展名是________。

解：. mdb

2. Access 数据库的七大对象是________、________、________、________、________、________和模块。

解：表，查询，窗体，报表，页，宏

3. Access 的数据库类型是________。

解：关系数据库

4. Access 的数据库中，表与表之间的关系分为一对一、一对多和________ 3 种。

解：多对多

二、单项选择题

1. Access 数据库是一个（ C ）。

A. 数据库文件系统　　B. 数据库系统

C. 数据库管理系统　　D. 数据库应用系统

2. 在 Access 中，表和数据库的关系是（ B ）。

A. 一个数据库仅包含一张表　　B. 一个数据库可以包含多张表

C. 一个表可以包含多个数据库　　D. 一个表仅能包含两个数据库

3. 下列属于 Access 对象的是（ C ）。

A. 数据库　　B. 记录　　C. 窗体　　D. 字段

4. 退出 Access 数据库管理系统可以使用（ B ）快捷键。

A. Alt+F5　　B. Alt+F+X　　C. Ctrl+F4　　D. Ctrl+O

5. 在 Access 数据库中，表就是（ A ）。

A. 关系　　B. 数据库　　C. 记录　　D. 查询

三、简答题（答案略）

第 3 章　数据库的创建与应用

（答案略）

第 4 章　表的创建与应用

一、填空题

1. Access 的数据库中，表与表之间的关系分为一对一、一对多和________ 3 种。

解：多对多

2. 在 Access 中可以定义 3 种主关键字：自动编号、单字段及________。

解：多字段

3. Access 提供了文本型和________型两种字段数据类型，用以保存文本和数字组合的数据。

解：数字

4. 在 Access 中“必填字段”属性的取值有“是”或“________”两项。

解：否

5. 在 Access 中排序数据规则中，中文按________顺序排序。

解：拼音

6. 数据类型为备注、超链接、________的字段不能排序。

解：OLE 对象

7. 在 Access 中，文本型字段最多为________个字符 。

解：255

8. ________是一个准则系统，Access 使用这个系统用来确保相关表中的记录之间 的有效性，并且不会因意外而删除或更改相关数据。

解：参照完整性

9. 在 Access 中，“索引”属性提供了“无”、“有(有重复)”和“________(无重复)”3 项取值。

解：有

10. 在 Access 中，数据类型主要包括：自动编号、文本、备注、数字、日期/时间、________、是/否、OLE 对象、超链接和查询向导 10 种数据类型。

解：货币

二、单项选择题

1. 下面关于关系描述错误的是（ C ）。

A. 关系必须规范化　B. 关系数据库的二维表的元组个数是有限的

C. 关系中允许有完全相同的元组　D. 二维表中元组的次序可以任意交换

2. 如果一张数据表中含有“照片”字段，那么“照片”这一字段的数据类型通常为（ B ）。

A. 备注　B. OLE 对象　C. 超级链接　D. 链接向导

3. 定义字段默认值的含义是（ B ）。

A. 该字段值不能为空　B. 在未输入数据之前系统自动提供的数值

C. 系统自动把小写字母转化为大写字母　D. 不允许字段的值超出某个范围

4. 某文本型字段的值只能为字母，且不允许超过 6 个，则该字段的输入掩码属性可定义为（ D ）。

A. CCCCCC　B. 999999　C. AAAAAA　D. LLLLLL

5. 已知一个 Access 表的姓名字段的长度为 12，下面关于姓名字段数据输入（ D ）是正确的。

A. 必须输入 12 个汉字

B. 最多能输入 24 个英文字符

C. 必须输入 12 个英文字符

D. 汉字数与英文字符数之和最多不能超过 12 个

6. 下列数据类型能够进行排序的是（ C ）。

A. 备注数据类型　B. 超级链接数据类型

C. 数字数据类型　D. OLE 对象数据类型

7. 在 Access 中，“文本”数据类型的字段最大为（ D ）个字节。

A. 127　B. 256　C. 128　D. 255

8. 在 Access 表中，可以定义 3 种主关键字，它们是（ B ）。

A. 单字段、双字段和自动编号　B. 单字段、双字段和多字段

C. 单字段、多字段和自动编号　D. 双字段、多字段和自动编号

9. 用户可以为 Access 数据库表中的字段定义有效性规则，有效性规则是（ B ）。

A. 控制符　B. 条件

C. 文本　D. 以上 3 种说法都不正确

10. 下列实体类型的联系中，属于多对多关系的是（ C ）。

A. 商品条形码与商品之间的联系　B. 客机的座位与乘客之间的联系

C. 学生与课程之间的联系　　　　　D. 学校与学生之间的联系

11. 在同一单位里,人事部门的职员表和财务部门的工资表的关系是(　A　)。

A. 一对一　　B. 多对一　　C. 一对多　　D. 多对多

12. Access 不能进行排序或索引的数据类型是(　C　)。

A. 文本　　B. 数字　　C. 备注　　D. 自动编号

13. 表示给定日期是一周中的哪一天的函数为(　C　)。

A. Hour(date)　　B. Date()　　C. Weekday(date)　　D. Sum

14. 关系型数据库中所谓的“关系”是指(　D　)。

A. 表中的两个字段有一定的关系

B. 各个记录中的数据彼此间有一定的关联关系

C. 某两个数据库文件之间有一定的关系

D. 数据模型符合满足一定条件的二维表格

15. 已知某一数据库中有两个表,它们的主键与外键是一对多的关系,这两个表若想建立关联,应该建立的永久联系是(　B　)。

A. 一对一　　B. 一对多　　C. 多对多　　D. 多对一

16. 在一张“学生”表中,要使“年龄”字段的取值在15～40之间,则在“有效性规则”属性框中输入的表达式为(　A　)。

A. ＞＝15 AND ＜＝40　　　　B. ＞＝15 OR ＜＝40

C. ＞＝40 AND ＜＝15　　　　D. ＞＝15 & ＜＝40

17. 某数据库的表中要添加 Internet 站点的网址,则该采用的字段的数据类型是(　D　)。

A. OLE 对象数据类型　　　　B. 查询向导数据类型

C. 自动编号数据类型　　　　D. 超级链接数据类型

18. 下列算式正确的是(　C　)。

A. Int(4.5)＝5　　　　B. Int(4.5)＝45

C. Int(4.5)＝4　　　　D. Int(4.5)＝0.5

19. 字符函数 Rtrim(字符表达式)返回值是去掉字符表达式(　D　)的字符串。

A. 中间空格　　B. 两端空格　　C. 前导空格　　D. 尾部空格

20. 从字符串 S("ABCDEFG")中返回子串 T("CD")的正确表达式为(　D　)。

A. Mid(S,3,2)　　　　B. Left(Right(S,5),2)

C. Right(Left(S,4),2)　　　　D. 以上都可以

三、简答题(答案略)

四、综合题(答案略)

第5章　查　询

一、填空题

1. ________是常见的查询类型,它从一个或多个表中检索数据,在一定的限制条件下,还可以通过此查询方式来更改相关表中的记录。

解:参数查询

2. 将信息学院1996年以前参加工作教师的岗位工资改为2000,可使用的查询为________。

解:更新查询

3. SQL的含义是________语言。

解:结构化查询

4. 查询条件"A or B"准则表达式表示的意思是________即可进入查询结果集。

解:查询表中的记录只需满足or两端的准则A和B中的一个

5. b[___ae]11可以找到bill和bull但找不到bell,方括号内应补充的字符是________。

解:!

6. 在Access中,查询的数据源可以是________和查询。

解:表

二、选择题

1. 以下不属于操作查询的是(B)。

A. 追加表查询　　B. 交叉表查询　　C. 删除表查询　　D. 更新表查询

2. 在Access数据库对象中,体现数据库设计目的的对象是(C)。

A. 窗体　　B. 表　　C. 查询　　D. 报表

3. 在Access中,主要有以下(D)种查询操作方式:① 选择查询,② 参数查询,③ 交叉表查询,④ 操作查询,⑤ SQL查询

A. ①②　　B. ①②③　　C. ①②③④　　D. ①②③④⑤

4. 利用对话框提示用户输入参数的查询过程称为(C)。

A. 选择查询　　B. SQL查询　　C. 参数查询　　D. 操作查询

5. 查找数据时,设查找内容为"f[! aei]ll",在下列字符串中能被找到的字符串是(D)。

A. fill　　B. fall　　C. fell　　D. full

6. 假设某数据库表中有一个"考生编号"字段,查找编号第3、4个字符为"03"的记录的准则是(B)。

A. Mid([考生编号],3,4)="03"　　B. Mid([考生编号],3,2)="03"

C. Mid("考生编号",3,4)="03"　　D. Mid("考生编号",3,2)="03"

7. 假设某数据库表中有一个工作时间字段,查找1998年参加工作的教职工记录的准则是(A)。

A. Between #98-01-01# And #98-12-31#

B. Between "98-01-01" And "98-12-31"

C. Between "98.01. 01" And "98.12. 31"

D. #98.01.01# #And#98.12.31#

8. 假设某数据库表中有一个课程名字段,查找课程名称以"计算机"开头的记录的准则是(B)。

A. Like "计算机"　　B. Left([课程名称],3)="计算机"

C. 计算机　　D. 以上都对

9. 下列SELECT语句语法正确的是(D)。

A. SELECT * FROM '学生表'WHERE 性别='男'

B. SELECT * FROM '学生表'WHERE 性别=男

C. SELECT * FROM 学生表 WHERE 性别=男

D. SELECT * FROM 学生表 WHERE 性别='男'

10. 将表A的记录添加到表B中,要求保持B表中原有的记录,可以使用的查询是(C)。

A. 选择查询　　B. 生成表查询　　C. 追加查询　　D. 更新查询

11. 假设某数据库表中有一个工作时间字段,查找15天前参加工作的记录的准则是(B)。

A. =Date()-15　　B. <Date()-15

C. >Date()-15　　D. <=Date()-15

12. 假设某数据库表中有一个姓名字段,查找姓名为张力或李丽的记录的准则是(A)。

A. In("张力","李丽")　　B. Like "张力" And Like "李丽"

C. "张力" And "李丽"　　D. Like ("张力","李丽")

13. 在SQL查询中,"GROUP BY"的含义是(D)。

A. 选择行条件　　B. 对查询进行排序

C. 选择列字段　　D. 对查询进行分组

14. 下列属于操作查询的是(D)。① 删除查询,② 更新查询,③ 交叉表查询,④ 追加查询,⑤ 生成表查询。

A. ①,②,③,④　　B. ②,③,④,⑤

C. ①,③,④,⑤　　D. ①,②,④,⑤

三、简答题

1. 什么是查询?

答:查询是Access数据库的一个重要对象,它可以从一个或多个表中按照某种准则检索数据,同时参与某些计算,能够进行更新或删除等修改数据源的操作,还能通过查询生成一个新表,更重要的是可以把查询的结果作为后续对象窗体、报表或数据访问页的数据源。

2. 查询的数据来源有哪些?

答:查询的数据来源可以是表和查询。

3. 查询分为几类?分别是什么?

答:根据查询方法和对查询结果的处理不同,可以把Access中的查询分为选择查询、交叉表查询、操作查询和SQL查询4种类型。

4. 创建查询有几种方法?

答:创建查询的方法有设计视图和SQL视图。

5. 什么是参数查询?

答:参数查询是一种特殊的选择查询,它能够在执行查询时显示一个对话框,提示用户输入查询条件的有关参数,将结果按指定的形式显示出来。

6. 操作查询分为哪几种?

答:操作查询分为删除查询、更新查询、追加查询和生成表查询。

7. 特殊运算符"In"的含义是什么?

答:In前面的对象在后面的结果集中。

8. SQL查询分为哪几种类型?

答:SQL查询分为数据查询、数据定义、数据操纵和数据控制4种类型。

第 6 章　窗体设计

一、填空题

1. 窗体通常由窗体页眉、窗体页脚、________、页面页脚和主体五部分组成。

解：页面页眉

2. 创建窗体可以使用________和使用________两种方式。

解：向导，设计视图

3. 窗体中的窗体称为________，其中可以创建为________式或数据表窗体。

解：子窗体，表格

4. 窗体由多个部分组成，每个部分称为一个________，大部分的窗体只有________。

解：节，主体节

5. 对象的________描述了对象的状态和特性。

解：属性

6. 在创建主/子窗体之前，必须设置________之间的关系。

解：表

二、单项选择题

1. Access 的窗体由多个部分组成，每个部分称为一个（　B　）。

A. 控件　　B. 节　　C. 页　　D. 子窗体

2. 用于创建窗体或修改窗体的视图是（　A　）。

A. 设计视图　　B. 窗体视图　　C. 数据表视图　　D. 透视表视图

3. 下列各项中，不是窗体组成部分的是（　D　）。

A. 窗体页眉　　B. 页面页眉　　C. 页面页脚　　D. 窗体设计器

4. 下面关于窗体的作用叙述错误的是（　B　）。

A. 可以接收用户输入的数据或命令

B. 可以直接存储数据

C. 可以编辑、显示数据库中的数据

D. 可以构造方便、美观的输入/输出界面

5. 下列不属于窗体类型的是（　D　）。

A. 纵栏式窗体　　B. 表格式窗体　　C. 数据表窗体　　D. 开放式窗体

6. 下列不属于 Access 窗体视图的是（　B　）。

A. 设计视图　　B. 版面视图　　C. 数据表视图　　D. 窗体视图

7. 在一个窗体中显示多条记录的内容的窗体是（　B　）。

A. 数据表窗体　　B. 表格栏窗体　　C. 数据透视表窗体　D. 纵栏式窗体

8. 以下关于设计视图的描述中，错误的是（　D　）。

A. 利用设计视图可以创建表，也可以改表结构

B. 利用设计视图可以建立查询

C. 利用设计视图可以建立窗体

D. 利用设计视图可以查看表中内容

9. 要改变窗体中文本框控件的数据源，应设置的属性是（　B　）。

A. 记录源　　B. 控件来源　　C. 筛选查询　　D. 默认值

10. 用来显示说明文本的控件的按钮名称是（　C　）。

A. 复选框　　B. 文本框　　C. 标签　　D. 控件向导

11. 用表达式作为数据源的控件类型是（　C　）。

A. 结合型　　B. 非结合型　　C. 计算型　　D. 以上都对

12. 在Access中已建立了“学生”表,其中有可以存放照片的字段。在使用向导为该表创建窗体时,“照片”字段所使用的默认控件是（　D　）。

A. 组合框　　B. 图像框　　C. 非绑定对象框　　D. 绑定对象框

13. 若要求在文本框中输入文本时达到密码“*”号的效果,应设置的属性是（　D　）。

A. 默认值　　B. 标题　　C. 密码　　D. 输入掩码

14. 下面关于列表框和组合框叙述正确的是（　B　）。

A. 列表框和组合框都可以显示一行或多行数据

B. 可以在组合框中输入新值,而列表框不能

C. 可以在列表框中输入新值,而组合框不能

D. 在列表框和组合框中均可以输入新值

15. 在窗体的“窗体”视图中,可以进行（　B　）。

A. 创建或修改窗体　　B. 显示、添加或修改表中的数据

C. 创建报表　　D. 以上都可以

三、简答题

1. 窗体的主要功能是什么？如何分类？

答:窗体是一个为用户提供的可以输入和编辑数据的交互界面。

窗体类型分为:纵栏式窗体、表格式窗体、数据表窗体、主-子窗体、图表窗体、数据透视表窗体。

2. 有几种创建窗体的方法？

答:Access 2003 提供了9种创建窗体的方法。用户可以方便地利用这9种方法完成窗体的创建工作。

3. 简述每一种方法的建立步骤。

答:参阅教材,由学生自己完成。

4. 窗体设计工具箱中有哪些主要工具控件？各有什么功能？

答:参阅教材“常用的窗体控件”部分。

5. 如何将控件添加到窗体中？

答:选定单个控件时,单击这个按钮,然后单击想要选择的控件。选定多个控件时,单击这个按钮,然后拖出一个长方形包围所有想要选择的控件,也可以使用Shift键控制多控件的选择。

6. 窗体中的窗体页眉、页脚和页面页眉、页脚有什么用途？如何设计？

答:参阅教材“窗体的组成与结构”一节。

7. 如何在窗体中添加一幅背景图片？

答:在窗体设计状态,选择窗体属性下的“格式”标签,如图3.6.1所示,在“图片”的名称内容中设定图片的路径。

8. 如何设置和修改窗体的属性？

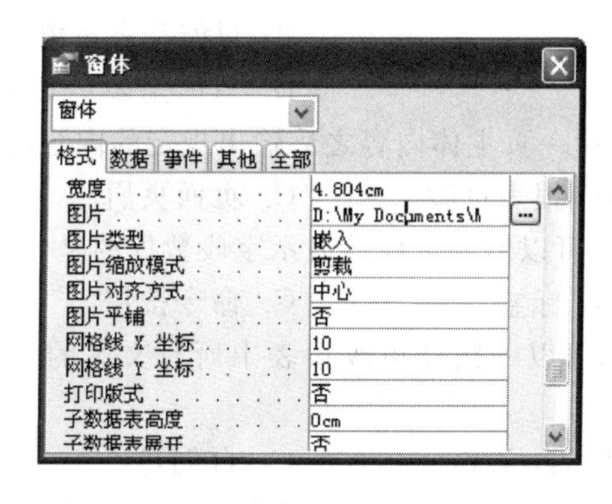

图 3.6.1

答：参阅“实用窗体设计”一节。

四、操作题

1～5 题由学生参阅教材自己完成。

6. 主要操作步骤如下。

(1) 在“数据库”窗口中，单击“窗体”对象。双击“使用向导创建窗体”，启动“窗体向导”。

(2) 单击“表/查询”下拉式列表框右侧的箭头，从中选择“表：教师情况”，将全部的“可用字段”移到“选定的字段”中。

(3) 单击“下一步”按钮，显示一个对话框，要求确定窗体查看数据的方式，由于数据来源于两个表，所以有两个可选项：“通过教师情况”查看或“通过课程”查看，在这我们选择“通过教师情况”，并选择“带有子窗体的窗体”单选项。

(4) 单击“下一步”按钮，弹出一个对话框，要求确定窗体所采用的布局。有两个可选项：表格和数据表，在这我们选择“表格”选项。

(5) 单击“下一步”按钮，弹出样式对话框，要求确定窗体所采用的样式。在对话框右部的列表框中列出了若干种窗体的样式，可以选择所喜欢的样式。

(6) 单击“下一步”按钮，在弹出的对话框中为所创建的主窗体输入一个标题“教师”，在子窗体处输入子窗体标题“课程子窗体”。

(7) 单击“完成”按钮，所创建的主窗体和子窗体同时出现在屏幕上。

第 7 章　报表制作

一、单项选择题

1. 以下叙述中正确的是（　B　）。

A. 报表只能输入数据　　　　B. 报表只能输出数据

C. 报表可以输入和输出数据　　　　D. 报表不能输入和输出数据

2. 要实现报表的分组统计，正确的操作区域是（　C　）。

A. 报表页眉或报表页脚区域　　　　B. 页面页眉或页面页脚区域

C. 组页眉或组页脚区域　　　　D. 主体区域

3. 关于设置报表数据源，下列叙述中正确的是（　D　）。

A. 可以是任意对象　　B. 只能是表对象
C. 只能是查询对象　　D. 只能是表对象或查询对象

4. 要设置只在报表最后一页主体内容之后输出规定的内容，正确的设置是（　D　）。
A. 报表页眉　　B. 报表页脚　　C. 页面页眉　　D. 页面页脚

5. 在报表设计中，以下可以做绑定控件显示字段数据的是（　A　）。
A. 文本框　　B. 标签　　C. 命令按钮　　D. 图像

6. 通过（　A　）格式，可以一次性更改报表中所有文本的字体、字号及线条粗细等外观属性。
A. 自动套用　　B. 自定义　　C. 自创建　　D. 图表

7. 在报表中，要计算“数学”字段的最高分，应将控件的“控件来源”属性设置为（　A　）。
A. Max:([数学])　　B. Max(数学)
C. =Max[数学]　　D. =Max(数学)

8. 要实现报表按某字段分组统计输出，需要设置（　B　）。
A. 报表页脚　　B. 该字段组页脚
C. 主体　　D. 页面页脚

9. 要显示格式为“页码/总页数”的页码，应当设置文本框的控件来源属性是（　D　）。
A. [Page]/[Pages]　　B. =[Page]/[Pages]
C. [Page]&"/"& [Pages]　　D. =[Page]&"/"& [Pages]

10. 如果设置报表上某个文本框的控件来源属性为“=3 * 4+2”，则打开报表视图时，该文本框显示信息是（　D　）。
A. 未绑定　　B. 出错　　C. 3 * 4+　　D. 14

11. 要设置在报表每一页的顶部都输出的信息，需要设置（　C　）。
A. 报表页眉　　B. 报表页脚　　C. 页面页眉　　D. 页面页脚

12. 创建报表时，可以设置（　A　）对记录进行排序。
A. 字段　　B. 表达式　　C. 字段表达式　　D. 关键字

13. 报表不能完成的工作是（　D　）。
A. 分组数据　　B. 汇总数据　　C. 格式化数据　　D. 输入数据

14. 报表与窗体的主要区别在于（　B　）。
A. 窗体和报表中都可以输入数据
B. 窗体可以输入数据，而报表中不能输入数据
C. 窗体和报表中都不可以输入数据
D. 窗体中不可以输入数据，而报表中能输入数据

15. 可以更直观地表示出数据之间的关系的报表是（　C　）。
A. 纵栏式报表　　B. 表格式报表　　C. 图表报表　　D. 标签报表

16. 如果想制作标签，利用（　B　）向导进行较为迅速。
A. 图表　　B. 标签　　C. 报表　　D. 纵栏式报表

17. 以下说法正确的是（　B　）。
A. 页面页眉中的内容只能在报表的开始处打印
B. 如果想在每一页上都打印出标题，可以将标题移动到页面页眉中
C. 在设计报表时，页眉和页脚分别添加

D. 使用报表可以打印各种发票、订单、信封

18. 报表有3种视图：设计视图、打印视图和（　A　）。

A. 版面视图　　B. 页面视图　　C. 页脚视图　　D. 主体视图

19. 在Access 2003中，根据报表的形式可以大致分为纵栏式报表、（　C　）和标签报表三类。

A. 子报表　　B. 分页式报表　　C. 表格式报表　　D. 设计报表

20. 打印对话框分成3部分：（　A　）、打印范围和份数。

A. 页面设置　　B. 打印机　　C. 版权　　D. 副本

二、判断题

1. 使用报表，可以控制报表上所有内容的大小和外观，可以按照所需要的方式显示要查看的信息。（正确）

2. 报表既可以在屏幕上输出，也可以传送到打印设备。（正确）

3. 报表中的所有内容是从基础表、查询或SQL语句中获得的。（错误）

4. 在报表中可以对数据进行操作，例如，对数据输入、修改、删除等，但是在窗体中不可以对数据进行输入等操作。（正确）

5. 报表和窗体不一样，窗体可以生成子窗体，但报表不能生成子报表。（错误）

6. 报表最多只能包含5个节。（错误）

7. 表格式报表是在每页中从上到下按字段打印一条或多条记录的一种报表，其中每个字段占一行。（正确）

8. 在报表的“打印预览”视图中，一个窗口最多可以查看3页报表。（错误）

三、简答题

1. 什么是报表，报表有什么作用？

答：报表是Access 2003中一种重要的数据库对象，是一种专门针对打印而设计的特殊窗体。报表的主要作用是比较和汇总数据，显示经过格式化的数据并打印出来。

2. 报表由哪几个部分组成，每部分主要放置什么内容，一般处于什么位置？

答：报表通常包括7个部分，即：报表页眉、页面页眉、组页眉、主体、组页脚、页面页脚、报表页脚。也有的书上分为5个部分，即除去组页眉和组页脚。

3. 报表的类型有哪些？

答：Access 2003提供的报表类型有4类：纵栏式报表、表格式报表、图表报表和标签报表。

4. 创建报表的方法有哪些？

答：Access 2003为用户提供了5种创建报表的方法，即利用自动创建报表、利用报表向导创建报表、利用图表向导、利用标签向导和利用设计视图创建报表。其中前4种用于创建简单的报表，后一种用于创建较为复杂的个性化的报表。

5. 如何使用“设计”视图创建一个报表？

答：参见教材“利用设计视图创建报表”一节。

四、操作题

操作步骤提示如下。

（1）创建“教学管理”数据库，创建“学生成绩”表，字段为：学生ID、数学、英语、计算机

(注:这里的数学、英语、计算机指的是成绩)。

(2) 用向导创建报表,打开"教学管理"数据库窗口。在"报表"选项卡中双击"使用向导创建报表"快捷选项,显示"报表向导"对话框。在"表/查询"框选定"学生成绩"表,然后将所有的字段分别从"可用字段"列表移到"选定的字段"列表中。逐次单击"下一步"按钮,直至显示"指定标题"窗口。在"请为报表指定标题"框输入"成绩统计表",再选定"修改报表设计"选项按钮,然后单击"完成"按钮,即显示报表设计视图。

(3) 添加标签和表达式:

① 复制"英语"标签并粘贴到"页面页眉"节,然后将新标签的"标题"改为"平均"。

② 在"主体"节创建1个文本框,删除附加标签,并在其中输入"=Round(([数学]+[英语]+[计算机])/3,2)"。

③ 将"平均"标签复制并粘贴到"报表页脚"节,然后在该节创建4个文本框。在各个文本框中分别输入表达式,依次为"=Round(Avg([数学]),2)"、"=Round(Avg([英语]),2)"、"=Round(Avg([计算机]),2)"、"=Round(([数学]+[英语]+[计算机])/3,2)"。

(4) 编辑报表,包括:

① 适当调整控件大小与位置。

② 单击"成绩统计表"标签,执行"格式|大小|正好容纳"命令。

③ 将所有标签的"倾斜字体"属性设置为"否"。

④ 删除在"页面页眉"节生成的1条直线。

⑤ 画表格线,包括4条横线和18条短竖线。

⑥ 执行"视图|网格"命令将网格线取消。

⑦ 打开报表的属性表,在"标题"属性框中输入"平均成绩"。

(5) 预览报表:单击"报表设计"工具栏中的"打印预览"按钮,即显示报表预览窗口。

第8章　宏的应用

一、单项选择题

1. 要限制宏命令的操作范围,可以在创建宏时定义(　B　)。

A. 宏操作对象　　B. 宏条件表达式

C. 窗体或报表控件属性　　D. 宏操作目标

2. 在宏的表达式中要引用窗体Forml上控件Txtl的值,可以使用的引用式是(　C　)。

A. Txtl　　B. Form1! Txtl

C. Forms! Form1 ! Txtl　　D. Forms! Txtl

3. 下列不属于打开或关闭数据表对象的命令是(　D　)。

A. OpenForm　　B. OpenReport

C. Close　　D. RunSQL

4. 由多个操作构成的宏,执行时是按(　A　)依次执行的。

A. 排序次序　　B. 从后往前　　C. 输入顺序关　　D. 打开顺序

5. VBA的自动运行宏,必须命名为(　B　)。

A. AutoExe　　B. AutoExec　　C. AutoExec. bat　　D. Auto

6. 下列命令中,属于通知或警告用户的命令是(　D　)。

A. Requery　　B. Restore　　C. RunApp　　D. Msgbox

7. 以下（ C ）事件发生在控件接收焦点时。

A. Enter　　B. Exit　　C. GotFocus　　D. LostFocus

8. 在一个宏的操作序列中，如果既包含带条件的操作，又包含无条件的操作。则带条件的操作是否执行取决于条件式的真假，而没有指定条件的操作则会（ C ）。

A. 有条件执行　　B. 不执行　　C. 无条件执行　　D. 出错

9. 在运行宏的过程中，宏不能修改（ B ）。

A. 窗体　　B. 宏本身　　C. 表　　D. 数据库

10. 宏组是由（ C ）组成的。

A. 若干宏操作　　B. 子宏　　C. 若干宏　　D. 都不正确

11. 在条件宏设计时，对于连续重复的条件，可以代替的符号是（ A ）。

A. …　　B. ;　　C. ,　　D. =

12. 定义（ A ）有利于对数据库中宏对象的管理。

A. 宏组　　B. 数组　　C. 宏　　D. 窗体

二、简答题（答案略）

三、设计题（答案略）

第9章　数据访问页

一、单项选择题

1. 打开数据库的“页”对象列表，单击“对象”，单击“设计”按钮。这是下列选项中哪一个的操作提要（ B ）。

A. 打开数据访问页对象　　B. 打开数据访问页的设计视图

C. 在 Web 浏览器中访问页文件　　D. 快速创建数据访问页

2. 关于启动数据向导这一操作，下列说法不正确的是（ C ）。

A. 在“数据库”窗口中的对象选项下选择“页”，并单击该窗口工具栏中的“新建”按钮

B. 在打开的“新建数据访问页”对话框中选择“数据页向导”

C. 选择创建数据访问页所需的来源表或查询

D. 单击“确定”按钮，将会打开“数据页向导”对话框

3. 仅仅让页面上表中的数据都简单地以纵栏表的方式出现，不对它们进行数据分组等操作，可以使用下列哪种方式来创建数据访问页（ A ）。

A. 自动创建数据访问页

B. 使用向导创建数据访问页

C. 在“数据访问页”的设计视图中自行创建

D. 无法实现

4. Access 数据库中的数据发布可以通过（ D ）在 Internet 上实现。

A. 查询　　B. 窗体　　C. 表　　D. 数据访问页

5. 关于标题的叙述错误的一项是（ C ）。

A. 用于显示文本框以及其他控件的标题

B. 位于组页眉的上面

C. 位于组页眉的下面

D. 在标题中不能放置绑定控件

6. 数据访问页文件的类型是（ B ），它是一种独立于 Access 数据库的文件。

A. TXT 文件　　B. HTML 文件　　C. MDB 文件　　D. DOC 文件

7. 一般情况下，在需要创建含有单个记录源中所有的字段的数据访问页时应该选择哪一种创建方式（ A ）。

A. 自动创建数据访问页　　B. 用向导创建数据访问页

C. 用设计视图创建数据访问页　　D. 用现有的 Web 页创建数据访问页

8. 向数据访问页中插入会含有超级链接图像的控件名称是（ B ）。

A. 影片　　B. 图像超级链接　　C. 图像　　D. 滚动文字

9. 对向导创建数据访问页中的选择字段这一操作过程，下列描述错误的一项是（ C ）。

A. 单击“表/查询”项右边的“弹出下拉列表”按钮

B. 选择创建数据访问页所需的来源表或查询

C. 在打开的“新建数据访问页”对话框中选择“数据页向导”

D. 在“可用字段”项内选择所需字段

10. 当在 Access 中保存 Web 页时，Access 在“数据库”窗口中创建一个 Access 到 HTML文件的（ C ）。

A. 指针　　B. 字段　　C. 快捷方式　　D. 地址

二、简答题（答案略）

三、实验题（答案略）

第 10 章　模块与 VBA

一、单项选择题

1. 对变量概念的理解错误的是（ C ）。

A. 变量名的命名同字段命名一样，但变量命名不能包含有空格或除了下划线符号外的任何其他的标点符号

B. 变量名不能使用 VBA 的关键字

C. VBA 中对变量名的大小写敏感，变量名“Newyear”和“newyear”代表的是两个不同的变量

D. 根据变量直接定义与否，将变量划分为隐含型变量和显式变量

2. 以下有关优先级的比较，正确的说法是（ B ）。

A. 算术运算符＞关系运算符＞连接运算符

B. 算术运算符＞连接运算符＞逻辑运算符

C. 连接运算符＞算术运算符＞关系运算符

D. 逻辑运算符＞关系运算符＞算术运算符

3. VBA 程序流程控制的方式有（ D ）。

A. 顺序控制和选择控制　　B. 选择控制和循环控制

C. 顺序控制和循环控制　　　　D. 顺序控制、选择控制和循环控制

4. 以下(B)选项定义了 10 个整型数构成的数组，数组元素为 NewArray(1)～NewArray(10)。

A. Dim NewArray(10) As Integer

B. Dim NewArray(1 to 10) As Integer

C. Dim NewArray(10) Integer

D. Dim NewArray(1 to 10) Integer

5. 下列关于数组特征的描述不正确的是(C)。

A. 数组是一种变量，由有序规则结构中具有同一类型的值的集合构成

B. 在 VBA 中不允许隐式说明数组

C. Dim astrNewArray (20) As String 这条语句产生包含 20 个元素的数组，每个元素为一个变长的字符串变量，且第一个元素从 0 开始

D. Dim astrNewArray (1 To 20) As String 这条语句产生包含 20 个元素的数组

6. 程序段：

```
For S = 5 TO S = 10 Step 1
  S = 2 * S
Next S
```

该循环执行的次数为(A)。

A. 1　　B. 2　　C. 3　　D. 4

7. 下面关于 Visual Basic 的说法错误的是(B)。

A. Visual Basic 程序可以分成不同的过程，过程就是完成一个单任务的指令集合

B. Visual Basic 仅存在于 Access 模块内

C. Visual Basic 过程存在于哪个地方，取决于过程的作用域

D. 在使用宏完成给定任务时局限性太大，或者对于给定的任务使用宏的效率太低时应使用 Visual Basic

8. 程序段：

```
Dim M As Single
Dim N As Single
Dim P As Single
M = Abs( - 7)
N = Int( - 2.4)
P = M + N
```

P 的返回值是(D)。

A. 9　　B. −9　　C. 5　　D. 4

9. VBA 中可以用关键字(A)定义符号常量。

A. Const　　B. Dim　　C. Public　　D. Static

10. 连接式“2+3”&“=”&(2+3)的运算结果为(B)。

A. “2+3=2+3”　　B. “2+3=5”

C. “5=5”　　D. “5=2+3”

11. 程序段：

```
x = 0
For i = 1 to 10 step 2
  x = x + i
  i = i * 2
Next i
```

程序运行完成后，变量 i 的值为（　A　）。

A. 22　　B. 10　　C. 11　　D. 16

12. 下面表达式为假的是（　C　）。

A. (4>3)　　B. ((4 Or (3>2))=-1)

C. ((4 And(3<2)=1)　　D. (Not(3>= 4))

13. 以下关于标准模块的说法不正确的是（　C　）。

A. 标准模块一般用于存放其他 Access 数据对象使用的公共过程

B. 标准模块所有的变量和函数都具全局特性，是公共的

C. 标准模块的生命周期是伴随着应用程序的开始而开始，关闭而结束

D. Access 系统中可以通过创建新的模块对象而进入其代码设计环境

14. VBA 的逻辑值进行算术运算时，True 值被当做（　B　）。

A. 0　　B. -1　　C. 1　　D. 任意值

二、计算下列表达式的值

① 5 * 3+5 * 6 Mod 4；

答案：25

② 3>8 And Not True；

答案：False

③ 24\5 * 5.0^2/1.5；

答案：0

④ 25\4 Mod 3.1 * Int(2.4)；

答案：0

⑤ #2010-11-10# +5；

答案：2010-11-15

⑥ 已知 s$ ="2323432"，求表达式 Val(Left(s$,3)+Mid(s$,2))的值。

答案：232323432

三、简答题（答案略）

四、编程题（答案略）

第 12 章　关系数据库设计

一、填空题

1. 关系模式 R 中，如果每个数据项都是不可再分割的，那么 R 一定属于________。

解：第一范式(1NF)

2. 如果关系模式 R 属于 1NF，并且它的每个非主属性都________ R 的码，则 R 也属于 2NF。

解：完全函数依赖于

3. 如果关系模式 R 属于 2NF，且它的每个非主属性都不传递函数依赖于 R 的码，则称 R 为满足________的关系模式。

解：第三范式(3NF)

4. 设关系 $R(U)$，X、$Y \in U$，$X \to Y$ 是 R 的一个函数依赖，如果存在 $X' \in X$，使 $X' \to Y$ 成立，则称函数依赖 $X \to Y$ 是________函数依赖。

解：部分

5. 在关系模式 $R(A,B,C,D)$ 中，存在函数依赖关系 $\{A \to B, A \to C, A \to D, (B,C) \to A\}$，则候选码是________，关系模式 $R(A,B,C,D)$ 属于________。

解：A 和 (B,C)，第二范式(2NF)

6. 数据库规范化设计方法从本质上看仍然是手工设计方法，其基本思想是________和________。

解：过程迭代，逐步求精

7. 数据库设计分为以下几个阶段________、________、________、________和________。

解：需求分析，概念结构设计，逻辑结构设计，物理设计阶段，数据库实施，维护阶段

8. 数据字典中应包括对以下几部分数据的描述：________、________、________、________和________。

解：数据项，数据结构，数据流，数据存储，处理过程

9. 设计数据库的物理结构时，需要选择有效的数据存取方法，常用存取方法有________、________、________等。

解：索引(index)，哈希(HASH)，聚簇(Cluster)法

10. 数据库实施并正式运行后，对数据库经常性的维护工作主要是由________完成的。

解：数据库管理员 (DBA)

二、单项选择题

1. 关系规范化的主要目的，是为了解决关系数据库中的（　C　）等问题。

A. 提高数据查询速度　　B. 保证数据的安全性
C. 插入、删除异常和数据冗余　　D. 保证数据的完整性

2. 根据关系规范化理论，关系数据库中的关系必须满足的条件是：其每一个属性都是（　B　）。

A. 类型统一的　　B. 不可再分的　　C. 互相关联的　　D. 互不相关的

3. 若有 $X \to Y$，当下列哪一项成立时，该函数依赖被称为平凡的函数依赖（　B　）。

A. $X \in Y$　　B. $Y \in X$　　C. $X \cap Y = \varnothing$　　D. $X \cap Y \neq \varnothing$

4. 在关系模式中，满足 2NF 的关系模式（　A　）。

A. 必定是 1NF　　B. 可能是 1NF　　C. 必定是 3NF　　D. 必定是 BCNF

5. 消除了部分函数依赖的 1NF 的关系模式，必定可以达到（　B　）。

A. 1NF　　B. 2NF　　C. 3NF　　D. BCNF

6. 在学生关系 S(StudentID, Sname, Sex, Age, DepartID, Dname) 中，存在函数依赖

StudentID→(Sname,Sex,Age,DepartID)以及 DepartID→Dname,则其满足（ B ）。

A. 1NF　　B. 2NF　　C. 3NF　　D. BCNF

7. 设有关系模式 $R(A,B,C,D)$,其数据依赖集为 $F=\{(A,B)\to C, C\to D\}$,则该关系模式 R 的规范化等级最高达到（ B ）。

A. 1NF　　B. 2NF　　C. 3NF　　D. BCNF

8. 若关系模式 R 中的属性全是主属性,则 R 的规范化等级最高必定可以达到（ C ）。

A. 1NF　　B. 2NF　　C. 3NF　　D. BCNF

9. 在数据库设计过程中,概念结构设计是关键,它通过对用户需求说明进行综合、归纳和抽象,形成一个独立于具体 DBMS 的（ B ）。

A. 数据模型　　B. 概念模型　　C. 层次模型　　D. 关系模型

10. 确定数据库中关系、索引、聚簇和备份等数据的存储结构和存取方法,这是数据库设计过程中（ D ）的任务。

A. 需求分析阶段　　B. 逻辑设计阶段　　C. 概念设计阶段　　D. 物理设计阶段

11. 数据库物理设计完成后,进入数据库实施阶段,下述选项中,（ D ）一般不属于实施阶段的工作。

A. 建立数据库　　B. 系统测试　　C. 载入数据　　D. 系统功能扩充

12. 在关系数据库设计过程中,设计得到关系数据模型是（ A ）阶段的任务。

A. 逻辑设计阶段　　B. 概念设计阶段　　C. 物理设计阶段　　D. 需求分析阶段

13. 在关系数据库设计过程中,对关系模式进行规范化处理,使其达到一定的范式级别,这是（ D ）阶段的任务。

A. 需求分析阶段　　B. 概念设计阶段　　C. 物理设计阶段　　D. 逻辑设计阶段

14. 在概念结构模型中,客观存在并且可以相互区别开来的事物称为（ A ）。

A. 实体　　B. 元组　　C. 属性　　D. 节点

15. 数据字典是数据库设计过程中（ D ）阶段所产生的。

A. 概要设计　　B. 可行性分析　　C. 程序编码　　D. 需求分析

16. 在数据库设计中,将 E-R 模型转换成关系数据模型属于（ B ）的任务。

A. 需求分析阶段　　B. 逻辑设计阶段　　C. 概念设计阶段　　D. 物理设计阶段

17. 从 E-R 图导出关系模型时,如果实体间的联系是 $m:m$ 的,下列说法中正确的是（ C ）。

A. 将 n 方码和联系的属性纳入 m 方的属性中

B. 将 m 方码和联系的属性纳入 n 方的属性中

C. 增加一个关系表示联系,其中纳入 m 方和 n 方的码

D. 在 m 方属性和 n 方属性中均增加一个表示级别的属性

18. 数据库概念结构设计阶段,在合并多个局部 E-R 时,往往会产生某些不一致的定义。下列哪项冲突一般不会出现（ A ）。

A. 功能冲突　　B. 命名冲突　　C. 属性冲突　　D. 结构冲突

19. 在数据库运行阶段,下面哪一项不属于日常性的数据库维护工作（ D ）。

A. 数据库转储恢复　　B. 数据库性能监控

C. 数据库安全控制　　D. 数据库功能设计

20. 下列选项中,哪一项说法是正确的?（ A ）

A. 设计 E-R 图时，所有的冗余信息都应该消除。

B. 关系模式的规范化，一般只要求达到 3NF 即可。

C. E-R 模型中，实体一般用矩形框来表示。

D. 设计用户子模式时，一般通过视图功能来实现。

三、简答题（答案略）

第 13 章　数据库保护

一、填空题

1. 对数据库的保护一般包括________、________、________和________4 个方面的内容。

解：安全性控制，完整性控制，并发性控制，数据库恢复

2. 对数据库________性的保护就是指要采取措施，防止库中数据被非法访问、修改，甚至恶意破坏。

解：安全

3. 安全性控制的一般方法有________、________、________、________和________5 种。

解：用户标识与鉴别，用户存储权限控制，视图机制，数据加密，审计

4. 用户鉴定机制包括________和________两个部分。

解：用户名，口令

5. 每个数据均需指明其数据类型和取值范围，这是数据________约束所必需的。

解：完整性

6. 在 SQL 中，________语句用于提交事务，________语句用于回滚事务。

解：commit，rollback

7. 加锁对象的大小被称为加锁的________。

解：封锁粒度

8. 对死锁的处理主要有两类方法，一是________，二是________。

解：一次加锁法，顺序加锁法

9. 解除死锁最常用的方法是________。

解：撤销请求

10. 基于日志的恢复方法需要使用两种冗余数据，即________和________。

解：日志文件，数据库后备副本

二、单项选择题

1. 对用户访问数据库的权限加以限定是为了保护数据库的（　A　）。

A. 安全性　　B. 完整性　　C. 一致性　　D. 并发性

2. 数据库的（　A　）是指数据的正确性和相容性。

A. 完整性　　B. 安全性　　C. 并发控制　　D. 系统恢复

3. 在数据库系统中，定义用户可以对哪些数据对象进行何种操作被称为（　B　）。

A. 审计　　B. 授权　　C. 定义　　D. 视图

4. 脏数据是指（　D　）。

A. 不健康的数据　　B. 缺损的数据

C. 多余的数据　　D. 被撤销的事务曾写入库中的数据

5. 设对并发事务 T1、T2 的交叉并行执行如下，执行过程中（　C　）。

T1	T2
① READ(A)	
②	READ(A)
	A=A+10 写回
③ READ(A)	

A. 有丢失修改问题　　B. 有不能重复读问题

C. 有读脏数据问题　　D. 没有任何问题

6. 若事务 T1 已经给数据 A 加了共享锁，则事务 T2（　D　）。

A. 只能再对 A 加共享锁

B. 只能再对 A 加排它锁

C. 可以对 A 加共享锁，也可以对 A 加排它锁

D. 不能再给 A 加任何锁

7. 用于数据库恢复的重要文件是（　C　）。

A. 日志文件　　B. 索引文件　　C. 数据库文件　　D. 备注文件

8. 若事务 T1 已经给数据对象 A 加了排它锁，则 T1 对 A（　C　）。

A. 只读不写　　B. 只写不读

C. 可读可写　　D. 可以修改，但不能删除

9. 数据库恢复的基本原理是（　A　）。

A. 冗余　　B. 审计　　C. 授权　　D. 视图

10. 数据备份可只复制自上次备份以来更新过的数据，这种备份方法称为（　B　）。

A. 海量备份　　B. 增量备份　　C. 动态备份　　D. 静态备份

三、简答题（答案略）

第四部分

模拟练习题

国家二级 Access 考试模拟练习题(一)

笔试部分

一、选择题

1. 下列叙述中正确的是________。

A. 程序执行的效率与数据的存储结构密切相关

B. 程序执行的效率只取决于程序的控制结构

C. 程序执行的效率只取决于所处理的数据量

D. 以上 3 种说法都不对

2. 下列叙述中正确的是________。

A. 数据的逻辑结构与存储结构必定是一一对应的

B. 由于计算机存储空间是向量式的存储结构,因此,数据的存储结构一定是线性结构

C. 程序设计语言中的数组一般是顺序存储结构,因此,利用数组只能处理线性结构

D. 以上 3 种说法都不对

3. 下列叙述中正确的是________。

A. 数据库系统是一个独立的系统,不需要操作系统的支持

B. 数据库技术的根本目标是要解决数据的共享问题

C. 数据库管理系统就是数据库系统

D. 以上 3 种说法都不对

4. 一棵二叉树中共有 70 个叶子结点与 80 个度为 1 的结点,则该二叉树中的总结点数为________。

A. 219　　B. 221　　C. 229　　D. 231

5. 下列叙述中正确的是________。

A. 为了建立一个关系,首先要构造数据的逻辑关系

B. 表示关系的二维表中各元组的每一个分量还可以分成若干数据项

C. 一个关系的属性名表称为关系模式

D. 一个关系可以包括多个二维表

6. 在面向对象方法中,实现信息隐蔽是依靠________。

A. 对象的继承　　B. 对象的多态　　C. 对象的封装　　D. 对象的分类

7. 软件调试的目的是________。

A. 发现错误　　B. 改正错误

C. 改善软件的性能　　D. 验证软件的正确性

8. 冒泡排序在最坏情况下的比较次数是________。

A. $n(n+1)/2$　　B. $n\log_2 n$　　C. $n(n-1)/2$　　D. $n/2$

9. 下列叙述中，不符合良好程序设计风格要求的是________。

A. 程序的效率第一，清晰第二　　B. 程序的可读性好

C. 程序中要有必要的注释　　D. 输入数据前要有提示信息

10. 软件是指________。

A. 程序　　B. 程序和文档

C. 算法加数据结构　　D. 程序、数据与相关文档的完整集合

11. 在企业中，职工的“工资级别”与职工个人“工资”的联系是________。

A. 一对一联系　　B. 一对多联系　　C. 多对多联系　　D. 无联系

12. 假设一个书店用(书号，书名，作者，出版社，出版日期，库存数量，……)一组属性来描述图书，可以作为“关键字”的是________。

A. 书号　　B. 书名　　C. 作者　　D. 出版社

13. 如果要在整个报表的最后输出信息，需要设置________。

A. 页面页脚　　B. 报表页脚　　C. 页面页眉　　D. 报表页眉

14. 将表 A 的记录添加到表 B 中，要求保持表 B 中原有的记录，可以使用的查询是________。

A. 选择查询　　B. 生成表查询　　C. 追加查询　　D. 更新查询

15. 使用 Function 语句定义一个函数过程，其返回值的类型________。

A. 只能是符号常量　　B. 是除数组之外的简单数据类型

C. 可在调用时由运行过程决定　　D. 由函数定义时 As 子句声明

16. 现有某查询设计视图(如图所示)，该查询要查找的是________。

字段:	学号	姓名	性别	出生年月	身高	体重
表:	体检首页	体检首页	体检首页	体检首页	体质测量表	体质测量表
排序:						
显示:	☑	☑	☑	☑	☑	☑
条件:			“女”		>=160	
或:			“男”			

A. 身高在 160 以上的女性和所有的男性

B. 身高在 160 以上的男性和所有的女性

C. 身高在 160 以上的所有人或男性

D. 身高在 160 以上的所有人

17. 可作为报表记录源的是________。

A. 表　　B. 查询　　C. Select 语句　　D. 以上都可以

18. 下列属于 Access 对象的是________。

A. 文件　　B. 数据　　C. 记录　　D. 查询

19. 在窗体中有一个标签 Label0，标题为“测试进行中”；有一个命令按钮 Command1；事件代码如下：

```
Private Sub Command1_Click( )
```

```
    Label0.Caption = "标签"
End Sub
Private Sub Form_Load( )
    Form.Caption = "举例"
    Command1.Caption = "移动"
End Sub
```

打开窗体后单击命令按钮,屏幕显示________。

A. 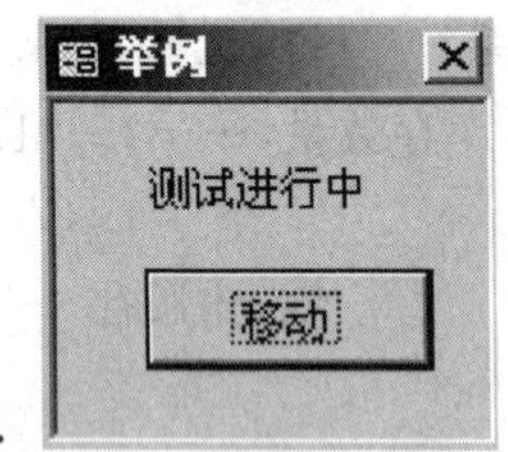

B. 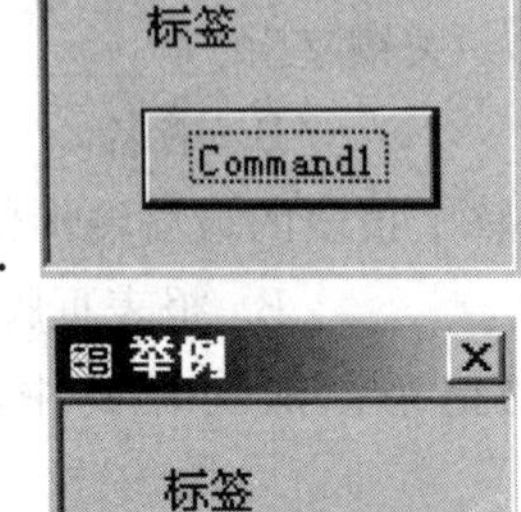

C. 

D.

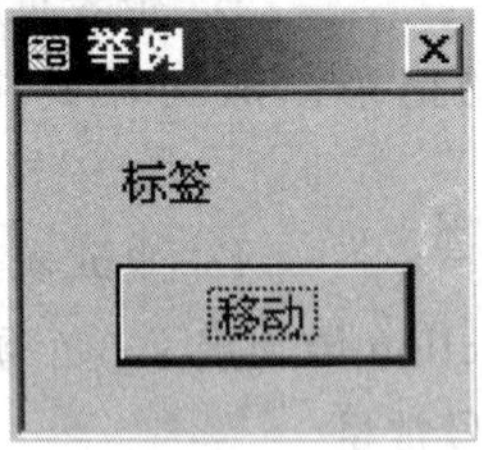

20. 将 Access 数据库数据发布到 Internet 上,可以通过________。

A. 查询　　B. 窗体　　C. 数据访问页　　D. 报表

21. 如果在查询的条件中使用了通配符方括号“[ ]”,它的含义是________。

A. 通配任意长度的字符

B. 通配不在括号内的任意字符

C. 通配方括号内列出的任一单个字符

D. 错误的使用方法

22. 下列不是分支结构的语句是________。

A. If … Then … EndIf

B. While … Wend

C. If … Then … Else … EndIf

D. Select … Case … End Select

23. 宏操作 SetValue 可以设置________。

A. 窗体或报表控件的属性

B. 刷新控件数据

C. 字段的值

D. 当前系统的时间

24. 在窗体中有一个标签 Lbl 和一个命令按钮 Command1,事件代码如下:

```
Option Compare Database
  Dim a As String * 10
```

```
Private Sub Command1_Click( )
    a = "1234"
    b = Len(a)
    Me.Lbl1.Caption = b
End Sub
```

打开窗体后单击命令按钮，窗体中显示的内容是________。

A. 4　　B. 5　　C. 10　　D. 40

25. 在 Access 中，查询的数据源可以是________。

A. 表　　B. 查询　　C. 表和查询　　D. 表、查询和报表

26. Access 数据库中，为了保持表之间的关系，要求在子表（从表）中添加记录时，如果主表中没有与之相关的记录，则不能在子表（从表）中添加该记录。为此需要定义的关系是________。

A. 输入掩码　　B. 有效性规则　　C. 默认值　　D. 参照完整性

27. 在过程定义中有语句：

```
Private  Sub  GetData(ByRef f As Integer)
```

其中“ByRef”的含义是________。

A. 传值调用　　B. 传址调用　　C. 形式参数　　D. 实际参数

28. 在窗体中，用来输入或编辑字段数据的交互控件是________。

A. 文本框控件　　B. 标签控件　　C. 复选框控件　　D. 列表框控件

29. 在 Access 数据库的表设计视图中，不能进行的操作是________。

A. 修改字段类型　　B. 设置索引　　C. 增加字段　　D. 删除记录

30. 用二维表来表示实体及实体之间联系的数据模型是________。

A. 实体-联系模型　　B. 层次模型　　C. 网状模型　　D. 关系模型

31. 在 Access 中，DAO 的含义是________。

A. 开放数据库互连应用编程接口　　B. 数据库访问对象

C. Active 数据对象　　D. 数据库动态链接库

32. 在报表中，要计算“数学”字段的最高分，应将控件的“控件来源”属性设置为________。

A. =Max([数学])　　B. Max(数学)　　C. =Max[数学]　　D. =Max(数学)

33. 打开查询的宏操作是________。

A. OpenForm　　B. OpenQuery　　C. OpenTable　　D. OpenModule

34. 在一个 Access 的表中有字段“专业”，要查找包含“信息”两个字的记录，正确的条件表达式是________。

A. =left([专业],2)="信息"　　B. like "*信息*"

C. ="信息*"　　D. Mid([专业],1,2,)="信息"

35. 在窗体中使用一个文本框（名为 n）接受输入的值，有一个命令按钮 run，事件代码如下：

```
Private Sub run_Click( )
    result = ""
    For i = 1 To Me!n
        For j = 1 To Me!n
            result = result + "*"
        Next j
            result = result + Chr(13) + Chr(10)
        Next i
            MsgBox result
End Sub
```

打开窗体后,如果通过文本框输入的值为4,单击命令按钮后输出的图形是________。

```
A.
* * * *
* * * *
* * * *
* * * *

B.
      *
    * * *
  * * * * *
* * * * * * *

C.
      * * * *
    * * * * * *
  * * * * * * * *
* * * * * * * * * *

D.
      * * * *
    * * * *
  * * * *
* * * *
```

二、填空题

1. 线性表的存储结构主要分为顺序存储结构和链式存储结构。队列是一种特殊的线性表,循环队列是队列的________存储结构。

2. 对下列二叉树进行中序遍历的结果为________。

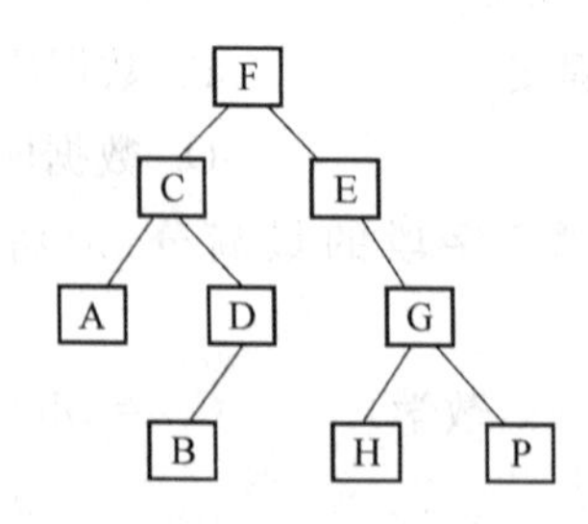

3. 在两种基本测试方法中,________测试的原则之一是保证所测试模块中每一个独立路径至少要执行一次。

4. 软件需求规格说明书应具有完整性、无歧义性、正确性、可验证性、可修改性等特性,其中最重要的是________。

5. 在E-R图中,矩形表示________。

6. 在VBA中双精度的类型标识是________。

7. 在窗体中使用一个文本框(名为num1)接受输入值,有一个命令按钮run13,事件代

码如下：

```
Private Sub run13_Click()
    If Me!num1 >= 60 Then
        result = "及格"
    ElseIf Me!num1 >= 70 Then
        Result = "通过"
    ElseIf Me!num1 >= 85 Then
        Result = "合格"
    End If
    MsgBox result
End Sub
```

打开窗体后，若通过文本框输入的值为85，单击命令按钮，输出结果是________。

8. 在关系运算中，要从关系模式中指定若干属性组成新的关系，该关系运算称为________。

9. 用于执行指定SQL语句的宏操作是________。

10. 现有一个登录窗体如图所示。打开窗体后输入用户名和密码，登录操作要求在20秒内完成，如果在20秒内没有完成登录操作，则倒计时达到0秒时自动关闭登录窗体，窗体的右上角是显示倒计时的标签Itime。事件代码如下，要求填空完成事件过程。

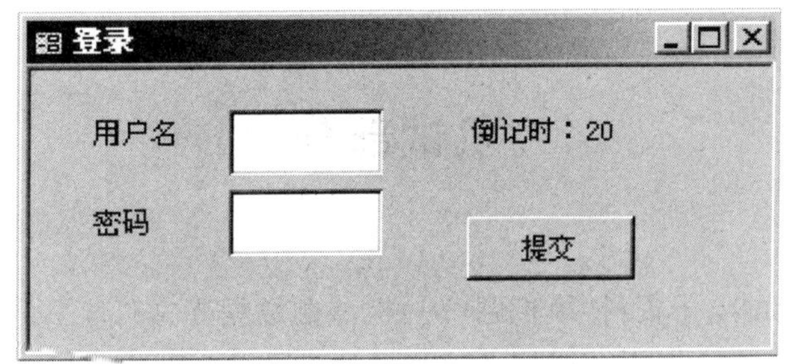


```
Option Compare Database
Dim flag As Boolean
Dim i As Integer
Private Sub Form_Load( )
    flag = ________
    Me.TimerInterval = 1000
    i = 0
End Sub
Private Sub Form_Timer( )
    If flag = True And i< 20 Then
        Me!ITime.Caption = 20 - i
        i = ________
    Else
        DoCmd.Close
```

```
    End If
End Sub
Private Sub OK_Click( )
′登录程序略
′如果用户名和密码输入正确,则:falg = False
End Sub
```

11. 窗体由多个部分组成,每个部分称为一个________。

12. 在 Access 中建立的数据库文件的扩展名是________。

13. 在窗体中使用一个文本框(名为 x)接受输入值,有一个命令按钮 test,事件代码如下:

```
Private Sub test_Click()
    y =0
    For i = 0 To Me!x
        y = y + 2 * i + 1
    Next i
    MsgBox y
End Sub
```

打开窗体后,若通过文本框输入值为 3,单击命令按钮,输出的结果是________。

14. 在向数据表中输入数据时,若要求所输入的字符必须是字母,则应该设置的输入掩码是________。

机试部分

一、基本操作

(1) 在本书配套的电子资料"模拟题(一)机试题数据库文件夹"下,"samp1. mdb"数据库文件中建立表"tTeacher",表结构如下。

字段名称	数据类型	字段大小	格式
编号	文本	5	
姓名	文本	4	
性别	文本	1	
年龄	数字	整型	
工作时间	日期/时间		短日期
学历	文本	5	
职称	文本	5	
邮箱密码	文本	6	
联系电话	文本	8	
在职否	是/否		是/否

(2) 根据"tTeacher"表的结构,判断并设置主键。

(3) 设置"工作时间"字段的有效性规则为只能输入上一年度 5 月 1 日以前(含)的日期

(规定:本年度年号必须用函数获取)。

(4) 将“在职否”字段的默认值设置为真值,设置“邮箱密码”字段的输入掩码为将输入的密码显示为6位星号(密码),设置“联系电话”字段的输入掩码,要求前四位为“010-”,后八位为数字。

(5) 将“性别”字段值的输入设置为“男”、“女”列表选择。

(6)在“tTeacher”表中输入以下两条记录:

编号	姓名	性别	年龄	工作时间	学历	职称	邮箱密码	联系电话	在职否
77012	郝海为	男	67	1962-12-8	大本	教授	621208	65976670	
92016	李丽	女	32	1992-9-3	研究生	讲师	920930	65976444	√

二、简单应用

在本书配套的电子资料“模拟题(一)机试题数据库文件夹”下存在一个数据库文件“samp2.mdb”,在samp2.mdb数据库中有“档案表”和“工资表”两张表,试按以下要求完成设计。

(1) 建立表对象“档案表”和“工资表”的关系,创建一个选择查询,显示职工的“姓名”、“性别”和“基本工资”三个字段内容,所建查询命名为“qT1”。

(2) 创建一个选择查询,查找职称为“教授”或者“副教授”档案信息,并显示其“职工号”、“出生日期”及“婚否”三个字段内容,所建查询命名为“qT2”。

(3) 创建一个参数的查询,要求:当执行查询时,屏幕提示“请输入要查询的姓名”。查询结果显示姓名、性别、职称、工资总额,其中“工资总额”是一个计算字段,由“基本工资+津贴-住房公积金-失业保险”计算得到。所建查询命名为“qT3”。

(4) 创建一个查询,查找有档案信息但无工资信息的职工,显示其“职工号”和“姓名”两个字段的信息,所建查询命名为“qT4”。

三、综合应用

模拟题(一)机试题数据库文件夹下存在一个数据库文件“samp3.mdb”,里面已经设计了表对象“tEmp”、窗体对象“fEmp”、宏对象“mEmp”和报表对象“rEmp”。同时,给出窗体对象“fEmp”的“加载”事件和“预览”及“打印”两个命令按钮的单击事件代码,试按以下功能要求补充设计。

(1) 将窗体“fEmp”上标签“bTitle”以特殊效果“阴影”显示。

(2) 已知窗体“fEmp”的三个命令按钮中,按钮“bt1”和“bt3”的大小一致,且左对齐。现要求在不更改“bt1”和“bt3”大小位置的基础上,调整按钮“bt2”的大小和位置,使其大小与“bt1”和“bt3”相同,水平方向左对齐“bt1”和“bt3”,竖直方向在“bt1”和“bt3”之间的位置。

(3) 在窗体“fEmp”的“加载”事件中设置标签“bTitle”以红色文本显示;单击“预览”按钮(名为“bt1”)或“打印”按钮(名为“bt2”),事件过程传递参数调用同一个用户自定义代码(mdPnt)过程,实现报表预览或打印输出;单击“退出”按钮(名为“bt3”),调用设计好的宏“mEmp”来关闭窗体。

（4）将报表对象“rEmp”的记录源属性设置为表对象“tEmp”。

注意：不允许修改数据库中的表对象“tEmp”和宏对象“mEmp”；不允许修改窗体对象“fEmp”和报表对象“rEmp”中未涉及的控件和属性。程序代码只允许在“ ***** Add ***** ”与“ ***** Add ***** ”之间的空行内补充一行语句、完成设计，不允许增删和修改其他位置已存在的语句。

国家二级 Access 考试模拟练习题(一)答案

笔试部分

一、选择题

1. A	2. D	3. B	4. A	5. C	6. C	7. B	8. C	9. A	10. D
11. B	12. A	13. B	14. C	15. D	16. A	17. D	18. D	19. D	20. C
21. C	22. B	23. A	24. C	25. C	26. D	27. B	28. A	29. D	30. D
31. B	32. A	33. B	34. B	35. A					

二、填空题

1. 顺序
2. ACBDFEHGP
3. 白盒 或 白箱
4. 无歧义性
5. 实体集
6. Double
7. 及格
8. 投影
9. RunSQL
10. true 与 i+1 或 1+i
11. 节
12. mdb 或 .mdb
13. 16
14. L

机试部分

一、基本操作

本题主要考核点：在一个数据库中添加一个新表、表结构的定义、主键的设置、有效性规则的设置、默认值的设置、输入掩码的设置、查阅向导的使用以及向表中输入记录。

本题解题思路如下。

第一步：打开“模拟题(一)机试题数据库文件夹”下的“samp1.mdb”数据库。

第二步：打开数据库菜单，选择“新建(N)”，在弹出的“新建表”对话框中，单击“设计视图”按钮，在弹出的表设计器中按题面要求依次输入各字段的定义。

第三步：主关键字是每个表中能唯一标识每条记录的字段，可以是一个字段，或是一组字段。由表中字段可知,“编号”为该表的主关键字,选中“编号”字段行,单击工具栏上的“主键”按钮。

第四步:选中“工作时间”字段行,再选中下面的“有效性规则”,在右边的框中直接输入“<=DateSerial(Year(Date())-1,5,1)”。

第五步:选中“在职否”字段行,在“默认值”右边的框中输入“True”。选中“邮箱密码”字段行,再选中下面的“输入掩码”,单击右边的“...”按钮,在弹出的“输入掩码”向导中选择“密码”,单击“下一步”按钮,再单击“完成”按钮。选中“联系电话”字段行,再选中下面的“输入掩码”,输入“010-”00000000。

第六步:选中“性别”字段,在下面的“查阅”选项卡中的“显示控件”选择“列表框”,“行来源类型”中选择“值列表”,“行来源”中输入“男;女”。然后以“tTeacher”保存该表。

第七步:向“tTeacher”表中输入题目所要求的各字段的内容。

二、简单应用

本题解题思路如下。

(1) 选择工具栏上的“关系”按钮(或者单击右键,选择“关系”),然后单击工具栏上的“显示表”按钮(或单击右键,在弹出的菜单中选择“显示表”),把“档案表”和“工资表”添加到关系窗体中,鼠标选中“档案表”中的“职工号”字段,然后拖到“工资表”中的“职工号”字段,然后单击“创建”。

(2) 单击“查询”,选择“新建(N)”,在弹出的“新建查询”窗体上选择“设计视图”,单击“确定”按钮,然后在弹出的“显示表”窗体上选择“档案表”和“工资表”,单击“添加”按钮,关闭“显示表”窗体。然后选择题目中所说的三个字段,以“qT1”保存查询。

(3) 与第1小题类似,在弹出的“显示表”窗体上选择“档案表”,单击“添加”按钮,关闭“显示表”窗体。然后选择题目中所说的三个字段,然后再选择“职称”字段,把该字段中的“显示”中的勾去掉,并在“条件”中输入“教授” Or “副教授”,最后以“qT2”保存查询。

(4) 与第1小题类似,在弹出的“显示表”窗体上分别选择“档案表”和“工资表”,单击“添加”按钮,关闭“显示表”窗体。然后选择“姓名”、“性别”、“职称”字段,在第四个“字段”中输入“工资总额:[基本工资]+[津贴]-[住房公积金]-[失业保险]”,在“姓名”字段的“条件”中输入[请输入要查询的姓名],最后以“qT3”保存查询。

(5) 与第1小题类似,在弹出的“显示表”窗体上选择“档案表”,单击“添加”按钮,关闭“显示表”窗体。然后选择“职工号”和“姓名”字段,在“职工号”字段的“条件”中输入“Not In (select 职工号 from 工资表)”,最后以“qT4”保存查询。

三、综合应用

本题主要考的是窗体的设计。本题解题思路如下。

(1) 打开窗体对象“fEmp”的设计视图,选择“bTitle”标签控件,并单击工具栏上的“属性”按钮,特殊效果属性设置为“阴影”。

(2) 打开窗体“fEmp”的设计视图,选中“bt2”按钮,并单击工具栏上的“属性”按钮,将命令按钮 bt2 的“左边距”设置为3厘米,“上边距”设置为2.5厘米,“宽度”设置为3厘米,“高度”设置为1厘米。

（3）打开窗体“fEmp”的设计视图，并单击工具栏上的“属性”按钮，单击“加载”属性右边的“…”打开代码生成器，在“ ***** Add1 ***** ”与“ ***** Add1 ***** ”之间输入“bTitle. ForeColor = 255”，保存窗体。

（4）打开窗体“fEmp”的设计视图，选中“bt1”按钮，并单击工具栏上的“属性”按钮，单击“单击”属性右边的“…”打开代码生成器，在“ ***** Add2 ***** ”与“ ***** Add2 ***** ”之间输入“mdPnt acViewPreview”，保存窗体。

（5）打开窗体“fEmp”的设计视图，选中“bt3”按钮，并单击工具栏上的“属性”按钮，单击“单击”属性并选择宏“mEmp”，保存窗体。

（6）打开报表对象“rEmp”的设计视图，将“记录源”属性设置为表“tEmp”。

国家二级 Access 考试模拟练习题(二)

笔试部分

一、选择题

1. 下列叙述中正确的是________。

A. 栈是“先进先出”的线性表

B. 队列是“先进后出”的线性表

C. 循环队列是非线性结构

D. 有序线性表既可以采用顺序存储结构,也可以采用链式存储结构

2. 耦合性和内聚性是对模块独立性度量的两个标准。下列叙述中正确的是________。

A. 提高耦合性降低内聚性有利于提高模块的独立性

B. 降低耦合性提高内聚性有利于提高模块的独立性

C. 耦合性是指一个模块内部各个元素间彼此结合的紧密程度

D. 内聚性是指模块间互相连接的紧密程度

3. 支持子程序调用的数据结构是________。

A. 栈　　B. 树　　C. 队列　　D. 二叉树

4. 将 E-R 图转换为关系模式时,实体和联系都可以表示为________。

A. 属性　　B. 键　　C. 关系　　D. 域

5. 下列排序方法中,最坏情况下比较次数最少的是________。

A. 冒泡排序　　B. 简单选择排序　　C. 直接插入排序　　D. 堆排序

6. 某二叉树有 5 个度为 2 的结点,则该二叉树中的叶子结点数是________。

A. 10　　B. 8　　C. 6　　D. 4

7. 有两个关系 R、S 如下:

R

A	B	C
a	3	2
b	0	1
c	2	1

S

A	B
a	3
b	0
c	2

由关系 R 通过运算得到关系 S,则所使用的运算为________。

A. 选择　　B. 投影　　C. 插入　　D. 连接

8. 下面叙述中错误的是________。

A. 软件测试的目的是发现错误并改正错误

B. 对被调试的程序进行“错误定位”是程序调试的必要步骤

C. 程序调试通常也称为 Debug

D. 软件测试应严格执行测试计划，排除测试的随意性

9. 软件按功能可以分为：应用软件、系统软件和支撑软件（或工具软件）。下面属于应用软件的是________。

A. 编译程序　　B. 操作系统　　C. 教务管理系统　　D. 汇编程序

10. 数据库应用系统中的核心问题是________。

A. 数据库设计　　B. 数据库系统设计

C. 数据库维护　　D. 数据库管理员培训

11. 下列 4 个选项中，不是 VBA 的条件函数的是________。

A. Choose　　B. If　　C. IIf　　D. Switch

12. 在定义表中字段属性时，对要求输入相对固定格式的数据，如电话号码 010-65971234，应该定义该字段的________。

A. 格式　　B. 默认值　　C. 输入掩码　　D. 有效性规则

13. 要实现报表按某字段分组统计输出，需要设置的是________。

A. 报表页脚　　B. 该字段的组页脚

C. 主体　　D. 页面页脚

14. 在设计条件宏时，对于连续重复的条件，要代替重复条件表达式可以使用符号________。

A. ...　　B. :　　C. !　　D. =

15. 在书写查询准则时，日期型数据应该使用适当的分隔符括起来，正确的分隔符是________。

A. *　　B. %　　C. &　　D. #

16. 如果在创建表中建立字段“性别”，并要求用汉字表示，其数据类型应当是________。

A. 是/否　　B. 数字　　C. 文本　　D. 备注

17. 要显示当前过程中的所有变量及对象的取值，可以利用的调试窗口是________。

A. 监视窗口　　B. 调用堆栈　　C. 立即窗口　　D. 本地窗口

18. 下列关于报表的叙述中，正确的是________。

A. 报表只能输入数据　　B. 报表只能输出数据

C. 报表可以输入和输出数据　　D. 报表不能输入和输出数据

19. 在运行宏的过程中，宏不能修改的是________。

A. 窗体　　B. 宏本身　　C. 表　　D. 数据库

20. 发生在控件接收焦点之前的事件是________。

A. Enter　　B. Exit　　C. GotFocus　　D. LostFocus

21. 按数据的组织形式，数据库的数据模型可分为 3 种模型，它们是________。

A. 小型、中型和大型　　B. 网状、环状和链状

C. 层次、网状和关系　　D. 独享、共享和实时

22. 下列关于 SQL 语句的说法中，错误的是________。

A. INSERT 语句可以向数据表中追加新的数据记录

B. UPDATE 语句用来修改数据表中已经存在的数据记录

C. DELETE 语句用来删除数据表中的记录

D. CREATE 语句用来建立表结构并追加新的记录

23. 设有如下过程：

```
x = 1
Do
    x = x + 2
Loop Until ________
```

运行程序，要求循环体执行 3 次后结束循环，空白处应填入的语句是________。

A. x<=7　　B. x<7　　C. x>=7　　D. x>7

24. 在 VBA 中要打开名为“学生信息录入”的窗体，应使用的语句是________。

A. DoCmd. OpenForm “学生信息录入”

B. OpenForm “学生信息录入”

C. DoCmd. OpenWindow “学生信息录入”

D. OpenWindow “学生信息录入”

25. 宏操作 Quit 的功能是________。

A. 关闭表　　B. 退出宏　　C. 退出查询　　D. 退出 Access

26. 要想在过程 Proc 调用后返回形参 x 和 y 的变化结果，下列定义语句中正确的是________。

A. Sub Proc(x as Integer, y as Integer)

B. Sub Proc(ByVal x as Integer, y as Integer)

C. Sub Proc(x as Integer, ByVal y as Integer)

D. Sub Proc(ByVal x as Integer, ByVal y as Integer)

27. 下列关于空值的叙述中，正确的是________。

A. 空值是双引号中间没有空格的值

B. 空值是等于 0 的数值

C. 空值是使用 Null 或空白来表示字段的值

D. 空值是用空格表示的值

28. 在 VBA 中，下列关于过程的描述中正确的是________。

A. 过程的定义可以嵌套，但过程的调用不能嵌套

B. 过程的定义不可以嵌套，但过程的调用可以嵌套

C. 过程的定义和过程的调用均可以嵌套

D. 过程的定义和过程的调用均不能嵌套

29. 在数据访问页的工具箱中，为了插入一段滚动的文字应该选择的图标是________。

A.　　B.　　C.　　D.

30. 在 Access 数据库对象中，体现数据库设计目的的对象是________。

A. 报表　　B. 模块　　C. 查询　　D. 表

31. 在窗体中添加一个名称为 Command1 的命令按钮，然后编写如下事件代码：

```
Private Sub Command1_Click()
    MsgBox f(24,18)
End Sub
Public Function f(m As Integer,n As Integer) As Integer
    Do while m<>n
        Do while m>n
            m = m - n
        Loop
        Do While m<n
            n = n - m
        Loop
    Loop
    f = m
End Function
```

窗体打开运行后,单击命令按扭,则消息框的输出结果是________。

A. 2　　B. 4　　C. 6　　D. 8

32. 在宏的参数中,要引用窗体 F1 上的 Text1 文本框的值,应该使用的表达式是________。

A. [Forms]! [F1]! [Text1]　　B. Text1

C. [F1]. [Text1]　　D. [Forms]_[F1]_[Text1]

33. 要从数据库中删除一个表,应该使用的 SQL 语句是________。

A. ALTER TABLE　　B. KILL TABLE

C. DELETE TABLE　　D. DROP TABLE

34. 能够实现从指定记录集里检索特定字段值的函数是________。

A. DCount　　B. DLookup　　C. DMax　　D. DSum

35. 数据库中有 A. B 两表,均有相同字段 C,在两表中 C 字段都设为主键。当通过 C 字段建立两表关系时,则该关系为________。

A. 一对一　　B. 一对多　　C. 多对多　　D. 不能建立关系

二、填空题

1. 假设用一个长度为 50 的数组(数组元素的下标为 0～49)作为栈的存储空间,栈底指针 bottom 指向栈底元素,栈顶指针 top 指向栈顶元素,如果 bottom＝49,top＝30(数组下标),则栈中具有________个元素。

2. 数据库系统的核心是________。

3. 在 E-R 图中,图形包括矩形框、菱形框、椭圆框。其中表示实体联系的是________框。

4. 符合结构化原则的 3 种基本控制结构是:选择结构、循环结构和________。

5. 软件测试可分为白盒测试和黑盒测试,基本路径测试属于________测试。

6. Access 的窗体或报表事件可以有两种方法来响应:宏对象和________。

7. 窗体中有两个命令按钮:"显示"(控件名为 cmdDisplay)和"测试"(控件名为 cmdT-

est)。当单击“测试”按钮时，执行的事件功能是：首先弹出消息框，若单击其中的“确定”按钮，则隐藏窗体上的“显示”按钮；否则直接返回到窗体中。请在空白处填入适当的语句，使程序可以完成指定的功能。

```
Private Sub cmdTest_Click()
    Answer = ________("隐藏按钮?",vbOKCancel + vbQuestion, "Msg")
    If Answer = vbOK Then
        Me!cmdDisplay.Visible = ________
    End If
End Sub
```

8. 函数 Mid(“学生信息管理系统”,3,2)的结果是________。

9. 子过程 Test 显示一个如下所示 4×4 的乘法表。

```
1*1=1      1*2=2      1*3=3      1*4=4
2*2=4      2*3=6      2*4=8
3*3=9      3*4=12
4*4=16
```

请在空白处填入适当的语句使子过程完成指定的功能。

```
Sub Text()
    Dim i,j As Integer
    For i = 1 To 4
        For j = 1 To 4
            If ________ Then
                Debug.Print i & "*" & j & "=" & i*j & Space(2),
            End If
        Next j
        Debug.Print
    Next i
End Sub
```

10. 用 SQL 语句实现查询表名为“图书表”中的所有记录，应该使用的 SELECT 语句是：select ________。

11. 对窗体 test 上文本框控件 txtAge 中输入的学生年龄数据进行验证。要求：该文本框中只接受大于等于 15 且小于等于 30 的数值数据，若输入超出范围则给出提示信息。该文本控件的 BeforeUpdate 事件过程代码如下，请在空白处填入适当的语句，使程序可以完成指定的功能。

```
Private Sub txtAge_BeforeUpdate(Cancel As Integer)
        If Me!txtAge = ""or ________ (Me!txtAge) Then
            '数据为空时的验证
            MsgBox "年龄不能为空!",vbCritical, "警告"
            Cancel = True                    '取消 BeforeUpdate 事件
        ElseIf IsNumeric(Me!txtAge) = False Then
```

```
        '非数值数据输入的验证
        MsgBox "年龄必须输入数值数据!", vbCritical, "警告"
        Cancel = True                    '取消 BeforeUpdate 事件
    ElseIf Me!txtAge<15 Or Me!txtAge ________ Then
        ' 非法范围数据输入的验证
        MsgBox "年龄为 15 - 30 范围数据!", vbCritical, "警告"
        Cancel = True                    '取消 BeforeUpdate 事件
    Else                        '数据验证通过
        MsgBox "数据验证 OK!",vbInformation, "通告"
    End If
End Sub
```

12. 有"数字时钟"窗体如下：

在窗口中有按钮"[开/关]时钟"，单击该按钮可以显示或隐藏时钟。其中按钮的名称为"开关"，显示时间的文本框名称为"时钟"，计时器间隔已设置为 500。请在空白处填入适当的语句，使程序可以完成指定的功能。

```
Dim flag As Integer
Private Sub Form_Load()
    flag = 1
End Sub
Private Sub Timer1_Timer()     ' "计时器触发"事件过程
    时钟 = Time                 ' 在"时钟"文本框中显示当前时间
End Sub
Private Sub 开关_Click()       ' "开关"按钮的单击事件过程
    If ________ Then
        时钟.Visible = False
        flag = 0
    Else
        时钟.Visible = True
        flag = 1
    End If
End Sub
```

13. 在关系数据库中，从关系中找出满足给定条件的元组，该操作可称为________。

机试部分

一、基本操作

在本书配套的电子资料“模拟题(二)机试题数据库文件夹”下，存在两个数据库文件和一个照片文件，数据库文件名分别为“samp1. mdb”和“dResearch. mdb”，照片文件名为“照片. bmp”。试按以下操作要求，完成表的建立和修改。

(1) 将“模拟题(二)机试题数据库文件夹”下的“dResearch. mdb”数据库中的“tEmployee”表导入到 samp1. mdb 数据库中。

(2) 创建一个名为“tBranch”的新表，其结构如下：

字段名称	类型	字段大小
部门编号	文本	16
部门名称	文本	10
房间号	数字	整型

(3) 将新表“tBranch”中的“部门编号”字段设置为主键。

(4) 设置新表“tBranch”中的“房间号”字段的“有效性规则”，保证输入的数字在 100～900(不包括 100 和 900)；

(5) 在“tBranch”表输入如下新记录：

部门编号	部门名称	房间号
001	数量经济	222
002	公共关系	333
003	商业经济	444

(6) 在“tEmployee”表中添加一个新字段，字段名为“照片”，类型为“OLE 对象”；将模拟题(二)机试题数据库文件夹”下的“照片. BMP”文件中的照片使用选择文件插入的方法输入到“李丽”记录的“照片”字段中。

二、简单应用

本书配套的电子资料“模拟题(二)机试题数据库文件夹”下存在一个数据库文件“samp2. mdb”，里面已经设计好两个表对象“tTeacher1”和“tTeacher2”。试按以下要求完成设计。

(1) 以表“tTeacher1”为数据源创建一个选择查询，查找并显示在职教师的“编号”、“姓名”、“年龄”和“性别”4 个字段内容，所建查询命名为“qT1”。

(2) 以表“tTeacher1”为数据源创建一个选择查询，查找教师的“编号”、“姓名”和“联系电话”3 个字段内容，然后将其中的“编号”与“姓名”两个字段合二为一，这样，查询的 3 个字段内容以两列形式显示，标题分别为“编号姓名”和“联系电话”，所建查询命名为“qT2”。

(3) 以表“tTeacher1”为数据源创建一个参数查询，查找并显示教师的“编号”、“姓名”、

“年龄”和“性别”4个字段内容，设置“年龄”字段的条件为参数，且要求参数提示信息为“请输入教工年龄”，所建查询命名为“qT3”。

(4) 创建一个追加查询，从表“tTeacher1”中查询党员教授的记录并追加到空白表“tTeacher2”的相应5个字段中，所建查询命名为“qT4”。

三、综合应用

“模拟题(二)机试题数据库文件夹”下存在一个数据库文件“samp3.mdb”，里面已经设计好表对象“tNorm”和“tStock”，查询对象“qStock”和宏对象“ml”，同时还设计出以“tNorm”和“tStock”为数据源的窗体对象“fStock”和“fNorm”。试在此基础上按照以下要求补充窗体设计。

(1) 在“fStock”窗体对象的窗体页眉节区位置添加一个标签控件，其名称为“bTitle”，初始化标题显示为“库存浏览”，字体名称为“黑体”，字号大小为18，字体粗细为“加粗”。

(2) 在“fStock”窗体对象的窗体页脚节区位置添加一个命令按钮，命名为“bList”，按钮标题为“显示信息”。

(3) 设置所建命令按钮bList的单击事件属性为运行宏对象ml。

(4) 将“fStock”窗体的标题设置为“库存浏览”。

(5) 将“fStock”窗体对象中的“fNorm”子窗体的导航按钮去掉。

注意：不允许修改窗体对象中未涉及的控件和属性；不允许修改表对象“tNorm”、“tStock”和宏对象“ml”。修改后的窗体如图所示。

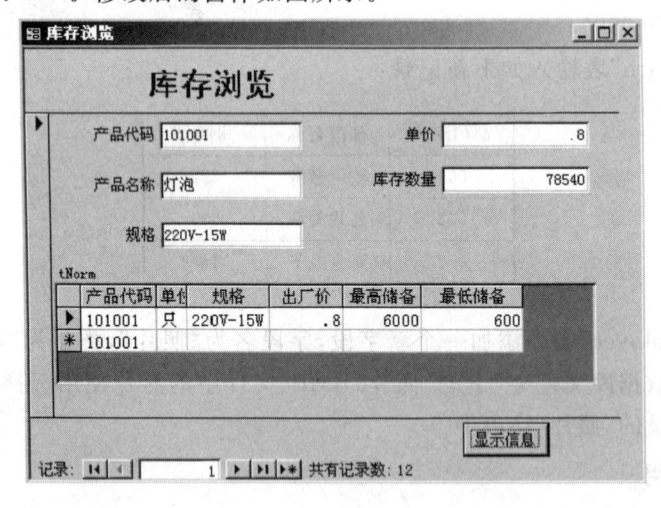

国家二级Access考试模拟练习题(二)答案

笔试部分

一、选择题

1. D　2. B　3. B　4. C　5. D　6. C　7. B　8. A　9. C　10. A

11. B　12. C　13. B　14. A　15. D　16. C　17. D　18. B　19. B　20. A
21. C　22. D　23. C　24. A　25. D　26. A　27. C　28. B　29. B　30. C
31. C　32. A　33. D　34. B　35. A

二、填空题

1. 20
2. 数据库管理系统或 DBMS
3. 菱形
4. 顺序结构
5. 白盒
6. 事件过程或事件响应代码
7. MsgBox 与 False 或 0
8. 信息
9. i＜＝j
10. ＊ FROM 图书表
11. ISNULL 与 ＞30
12. flag＝1
13. 选择

机试部分

一、基本操作

本题主要考核点：表对象的导入、在一个数据库中添加一个新表、表结构的定义、主键的设置、有效性规则的设置及向表中输入内容。

本题解题思路如下。

第一步：打开“模拟题(二)机试题数据库文件夹”下的“samp1. mdb”数据库，选择“文件”菜单下的“获取外部数据”中的“导入”，或者右击鼠标，在弹出的下拉菜单中选择“导入”，然后在“导入”对话框中选择“模拟题(二)机试题数据库文件夹”下的“dResearch. mdb”，再选择该库中的“tEmployee”，单击“确定”进行导入。

第二步：打开数据库菜单，选择“新建(N)”，在弹出的“新建表”对话框中，单击“设计视图”按钮，在弹出的表设计器中按题面要求依次输入各字段的定义；选中“部门编号”行，单击工具栏上的“主键”按钮；选中“房间号”字段，再选中下面的“有效性规则”，单击右边的“...”按钮，弹出“表达式生成器”，在文本框中输入“＞100 And ＜900”，也可以直接在“有效性规则”框中输入“＞100 And ＜900”。

第三步：向表“tBranch”中输入题面要求输入的记录内容。

第四步：选中“tEmployee”表，单击“设计(D)”按钮，在弹出的表设计器中按题面要求增加“照片”字段，保存；再打开表“tEmployee”，选中“李丽”字段行，在该行的“照片”字段中右击，选择“插入对象”，在弹出的新窗口中选择“由文件创建”，单击“浏览”按钮，选择“模拟题(二)机试题数据库文件夹”中的“照片. bmp”，再单击“确定”，然后关闭该表。

二、简单应用

本题解题思路如下。

(1) 单击“查询”，选择“新建(N)”，在弹出的“新建查询”窗体上选择“设计视图”，然后在弹出的“显示表”窗体上选择“tTeacher1”表，然后选择题目中所说的 4 个字段，再选择表中的“在职否”字段，把这个字段“显示”中的勾去掉，在“在职否”的“条件”中输入“true”，以“qT1”保存查询。

(2) 与第1小题类似，选择“tTeacher1”表，然后在“字段”中输入“编号姓名：([编号]+[姓名])”，并选择“显示”中的勾，再把“联系电话”字段加到“字段”中，最后以“qT2”保存查询。

(3) 与第1小题类似，选择“tTeacher1”表，然后选择题目上所说的4个字段，再在“年龄字段”的“条件”中输入“[请输入教工年龄]”，最后以“qT3”保存查询。

(4) 选择“新建(N)”，在弹出的“新建查询”窗体上选择“设计视图”，然后在弹出的“显示表”窗体上选择“tTeacher1”表，选择“查询”菜单中的“追加查询”菜单(或者右击鼠标，在弹出的菜单中选择“追加查询”)，追加到当前数据库中的“tTeacher2”表中，单击“确定”。然后从“tTeacher1”表选择“编号”、“姓名”、“性别”、“年龄”和“职称”5个字段，在“职称”字段的“条件”中输入“教授”，再选择“tTeacher1”表中的“政治面目”字段，在该字段的“条件”中输入“党员”，最后以“qT4”保存查询。

三、综合应用

本题主要考的是窗体的设计。本题解题思路如下。

(1) 在工具箱中选择一个标签，放到窗体页眉中，并单击工具栏上的“属性”按钮，设置标签的名称为“bTitle”，标题属性为“库存浏览”，字体名称属性为“黑体”，字号属性为“18”，字体粗细属性为“加粗”。

(2) 在工具箱中选择一个命令按钮控件，放到窗体页脚中，放到窗体页脚中之后会出现一个提示框，单击“取消”按钮，设置这个命令按钮的名称为“bList”，标题属性为“显示信息”，单击属性为“m1”。

(3) 选中窗体，设置窗体的标题属性为“库存浏览”。

(4) 选中“fNorm”窗体，设置该窗体的导航按钮属性为“否”。

附录A 全国计算机等级考试
——Access数据库程序设计考试大纲(二级)

基本要求:

1. 具有数据库系统的基础知识。
2. 基本了解面向对象的概念。
3. 掌握关系数据库的基本原理。
4. 掌握数据库程序设计方法。
5. 能使用Access建立一个小型数据库应用系统。

考试内容:

一、数据库基础知识

1. 基本概念

数据库,数据模型,数据库管理系统,类和对象,事件。

2. 关系数据库基本概念

关系模型(实体的完整性,参照的完整性,用户定义的完整性),关系模式,关系,元组,属性,字段,域,值,主关键字等。

3. 关系运算基本概念

选择运算,投影运算,连接运算。

4. SQL基本命令

查询命令,操作命令。

5. Access系统简介

(1) Access系统的基本特点。

(2) 基本对象:表,查询,窗体,报表,页,宏,模块。

二、数据库和表的基本操作

1. 创建数据库

(1) 创建空数据库。

(2) 使用向导创建数据库。

2. 表的建立

(1) 建立表结构:使用向导,使用表设计器,使用数据表。

(2) 设置字段属性。

(3) 输入数据:直接输入数据,获取外部数据。

3. 表间关系的建立与修改

(1) 表间关系的概念:一对一,一对多。

(2) 建立表间关系。
(3) 设置参照完整性。
4. 表的维护
(1) 修改表结构:添加字段,修改字段,删除字段,重新设置主关键字。
(2) 编辑表内容:添加记录,修改记录,复制记录。
(3) 调整表外观。
5. 表的其他操作
(1) 查找数据。
(2) 替换数据。
(3) 排序记录。
(4) 筛选记录。

三、查询的基本操作

1. 查询分类
(1) 选择查询。
(2) 参数查询。
(3) 交叉表查询。
(4) 操作查询。
(5) SQL 查询。
2. 查询准则
(1) 运算符。
(2) 函数。
(3) 表达式。
3. 创建查询
(1) 使用向导创建查询。
(2) 使用设计器创建查询。
(3) 在查询中计算。
4. 操作已创建的查询
(1) 运行已创建的查询。
(2) 编辑查询中的字段。
(3) 编辑查询中的数据源。
(4) 排序查询的结果。

四、窗体的基本操作

1. 窗体分类
(1) 纵栏式窗体。
(2) 表格式窗体。
(3) 主/子窗体。
(4) 数据表窗体。

(5) 图表窗体。

(6) 数据透视表窗体。

2. 创建窗体

(1) 使用向导创建窗体。

(2) 使用设计器创建窗体:控件的含义及种类,在窗体中添加和修改控件,设置控件的常见属性。

五、报表的基本操作

1. 报表分类

(1) 纵栏式报表。

(2) 表格式报表。

(3) 图表报表。

(4) 标签报表。

2. 使用向导创建报表

3. 使用设计器编辑报表

4. 在报表中计算和汇总

六、页的基本操作

1. 数据访问页的概念

2. 创建数据访问页

(1) 自动创建数据访问页。

(2) 使用向导数据访问页。

七、宏

1. 宏的基本概念

2. 宏的基本操作

(1) 创建宏:创建一个宏,创建宏组。

(2) 运行宏。

(3) 在宏中使用条件。

(4) 设置操作参数。

(5) 常用的宏操作。

八、模块

1. 模块的基本概念

(1) 类模块。

(2) 标准模块。

(3) 将宏转换为模块。

2. 创建模块

(1) 创建 VBA 模块:在模块中加入过程,在模块中执行宏。

(2) 编写事件过程:键盘事件,鼠标事件,窗口事件,操作事件和其他事件。

3. 调用和参数传递

4. VBA 程序设计基础

(1) 面向对象程序设计的基本概念。

(2) VBA 编程环境:进入 VBE,VBE 界面。

(3) VBA 编程基础:常量,变量,表达式。

(4) VBA 程序流程控制:顺序控制,选择控制,循环控制。

(5) VBA 程序的调试:设置断点,单步跟踪,设置监视点。

考试方式:

1. 笔试:90 分钟,满分 100 分,其中含公共基础知识部分的 30 分。

2. 上机操作:90 分钟,满分 100 分。

(1) 基本操作。

(2) 简单应用。

(3) 综合应用。

附录B　辅助教学网站www.5ic.net.cn使用说明

一、"我爱C"离线练习软件使用说明

1. 欢迎

"我爱C"大学计算机教学辅助系统由练习系统和考试系统两部分组成。

练习部分请访问 www.5ic.net.cn 或 www.daydayup.net.cn，进入后选择"Access 数据库"课程。学生练习分为两部分：在线练习系统通过网页完成练习，请参阅相关操作说明；离线练习针对 Access 数据库软件的操作，学生需要在相关网页下载练习后通过本客户端软件完成练习，然后将练习结果上传到服务器，服务器完成自动评阅。

在"Access 数据库"课程中，操作题考查学生对 Access 数据库软件的使用。学生根据题目要求，制作出相应的文档。由于这种练习，一般不能通过 Web 练习，所以"我爱 C"系统为学生生成考题，学生下载题目后，在其本地计算机用专用的客户端软件打开后进行题目练习，练习完成后将答案文件传送回"我爱 C"系统，系统再进行评判。由于这种练习模式基本上不依赖于网络，不需要用户实时在线，所以称之为"离线练习"。

2. 安装软件

考虑到绝大多数学校学生机房里的计算机都安装了保护卡，系统盘禁止数据存储，因此本软件没有安装过程。

用户从 www.5ic.net.cn 下载的是一个自解压的压缩包，文件名是："练习学生端(Office).exe"。如果您在学校的公用机房上机，建议您下载到非保护硬盘上，这样可以在计算机发生重新启动等情况下仍然能保留数据。目前各种移动存储设备已经非常普及，如果有可能，您也可以将考试系统安装在移动存储设备上。

运行该文件，将进入自释放过程，如附图 B-1 所示。

请注意图中"目标文件夹"的内容，这里提示的是软件释放后安装的位置。如果您希望软件安装在其他位置，请单击"浏览…"按钮，选择软件的安装目录。

单击安装后将在您认可的目标文件夹下生成一个"练习学生端(Office)"目录，该系统的全部软件都安装在该目录下。

注意：请不要更改、移动或删除该目录下的任何文件，否则有可能造成系统运行失败。

3. 复制练习文件

请用您的用户名和密码登录"我爱 C"辅助教学平台，进入"Access 数据库"课程，然后在功能列表中选择"离线练习"项，选定一道操作题，生成该操作题的练习文件，下载到"练习学生端(Office)"目录下。

网页的相关操作请参考网页使用指南，这里不再赘述。

4. 软件启动

打开"练习学生端(Office)"目录，您可以看到如附图 B-2 所示的几个文件。

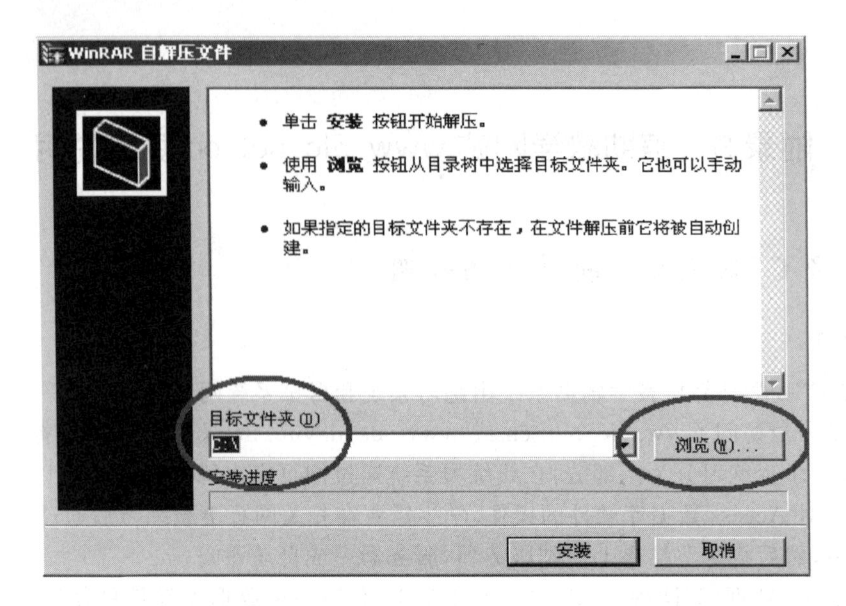

附图 B-1　安装界面

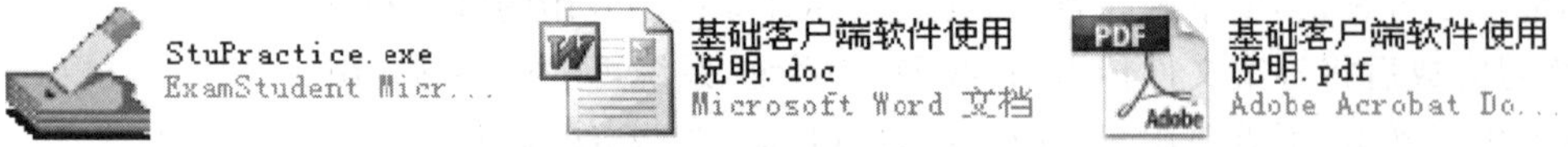

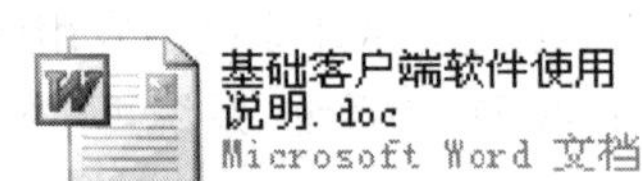

附图 B-2

双击“StuPractice.exe”，则启动考试系统客户端软件。

(1) 登录系统

系统首先出现的是用户登录界面，如附图 B-3 所示。

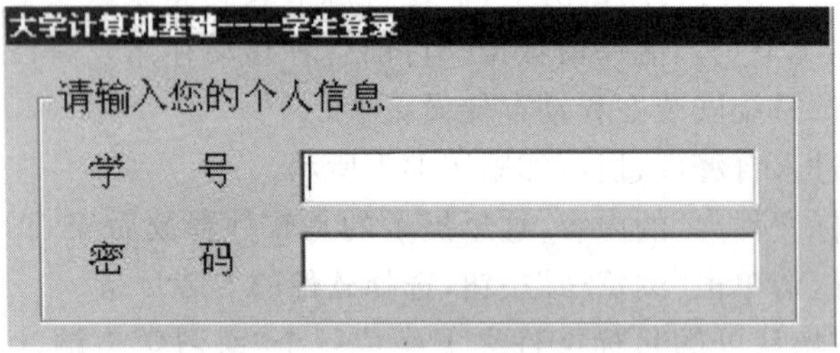

大学计算机基础----学生登录
请输入您的个人信息
学　号
密　码

附图 B-3　登录主界面

请输入您在登录网站时使用的用户名和密码，如果您没有登录过“我爱 C”辅助教学平台的网站，则您的密码设定为您的学号。

“开始”按钮的初始状态为灰色禁止状态，当您输入用户名、密码等信息后，该按钮将变为可操作状态。

单击“开始”按钮后，进入考试状态。

(2) 登录错误提示

系统可能会出现的错误提示包括：

① 请核对您的用户名和密码；

② 您正在使用的客户端版本过低,请下载新的客户端;

③ 练习文件损坏了,请重新下载考卷。

5. Access 操作题

笔试完成后,将开始 Access 操作题的答题。

单击"开始答题"按钮后将进入该题的操作题答题。

(1) 练习提示

单击"答题"按钮后,根据选定的文档类型不同,系统自动打开该文档的编辑环境。在打开编辑环境后,同时显示操作题练习对话框。

如果当前存在打开的 Access 文档,则该提示框会自动收缩到屏幕的右侧。如果将鼠标移动到显示器右侧边缘,则该提示框会自动展开。

关闭 Access 操作提示对话框后,考试主界面将自动恢复为全屏显示。

(2) 完成 Access 操作题

在考试界面上单击"答题"按钮将进入 Access 操作题的答题环境。如果没有正常打开答题环境,请按照操作提示框中给出的文件名,手动打开该文件即可。有些考题已经给出了初始文档,请在该文档的基础上按照考题要求完成操作。答题过程中请随时选择"保存"项保存正在编辑的文件,以防止意外发生。单击"退出"项将提示用户是否需要保存编辑的结果,请自行选择。

6. 上传练习结果

练习结束后,请重新登录网页,找到您所做的题目,单击"上传答案"按钮,将保存有答案的题目文件上传回系统,系统会自动对学生的练习进行评判,并给出成绩,如附图 B-4 所示。

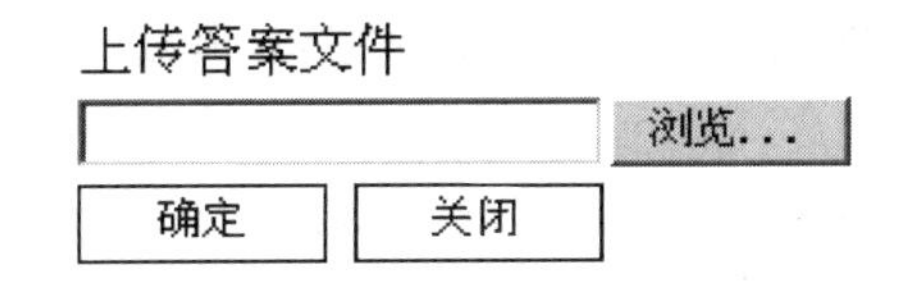

附图 B-4 上传答案界面

至此,一次完整的离线练习就完成了。辅助教学平台将对您提交的练习结果自动进行评阅,请查看评阅结果。

二、"我爱 C"考试系统学生端软件使用说明

考试系统分为教师服务器和学生基础考试学生端两个软件。本软件在考试时作为学生客户端使用。

用户从 www.5ic.net.cn 下载的是一个自解压的压缩包,文件名是:"基础考试学生端.exe",安装过程和上述离线练习软件一样。

1. 软件启动

打开"基础考试学生端"目录,您可以看到如附图 B-5 所示的几个文件。

双击"ExamStudent.exe",则启动考试系统客户端软件。

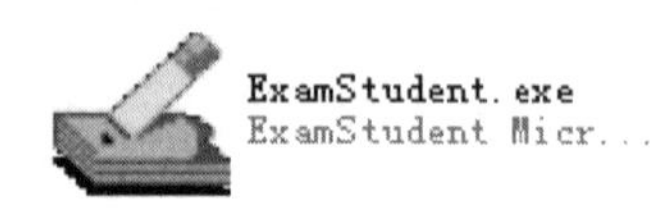

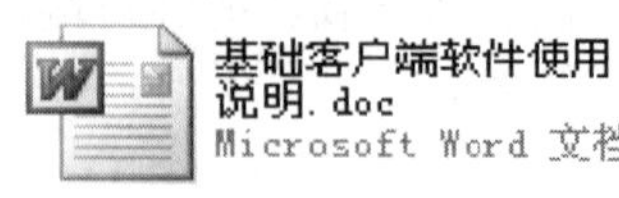

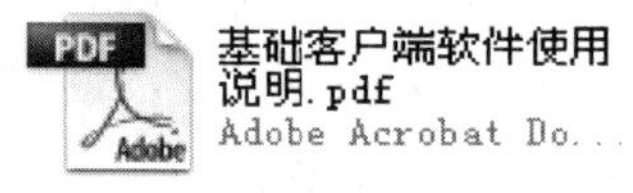

附图 B-5

2. 登录系统

系统首先出现的是用户登录界面，如附图 B-6 所示。

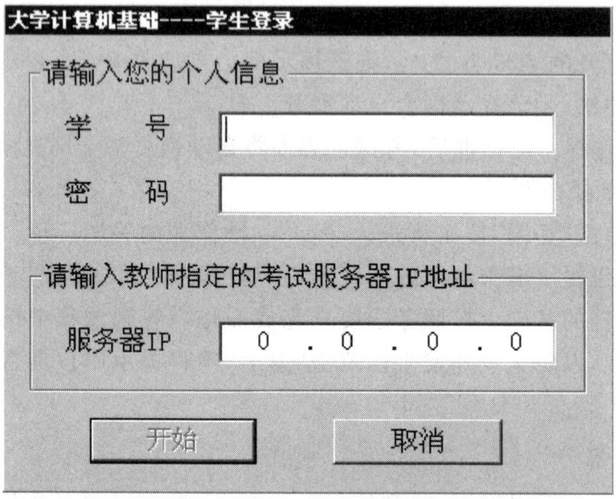

大学计算机基础----学生登录
请输入您的个人信息
学　号
密　码
请输入教师指定的考试服务器IP地址
服务器IP　0 . 0 . 0 . 0
开始　取消

附图 B-6　登录主界面

请输入您的学号和您在网站上登录时使用的密码，请按照监考教师通知输入您本次考试的考试服务器 IP 地址。

“开始”按钮的初始状态为灰色禁止状态，当您输入学号、密码等信息后，该按钮将变为可操作状态。变为可操作状态的条件是：

- 学号和密码都不能为空；
- 如果选择了考试模式，则 IP 地址不能为“0.0.0.0”。

单击“开始”按钮后，进入考试状态。

3. 登录错误提示

系统可能会出现的错误提示包括：

(1) 个人信息错误，请核对您的学号和密码；

(2) 客户端版本错误，您正在使用的客户端版本过低，请下载新的客户端；

(3) 文件结构错误，考卷文件损坏了，请重新下载考卷。

4. 开始考试

考试学生端从本次考试的考试服务器获取了试卷后，自动进入考试操作界面。让我们来认识一下系统的操作界面吧。

(1) 笔试题部分及 Access 操作题

笔试题部分的界面显示如附图 B-7 所示。

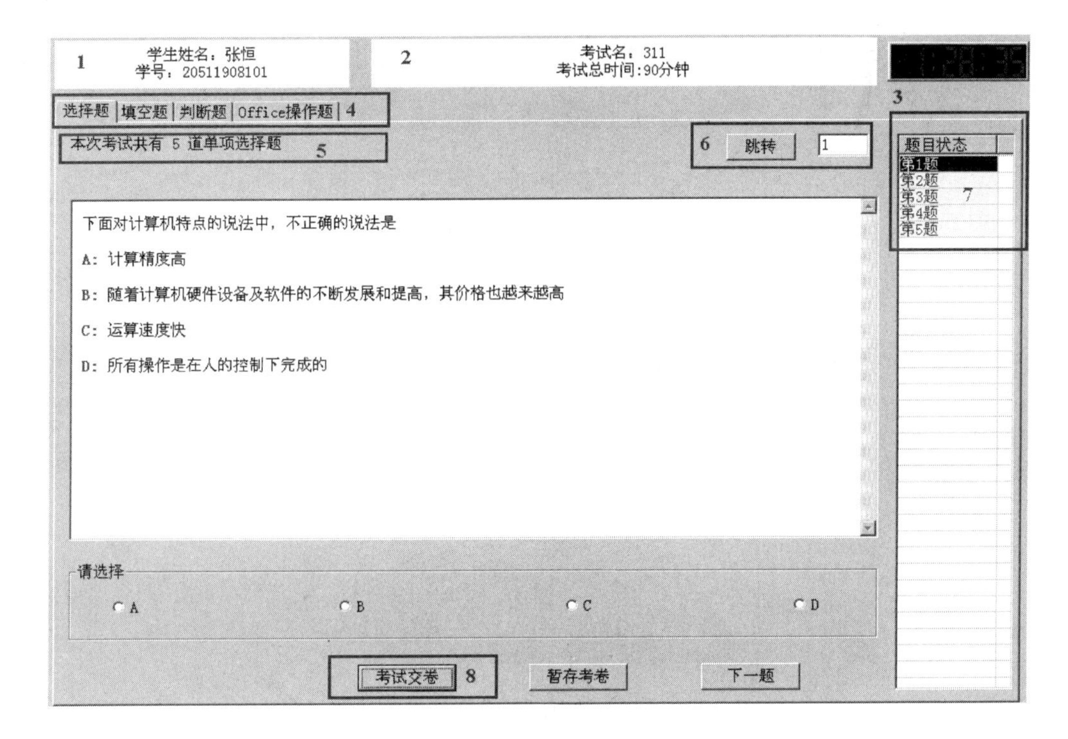

附图 B-7 笔试部分的界面

附图 B-7 中各部分的功能如下。

① 答题区

图中没加标注的部分是答题区。附图 B-7 显示的是选择题的答题页面。请在 A、B、C、D 四个答案中选择一个您认为正确的答案。被选择的答案将用一个圆点显示。

多选题的答题界面是将 A、B、C、D 四个答案的选择框变成了附图 B-8 所示。

附图 B-8

选择了某个答案后将在空白方框中加上“√”，标示该选项已被选中。

填空题的答题界面如附图 B-9 所示。

根据题目的空的数量不同，答题区可能出现 1～6 个输入框。答题时请注意答题框和题目中的空的设定的对应关系，不要答错位置。

选择题的答题界面如附图 B-10 所示。

请给出您的答案。

问答题答题界面只有一个题目显示区和一个答案输入框，将您的答案写入答案输入框即可。

② 学生信息

附图 B-11 中标示为 1 的区域。

请核对是否和您的个人信息相符。如果在考试时发生和个人信息不符的情况，请及时联系监考教师。

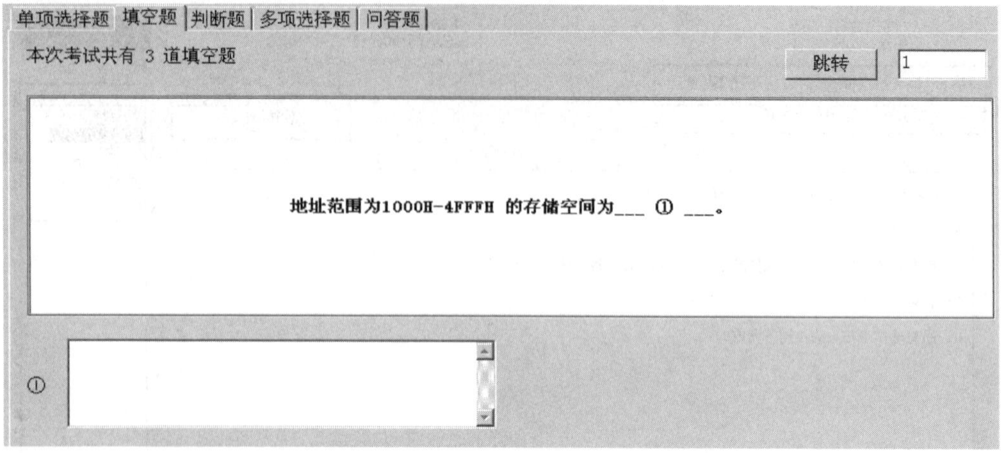

单项选择题 | 填空题 | 判断题 | 多项选择题 | 问答题

本次考试共有 3 道填空题　　跳转　1

地址范围为1000H-4FFFH 的存储空间为___ ① ___。

①

附图 B-9

附图 B-10

1　学生姓名：张三
学号：00120062200

附图 B-11

③ 考试信息

附图 B-12 中标示为 2 的区域。

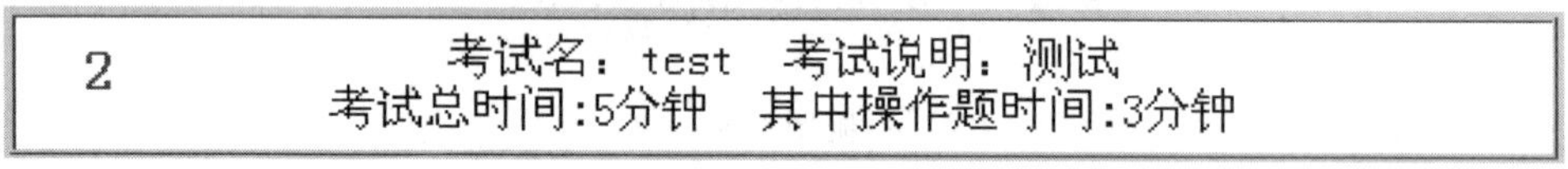

2　考试名：test　考试说明：测试
考试总时间:5分钟　其中操作题时间:3分钟

附图 B-12

考试模式请注意考试时间设定。如附图 B-12 所示的内容，则说明笔试题部分的答题时间是 2 分钟。

需要提醒您的是：考试模式下，笔试部分和操作部分是单独计时的，也就是说，如果您提前交卷，笔试部分的剩余时间是不带入操作部分的。

④ 考试计时

附图 B-13 中标示为 3 的区域。

这是一个数字时钟，每秒刷新一次显示。以倒计时方式显示考试剩余时间。在练习模式下没有计时，因此也不显示该时钟。

⑤ 试题切换

附图 B-14 中标示为 4 的区域。

0:04:49
3

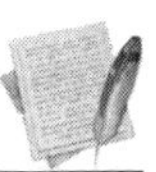

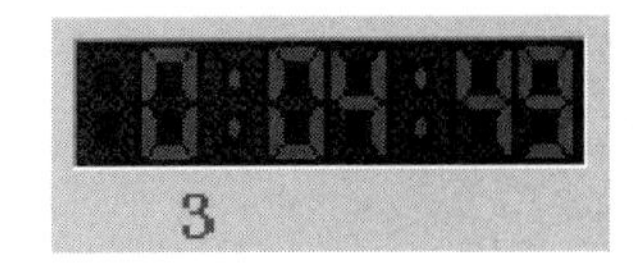

附图 B-13

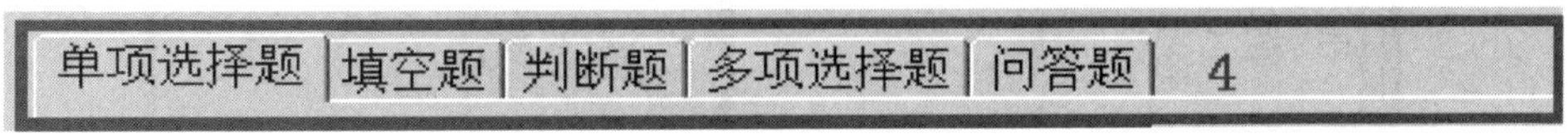

单项选择题
填空题
判断题
多项选择题
问答题
4

附图 B-14

这是一个多页对话框，每页显示一类题目。单击题目类型则切换到该类型题目的答题页面。

只显示本次考试中教师定义的题目类型。如果本次考试中没有某种类型的题目，则没有这个类型题目的答题页面。

⑥ 试题总数

附图 B-15 中标示为 5 的区域。

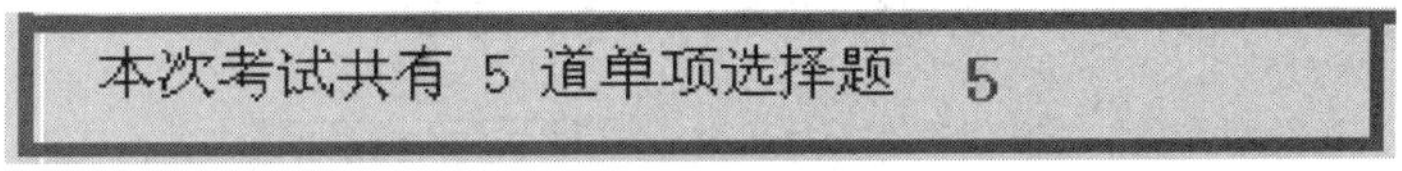

本次考试共有 5 道单项选择题
5

附图 B-15

每类题都在答题页面的左上角显示了本次考试该类型题目的总数。

⑦ 题目跳转

附图 B-16 中标示为 6 的区域。

6
跳转
1

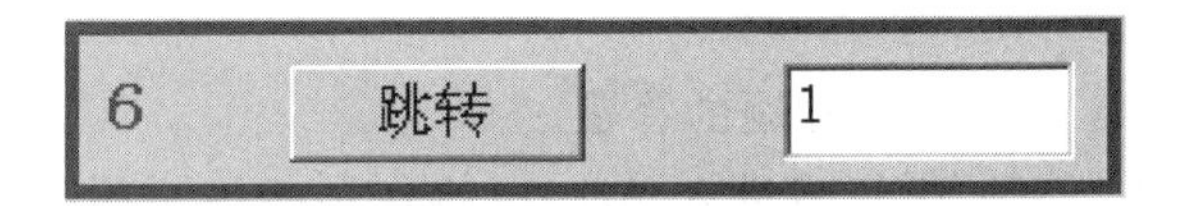

附图 B-16

页面上显示的序号是当前正在答题的序号。输入一个新的序号后，单击“跳转”按钮可切换到您指定的题目。

如果您输入的序号是一个不存在的数值，则不进行跳转操作。

⑧ 题目状态

附图 B-17 中标示为 7 的区域。

题目状态有 3 种：

- 已完成，绿色文字显示；
- 未完成，红色文字显示；
- 正在答题，蓝色背景显示。

鼠标单击题号，则切换到指定题目。

⑨ 笔试交卷

附图 B-18 中标示为 8 的区域。

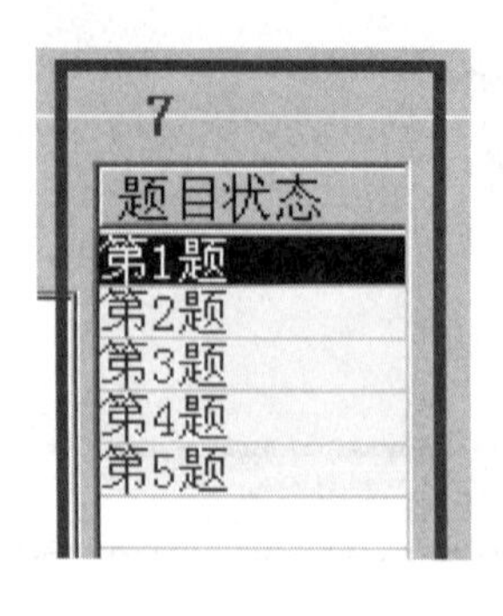

附图 B-17

附图 B-18

单击“笔试交卷”按钮后，将出现如附图 B-19 所示的提示。

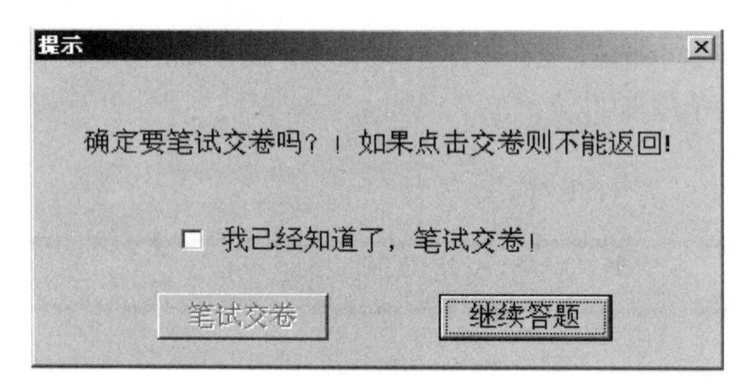

附图 B-19

如果单击了“笔试交卷”按钮将结束笔试部分的答题。

注意：这是一个不可逆转的操作，如果您确认了交卷，将无法再次进行笔试题的答题。

⑩ Access 操作题

笔试完成后，将开始 Access 操作题的答题。

在考试界面上单击“答题”按钮将进入 Access 操作题的答题环境。如果没有正常打开答题环境，请按照操作提示框中给出的文件名，手动打开该文件即可。有些考题已经给出了初始文档，请在该文档的基础上按照考题要求完成操作。答题过程中请随时选择“保存”项保存正在编辑的文件，以防止意外发生。单击“退出”项将提示用户是否需要保存编辑的结果，请自行选择。

5. 考试交卷

本系统对每位参加考试的学生单独计时，因此可以保证给每位学生足够的考试时间。

考试分为两部分：笔试考试和操作考试，首先开始的是笔试考试，然后再进行操作部分的考试。两部分的时间是单独计时的，也就是说，笔试部分剩余的时间并不带入操作考试部分。

(1) 交卷提醒

系统在笔试部分和操作部分考试时都会进行交卷提醒，分别为 5 分钟提醒和 1 分钟提醒。

提醒对话框在显示 30 秒后会自动关闭。

(2) 笔试交卷

笔试部分交卷有两种方式。

① 自动交卷

当笔试部分时间用完后,系统会自动切换到操作题考试部分。

② 手动交卷

在笔试页面下如果单击"笔试交卷"按钮后将提交笔试部分的试卷,操作过程请看前面的相关章节。

(3) 考试交卷

考试交卷后系统将自动关闭计算机,请去考试服务器上查询您的考卷是否正常上传。考试交卷也有两种方式。

① 自动交卷。

考试时间到,系统将自动交卷。

② 手动交卷

单击操作题页面下"提交试卷"按钮,系统将出现确认对话框,如附图 B-20 所示。

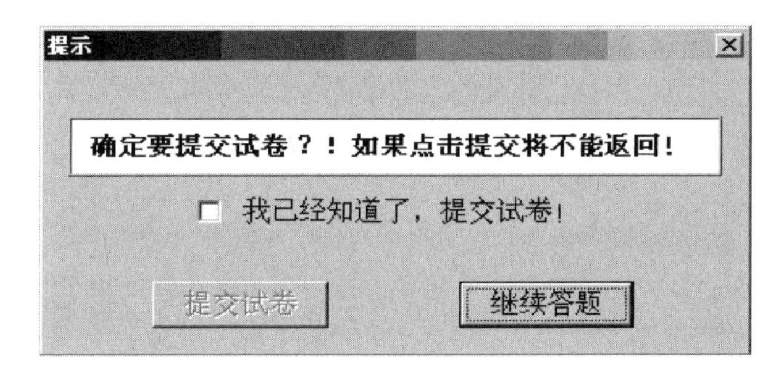

附图 B-20

如果单击"提交试卷"按钮,将完成交卷过程。同样,这个交卷过程是不可逆的操作,一旦选择后将无法继续答题。